高等职业教育“十四五”规划教材

辽宁职业学院教育部现代学徒制项目建设成果

粮油食品加工

戴良俊　主编

U0951636

中国农业大学出版社

·北京·

图书在版编目(CIP)数据

粮油食品加工 / 戴良俊主编. —北京:中国农业大学出版社,2021.6
ISBN 978-7-5655-2577-3

Ⅰ.①粮… Ⅱ.①戴… Ⅲ.①粮食加工-高等职业教育-教材②油料加工-高等职业教育-教材 Ⅳ.①TS210.4②TS224

中国版本图书馆 CIP 数据核字(2021)第 142570 号

书　　名 粮油食品加工
作　　者 戴良俊 主编

策划编辑	张 玉 张 蕊	**责任编辑**	张 玉 贺晓丽
封面设计	郑 川		
出版发行	中国农业大学出版社		
社　　址	北京市海淀区圆明园西路 2 号	**邮政编码**	100193
电　　话	发行部 010-62733489,1190		读者服务部 010-62732336
	编辑部 010-62732617,2618		出 版 部 010-62733440
网　　址	http://www.caupress.cn	**E-mail**	cbsszs@cau.edu.cn
经　　销	新华书店		
印　　刷	北京鑫丰华彩印有限公司		
版　　次	2021 年 8 月第 1 版　2021 年 8 月第 1 次印刷		
规　　格	787×1 092　16 开本　15.25 印张　350 千字		
定　　价	49.00 元		

图书如有质量问题本社发行部负责调换

编审委员会

主　任　王丽桥　张立华　谢　辉*

副主任　潘国才　苏允平　左广成　李卉敏

陈修佳　钟　彦*

委　员　（以姓氏笔画为序）

王　吉*　王树君　王铁武　卢红军

卢锡纯　白　鸥　刘　威　刘小鸣

刘文星　孙　智　孙佳妮　李凤光

吴艳秋　赵学玮　侯少春　聂远鹤

高德臣　黄文峰　黄艳青　扈艳萍

*代表工作单位为康师傅（沈阳）方便食品有限公司

编写人员

主　　编　戴良俊

副 主 编　黄永洁　刘小鸣　史淑菊　侯绍春　武桂梅

编写人员　（按拼音排序）

戴　浩［康师傅（沈阳）方便食品有限公司］

戴良俊（辽宁职业学院）

侯绍春（辽宁职业学院）

黄永洁（辽宁生态工程职业学院）

刘小鸣（辽宁职业学院）

史淑菊（辽宁职业学院）

田延玲（辽宁职业学院）

武桂梅（辽宁职业学院）

总 序

历经两年的辛苦努力，辽宁职业学院教育部现代学徒制项目建设成果系列教材正式出版了。为贯彻执行《教育部关于开展现代学徒制试点工作的意见》(教职成〔2014〕9号)、《教育部办公厅关于全面推进现代学徒制工作的通知》(教职成厅函〔2019〕12号)文件精神，落实《国家职业教育改革实施方案》中建设一大批校企“双元”合作开发的国家规划教材要求，现代学徒制试点项目组充分利用校企共建四大平台，发挥校企双方的场所、设备、人员优势，吸纳新技术、新工艺、新规范和典型生产案例，与合作企业、行业、同类院校共同开发此系列教材，并配套信息化资源，形成共建共享的教学资源体系，落实了立德树人根本任务，打造了“双导师”师资队伍，提升了学徒培养质量。

教材建设本着“课程内容与职业标准对接，教学过程与生产过程对接”的原则，在行业企业调研的基础上，以满足企业岗位能力需求、遵循企业工作流程、参照行业标准、符合学徒培养目标为理念，以学徒职业能力培养、职业素养提升为主线，以生产项目、工作任务为载体，立足服务区域经济发展、食品加工岗位工作实际，认真总结、吸取国内外经验，明确“如何教、教什么”的问题，我们组织相关校企共同开发了现代学徒制系列数字化教材。本系列教材具有如下特点：

1.开发主体多元化。教材开发在校企共建的前提下，组织学术水平高、教学经验丰富的学院导师，“康师傅”一线技术人员、高级技师，兄弟院校和行业资深专家共同联合开发教材。

2.对接职业标准化。教材以最新国家标准、行业标准为依据，融合最新教育理念及相关研究成果，以生产项目、工作任务为载体，突出学生岗位能力、职业素养培养。

3.教材形式立体化。教材不仅包括纸质内容，还配有视频、音频、动画等数字资源，使学习者可以在手机、电脑等移动终端随时随地观看学习，满足学习者移动学习、个性化学习的需要。

4.立德树人全程化。本教材设有“思政花园”栏目，把思政教育融入教材编写中，体现到课堂教学环节，实现全员、全方位、全过程育人。

辽宁职业学院教育部现代学徒制项目建设成果——校企合作理实一体化特色系列数字化教材，凝聚了多方开发人员的智慧和心血，凝聚了出版界的关心与关爱，希望该系列教材的出版能发挥示范引领作用，辐射、带动同类高职院校的课程改革和建设。

本系列教材适应面广、选择性强，使用者可根据不同学习需求，学习部分项目或任务，既可用于高职教学，也可用于各类相关培训。

由于编写时间有限，教材疏漏之处在所难免。真诚希望同行及教材使用者多提宝贵意见。

辽宁机电职业技术学院院长、党委副书记 于宏国

2020年5月

前言 Preface

粮食和油料不仅是人类的主要食物，也是支撑现代畜牧养殖业的基础。对具有5000年以上农耕饮食文化传统的国家，粮食也是中华民族赖以生存和繁衍的基础。我国农业生产的核心是粮食，食物供应的重点是粮食，人民最主要的营养源也是粮食。中国是世界最大的粮食生产国，同时也是最大的粮食加工和消费国。因此，我国高等院校食品科学与工程专业的课程中，粮油贮藏加工工艺学成为最重要的专业课程之一。

由于我国农业近年有了飞跃性的发展，农产品生产能力总体供需平衡被打破，部分产品供过于求，种植结构调整成为当前农业发展的重要课题。以食品工业带动农业生产，以农产品规格化、标准化引导农业产业化势在必行。因此，掌握粮油贮藏加工知识不仅是食品科技人员的需要，同时也是农业科技工作者的需要。改革开放以来，我国许多高等院校根据国民经济发展的需要，纷纷恢复或设立了农产品加工专业或食品加工专业。然而，由于多沿用原轻工院校的一些教材进行教学，缺少关于粮油贮藏加工的知识，已远远不能满足我国主食工业化、食品国际化及农产品产地加工形势对相关专业大学生知识的要求。因此应教育部现代学徒制教学模式新的需要，由本编写组专门编写了《粮油食品加工》教材。

全书由七部分组成，编写分工为：

侯绍春负责编写：绪论；

刘小鸣负责编写：第一单元粮油食品基础原料；

史淑菊负责编写：第二单元粮油食品辅料；

戴良俊负责编写：第三单元面制食品加工；第四单元焙烤食品加工技术；第五单元米制方便食品加工；

田延玲、黄永洁、武桂梅负责编写：第六单元豆类食品加工中项目一大豆的加工；

黄永洁负责编写:第六单元豆类食品加工中项目二绿豆的加工;项目三其他豆类的加工;戴浩参与编写了方便面类食品加工工艺。

参编者是这些高校从事多年相关专业教学和实践的主干教师及企业一线高级管理人员。他们积累了多年的科研教学及一线管理经验,进行了长期的策划和准备,经过认真编写,终于完成了《粮油食品加工》教材。希望在新的形势下,该教材可作为我国高等职业院校食品科学与工程专业、农产品加工与贮藏专业、粮油加工专业、烹调专业或其他与食品有关专科生的新教材或教学参考书,同时可作为食品科技人员、农业品种资源开发研究人员、餐饮业及烹调技师学习和查阅的参考书。

编写组虽然精心准备,编写过程中倾注了大量心血,但由于时间仓促且水平有限,书中错误、不妥之处在所难免,恳请读者批评指正。

本教材编写还得到了卢锡纯教授的热情帮助,编者在此谨表谢意!

戴良俊

2019 年 11 月

目录
Contents

第三单元　面制食品加工

第四单元　焙烤食品加工技术

第五单元 米制方便食品加工

第六单元 豆类食品加工

绪论

知识目标

了解粮油食品分类,粮油食品加工内容,我国粮油工业的现状及今后发展趋势。

技能目标

了解粮油加工的具体内容。

德育目标

培养学生勤奋学习的良好习惯,树立学好知识改变家乡、报效祖国的远大志向。

一、粮油食品的分类

(一)粮食加工品

1.小麦粉

(1)产品分类及代码(表绪-1)

表绪-1　小麦粉产品分类及代码

产品分类	一级分类	二级分类	三级分类
分类代码	1	101	101.2
分类名称	食品	粮食加工产品	小麦粉

(2)产品种类

通用小麦粉　包括特制一等小麦粉、特制二等小麦粉、标准粉、普通粉、高筋小麦粉、低筋小麦粉。

专用小麦粉 包括面包用小麦粉、面条用小麦粉、饺子用小麦粉、馒头用小麦粉、发酵饼干用小麦粉、酥性饼干用小麦粉、蛋糕用小麦粉、糕点用小麦粉等。

2.大米

(1)产品分类及代码(表绪-2)

表绪-2 大米产品分类及代码

产品分类	一级分类	二级分类	三级分类
分类代码	1	101	101.1
分类名称	食品	粮食加工产品	大米

(2)产品种类 大米分为早籼米、晚籼米、早粳米、晚粳米、籼糯米、粳糯米等。

3.挂面

(1)产品分类及代码(表绪-3)

表绪-3 挂面产品分类及代码

产品分类	一级分类	二级分类	三级分类
分类代码	1	101	101.3
分类名称	食品	粮食加工产品	挂面

(2)产品种类 挂面分为普通挂面、花色挂面、手工面等。

(3)定义

挂面 以小麦粉、荞麦粉、高粱粉、绿豆(或绿豆粉、绿豆浆)、大豆(或大豆粉、大豆浆)、蔬菜(或蔬菜粉、蔬菜汁)、鸡蛋(或蛋黄粉)等为原料,添加食盐、食用碱或面质改良剂,经机制加工或手工加工、烘干或晾晒制成的干面条。

普通挂面 以小麦粉为主要原料,添加适量食用盐、食用碱或品质改良剂,经机制加工制成的挂面。

花色挂面 以小麦粉为主要原料,添加品质改良剂和风味、营养强化剂,经机制加工制成的挂面。

手工面 以小麦粉为主要原料,添加品质改良剂和风味、营养强化剂,经手工加工、晾晒或烘干制成的干面条。

4.麦片

(1)产品分类及代码(表绪-4)

(2)产品种类 麦片分为纯麦片和混合型麦片。

表绪-4 麦片分类及代码

产品分类	一级分类	二级分类	三级分类
分类代码	1	101	101.4
分类名称	食品	粮食加工产品	麦片

(3)定义

纯麦片 单以燕麦、大麦、小麦、荞麦等麦类为原料,经粉碎(或不粉碎)、熟化、压片成型、干燥等工艺制成的即食或加热食用的可冲调性定型包装食品。

混合型麦片 以燕麦、大麦、小麦、荞麦、玉米、大米等谷类为原料,添加(或不添加)奶、植脂末、糖等辅料,经粉碎、熟化、压片、干燥等工艺制成的即食可冲调性定型包装食品。

5.谷物加工品

(1)产品分类及代码(表绪-5)

表绪-5 谷物加工品分类及代码

产品分类	一级分类	二级分类	三级分类
分类代码	1	101	101.5
分类名称	食品	粮食加工产品	谷物加工品

(2)定义 谷物加工品指以谷物为原料经清理、脱壳、碾米(或不碾米)等工艺加工的粮食制品,如高粱米、小米、糙米、黑米等。

(二)食用油、油脂及其制品

1.食用植物油

(1)产品分类及代码(表绪-6,表绪-7)

表绪-6 食用植物油分类及代码

产品分类	一级分类	二级分类	三级分类
分类代码	1	102	102.1
分类名称	食品	食用油、油脂及其制品	食用植物油

(2)产品种类 食用植物油包括大豆油、花生油、玉米油、葵花籽油、菜籽油、香油、橄榄油、调和油、亚麻籽油、棉籽油、核桃油、棕榈油、红花籽油、葡萄籽油等。

(3)定义 食用植物油是以食用植物油料或植物原油为原料制成的食用油脂。

表绪-7 食用植物油产品种类

大类名称	产品种类名称	大类名称	产品种类名称
花生油	压榨花生油	棕榈油	成品棕榈油
	浸出花生油		成品分提棕榈油
大豆油	压榨大豆油	玉米油	压榨玉米油
	浸出大豆油		浸出玉米油
菜籽油	压榨菜籽油	米糠油	压榨米糠油
	浸出菜籽油		浸出米糠油
棉籽油	压榨棉籽油	核桃油	压榨核桃油
	浸出棉籽油		浸出核桃油
芝麻油	芝麻香油	红花籽油	压榨红花籽油
	成品芝麻油		浸出红花籽油
亚麻籽油	压榨成品亚麻籽油	葡萄籽油	—
	浸出成品亚麻籽油	花椒籽油	压榨花椒籽油
葵花籽油	压榨葵花籽油		浸出花椒籽油
	浸出葵花籽油	橄榄油、油橄榄果渣油	橄榄油
油茶籽油	压榨油茶籽油		油橄榄果渣油
	浸出油茶籽油	食用调和油	—

注:压榨,利用外力榨取料胚中油脂的过程。

浸出,亦称萃取,用有机溶剂提取油料中油脂的过程。

2.食用油脂制品

(1)产品分类及代码(表绪-8)

表绪-8 食用油脂产品分类及代码

产品分类	一级分类	二级分类	三级分类
分类代码	1	102	102.2
分类名称	食品	食用油、脂及制品	食用油脂制品

(2)产品种类 食用油脂制品包括食用氢化油、人造奶油(人造黄油)、起酥油、代可可脂、植脂奶油、粉末油脂等。

(3)定义

食用油脂制品 指经精炼、氢化、酯交换、分提中一种或几种方式加工的动、植物油脂的单品或混合物,添加(或不添加)水及其他辅料,经过(或不经过)乳化急冷捏合制造的固状、半固状或流动状的具有某种性能的油脂制品。

食用氢化油 以食用植物油,经氢化和精炼处理后制得的食品工业用原料油。

人造奶油(人造黄油) 指以氢化后的精炼食用植物油为主要原料,添加水和其他辅料,经乳化、急冷而制成的具有天然奶油特色的可塑性制品。

起酥油 动、植物油脂的食用氢化油、高级精制油或上述油脂的混合物,经过速冷捏和制造的固体状油脂,或不经速冷捏合制造的固体状、半固体状或流动状的具有良好起酥性能的油脂制品。

代可可脂 可全部或部分替代可可脂,来源于非可可的植物油脂。

植脂奶油 以食用氢化油、糖/或甜味剂、水、乳化剂、增稠剂等为主要原料,经过乳化、杀菌、均质、冷却、灌装、冷冻等工艺制成的可打发制品。

粉末油脂 以油脂为基料,通过特殊的加工工艺制成的粉末或细颗粒状的油脂制品。

打发 打发是一个通过机械搅拌,使植脂奶油与空气混合,并使其体积产生膨胀的过程。

3. 食用动物油脂

(1)产品分类及代码(表绪-9)

表绪-9 食用动物油脂产品分类及代码

产品分类	一级分类	二级分类	三级分类
分类代码	1	102	102.3
分类名称	食品	食用油、脂及制品	食用动物油脂

(2)产品种类 食用动物油脂包括食用猪油、食用牛油、食用羊油等单一品种动物油脂产品及多种混合动物油脂产品。

(3)定义 食用动物油脂指动物脂肪组织提炼出的固态、半固态或液态脂类,经过加工制成的食用动物油脂。

(三)酒类

1. 白酒(液态、原酒)

(1)产品分类及代码(表绪-10)

表绪-10 白酒产品分类及代码

产品分类	一级分类	二级分类	三级分类
分类代码	1	103	103.1
分类名称	食品	酒类	白酒

(2)产品种类

按产品的发酵工艺分为:固态法白酒、液态法白酒、固液法白酒。

按产品的酒精度分为：高度酒(41%～68% Vol)、低度酒(25%～40% Vol)

按产品的香型分为：浓香型、清香型、米香型、凤香型、豉香型、特香型、芝麻香型、老白干香型、酱香型、兼香型等。

(3)定义

白酒 以粮谷为主要原料，用大曲、小曲或麸曲及酒母等为糖化发酵剂，经蒸煮、糖化、发酵、蒸馏而制成的。

固态法白酒 以粮谷为主要原料，采用固态(或半固态)糖化、发酵、蒸馏，经陈酿、勾兑而成的，未添加食用酒精及非白酒发酵产生的呈香呈味物质，具有本品固有风格特征的白酒。

固液法白酒 以固态法白酒(不低于30%)、液态法白酒勾调而成的白酒。

2.啤酒

(1)产品分类及代码表(表绪-11)

表绪-11 啤酒产品分类及代码

产品分类	一级分类	二级分类	三级分类
分类代码	1	103	103.2
分类名称	食品	酒类	啤酒

(2)产品种类

按色度 淡色啤酒、浓色啤酒、黑色啤酒。

按工艺 熟啤酒、生啤酒、鲜啤酒、特种啤酒。特种啤酒又分为干啤酒、冰啤酒、低醇啤酒、无醇啤酒、小麦啤酒、浑浊啤酒、果蔬类啤酒(果蔬汁型和果蔬味型)。

(3)定义

淡色啤酒 色度2～14EBC的啤酒。

浓色啤酒 色度15～40EBC的啤酒。

黑色啤酒 色度≥41EBC的啤酒。

熟啤酒 经过巴氏灭菌或瞬时高温灭菌的啤酒。

生啤酒 不经巴氏灭菌或瞬时高温灭菌，而采用其他物理方法除菌，达到一定生物稳定性的啤酒。

鲜啤酒 不经巴氏灭菌或瞬时高温灭菌，成品中允许含有一定量活酵母菌，达到一定生物稳定性的啤酒。

特种啤酒 由于原辅材料、工艺改变，使之具有特殊风格的啤酒。

干啤酒 真正(实际)发酵度不低于72%，口味干爽的啤酒。除此特征外，其他要求应符合相应类型啤酒的规定。

冰啤酒 经冰晶化工艺处理，浊度≤0.8EBC的啤酒。除特征性外，其他要求应符合相应类型啤酒的规定。

低醇啤酒 酒精度为0.6%～2.5% Vol的啤酒，除特征性外，其他要求应符合相应类型啤酒的规定。

无醇啤酒 酒精度≤0.5%(Vol)，原麦汁浓度≥3.0°P的啤酒。除此特征外，其他要求应符合相应类型啤酒的规定。

小麦啤酒 以小麦芽(占麦芽的40%以上)、水为主要原料酿制，具有小麦麦芽经酿造所产生的特殊香气的啤酒。除此特征外，其他要求应符合相应类型啤酒的规定。

浑浊啤酒 在成品中含有一定量酵母菌或显示特殊风味的胶体物质，浊度≥2.0EBC的啤酒，除此特征外，其他要求应符合相应类型啤酒的规定。

果蔬汁型啤酒 添加一定量的果蔬汁，具有其特征性理化指标和风味，并保持啤酒基本口味。除此特征外，其他要求应符合相应类型啤酒的规定。

果蔬味型啤酒 在保持啤酒基本口味的基础上，添加少量的食用香精，具有相应的果蔬风味。除此特征外，其他要求应符合相应类型啤酒的规定。

柏拉图度 原麦汁浓度的一种国际通用表示单位，符号为°P，即表示100 g麦芽汁中含有浸出物的克数。

冰晶化 将啤酒经过专用的冷冻设备进行超冷冻处理，形成细小冰晶的再加工过程。

3.黄酒

(1)产品分类及代码(表绪-12)

表绪-12 黄酒产品分类及代码

产品分类	一级分类	二级分类	三级分类
分类代码	1	103	103.3
分类名称	食品	酒类	黄酒

(2)产品种类 黄酒、绍兴酒(绍兴黄酒)、烹饪黄酒。

(3)定义

干黄酒 总糖含量<15.0 g/L的酒。

半干黄酒 总糖含量≤15.0～40.0 g/L的酒。

半甜黄酒 总糖含量40.1～100 g/L的酒。

甜黄酒 总糖含量>100 g/L的酒。

4.葡萄酒

(1)产品分类及代码(表绪-13)

表绪-13 葡萄酒产品分类及代码

产品分类	一级分类	二级分类	三级分类
分类代码	1	103	103.4
分类名称	食品	酒类	葡萄酒

(2)种类

按色泽　白葡萄酒、桃红葡萄酒、红葡萄酒。

按含糖量　干葡萄酒、半干葡萄酒、半甜葡萄酒、甜葡萄酒。

按二氧化碳含量　平静葡萄酒、起泡葡萄酒、高泡葡萄酒、低泡葡萄酒。

(3)定义

葡萄酒　以鲜葡萄或葡萄汁为原料，经全部或部分发酵酿制而成的，含有一定酒精度的发酵酒。

干葡萄酒　含糖(以葡萄糖计)≤4.0 g/L的葡萄酒。或者当总糖与总酸(以酒石酸计)的差值≤2.0 g/L时，含糖最高为9.0 g/L的葡萄酒。

半干葡萄酒　含糖大于干葡萄酒，最高为12.0 g/L的葡萄酒，或者当总糖与总酸(以酒石酸计)的差值≤2.0 g/L时，含糖最高为18.0 g/L的葡萄酒。

半甜葡萄酒　含糖大于半干葡萄酒，最高为45.0 g/L的葡萄酒。

甜葡萄酒　含糖>45.0 g/L葡萄酒。

平静葡萄酒　在20℃时，二氧化碳压力<0.05 MPa的葡萄酒。

起泡葡萄　在20℃时，二氧化碳压力≥0.05 MPa的葡萄酒。

高泡葡萄酒　在20℃时，二氧化碳(全部自然发酵产生)压力≥0.35 MPa(对于容量小于250 mL的瓶子二氧化碳压力≥0.3 MPa)的起泡葡萄酒。

天然高泡葡萄酒　酒中糖含量≤12.0 g/L(允许差为3.0 g/L)的高泡葡萄酒。

绝干高泡葡萄酒　酒中糖含量为12.1～17.0 g/L(允许差为3.0 g/L)的高泡葡萄酒。

干高泡葡萄酒　酒中糖含量为17.1～32.0 g/L(允许差为3.0 g/L)的高泡葡萄酒。

半干高泡葡萄酒　酒中糖含量为32.1～50.0 g/L的高泡葡萄酒。

甜高泡葡萄酒　酒中糖含量>50.0 g/L的高泡葡萄酒。

低泡葡萄酒　在20℃时，二氧化碳(全部自然发酵产生)压力在0.05～0.34 MPa的起泡葡萄酒。

特种葡萄酒　用鲜葡萄或葡萄汁在采摘或酿造工艺中使用特定方法酿制而成的葡萄酒。

利口葡萄酒　由葡萄生成总酒度为12%(Vol)以上的葡萄酒中，加入葡萄白兰地、食用酒精或葡萄酒精以及葡萄汁、浓缩葡萄汁、含焦糖葡萄汁、白砂糖等，使其终产品酒精度为15.0%～22.0%(Vol)的葡萄酒。

葡萄汽酒　酒中所含二氧化碳是部分或全部由人工添加的，具有同起泡葡萄酒类似物理特性的葡萄酒。

冰葡萄酒　将葡萄推迟采收，当气温低于-7℃使葡萄在树枝上保持一定时间，结冰，采收，在结冰状态下压榨、发酵、酿制而成的葡萄酒(在生产过程中不允许外加糖源)。

贵腐葡萄酒　在葡萄的成熟后期，葡萄果实感染了灰绿葡萄孢，使果实的成分发生了明显的变化，用这种葡萄酿制而成的葡萄酒。

膜葡萄酒 葡萄汁经过全部酒精发酵，在酒的自由表面产生一层典型的酵母膜后，可加入葡萄白兰地、葡萄酒精或食用酒精，所含酒精度≥15.0％(Vol)的葡萄酒。

加香葡萄酒 以葡萄酒为酒基，经浸泡芳香植物或加入芳香植物的浸出液(或馏出液)而制成的葡萄酒。

低醇葡萄酒 采用鲜葡萄或葡萄汁经全部或部分发酵，采用特种工艺加工而成的，酒精度为1.0％～7.0％(Vol)的葡萄酒。

脱醇葡萄酒 采用鲜葡萄或葡萄汁经全部或部分发酵，采用特种工艺加工而成的、酒精度为0.5％～1.0％(Vol)的葡萄酒。

山葡萄酒 采用鲜山葡萄(包括毛葡萄、刺葡萄、秋葡萄等野生葡萄)或山葡萄汁经过全部或部分发酵酿制而成的葡萄酒。

年份葡萄酒 所标注的年份是指葡萄采摘的年份，其中年份葡萄酒所占比例不低于酒含量的80％(Vol)。

品种葡萄酒 用所标注的葡萄品种酿制的酒所占比例不低于酒含量的75％(Vol)。

产地葡萄酒 用所标注的产地葡萄酿制的酒所占比例不低于酒含量的80％(Vol)。

注：所有产品中均不得添加合成着色剂、甜味剂、香精、增稠剂。

5.果酒

(1)产品分类及代码(表绪-14)

表绪-14 果酒产品分类及代码

产品分类	一级分类	二级分类	三级分类
分类代码	1	103	103.6
分类名称	食品	酒类	果酒、配制酒(露酒)

(2)产品种类

果酒分类 平静果酒(干、半干、半甜、甜果酒)、起泡果酒(高泡果酒、低泡果酒)、特种果酒。

配制酒(露酒)分类 按生产工艺包括：浸泡法、热回流法、复蒸馏法、渗漉法、配制法；按添加物来源分为：植物类配制酒、动物类配制酒、其他类配制酒。

(3)定义

果酒 以新鲜水果或果汁为原料，经全部或部分发酵酿制而成的、含有一定酒精度的发酵酒。

配制酒(露酒) 以发酵酒、蒸馏酒或食用酒精为酒基，加入可食用的辅料或食品添加剂，进行调配、混合或再加工制成的、已改变了其原有酒基风格的酒。

植物类配制酒 利用植物的花、叶、茎、果为香源及营养源，经再加工制成的、具有明显植物香及有效成分的配制酒。

动物类配制酒 利用食用动物及其制品为香源及营养源，经再加工制成的、具有明显动物有效成分的配制酒。

6.白兰地

(1)产品分类及代码(表绪-15)

表绪-15 白兰地产品分类及代码

产品分类	一级分类	二级分类	三级分类
分类代码	1	103	103.5
分类名称	食品	酒类	白兰地

(2)产品分类

特级(XO):最低酒龄为六年;优级(VSOP):最低酒龄为四年;一级(VO):最低酒龄为三年;二级(VS):最低酒龄为两年。

(3)定义 白兰地是以葡萄为原料,经发酵、蒸馏、橡木桶陈酿、调配而成的葡萄蒸馏酒。

(四)糖果制品

1.糖果

(1)产品分类及代码(表绪-16)

表绪-16 糖果产品分类及代码

产品分类	一级分类	二级分类	三级分类
分类代码	1	104	104.1
分类名称	食品	糖果制品	糖果

(2)产品分类 糖果包括硬质糖果、酥质糖果、焦香糖果、凝胶糖果、奶糖糖果、胶基糖果、充气糖果、压片糖果、流质糖果。

(3)定义 糖果指以白砂糖、淀粉糖浆(或其他食糖)、糖醇或允许使用的其他甜味剂为主要原料,经相关工艺制成的固态、半固态或液态甜味食品。

2.果冻

(1)产品分类及代码(表绪-17)

表绪-17 果冻产品分类及代码

产品分类	一级分类	二级分类	三级分类
分类代码	1	104	104.2
分类名称	食品	糖果制品	果冻

(2)产品分类 果冻按组织形态分为①凝胶果冻(内容物从包装容器倒出后,能基本保持原有形态,呈凝胶状的果冻),分为杯形凝胶果冻、长杯形凝胶果冻、条形凝胶果冻、异形凝胶果冻;②可吸果冻(内容物从包装容器倒出后,呈半流体凝胶状,能够用吸管或吸嘴直接吸

食的果冻）。

按原料分类包括果味型（果汁含量低于15%）、果汁型（果汁含量不低于15%）、果肉型（含有不低于15%新鲜或经过加工的水果块/果粒的产品）、含乳型（添加乳或乳制品等原料加工制成的产品）、其他型。

（3）定义　果冻是以水、食糖和增稠剂等为原料，经溶胶、调配、灌装、杀菌、冷却等工序加工而成的胶冻食品。

3.巧克力及巧克力制品

（1）产品分类及代码（表绪-18）

表绪-18　巧克力产品分类及代码

产品分类	一级分类	二级分类	三级分类
分类代码	1	104	104.3
分类名称	食品	糖果制品	巧克力及巧克力制品、代可可脂巧克力及代可可脂巧克力制品

（2）产品种类

巧克力　①黑巧克力：呈棕褐色或棕黑色，具有可可苦味的巧克力；②牛奶巧克力：添加乳制品，呈棕色或浅棕色，具有可可和乳香风味的巧克力；③白巧克力：不添加非脂可可物质的巧克力。

巧克力制品　①混合型巧克力制品：巧克力与其他食品混合制成的制品，如榛仁巧克力、杏仁巧克力；②涂层型巧克力制品：巧克力做涂层的制品，如威化巧克力、蜜饯水果巧克力；③糖衣型巧克力制品：在巧克力外层涂（抹）糖衣的制品，如巧克力豆；④其他型巧克力制品。

代可可脂巧克力　①代可可脂巧克力：代可可脂黑巧克力（呈棕褐色或棕黑色，具有可可苦味的代可可脂巧克力）；②代可可脂牛奶巧克力（添加乳制品，呈棕色或浅棕色，具有可可和乳香风味的代可可脂巧克力）；③代可可脂白（风味）巧克力（不添加非脂可可物质的巧克力）。

代可可脂巧克力制品　①混合型代可可脂巧克力制品：代可可脂巧克力与其他食品混合制成的制品，如榛仁代可可脂巧克力等；②涂层型代可可脂巧克力制品：代可可脂巧克力作涂层的制品，如威化代可可脂巧克力、蜜饯水果代可可脂巧克力等；③糖衣型代可可脂巧克力制品：在代可可脂巧克力外层涂（抹）糖衣的制品，如代可可脂巧克力豆等；④其他型代可可脂巧克力制品：以上未包括的代可可脂巧克力制品。

（3）定义

巧克力　以可可制品（可可脂、可可液块或可可粉）、白砂糖或甜味剂为主要原料，添加或不添加乳制品、食品添加剂，经特定工艺制成的固体食品，不包括非可可脂添加量超过5%的产品。

巧克力制品 用巧克力与其他食品按一定比例加工制成的固体食品。

代可可脂巧克力 以白砂糖或甜味料、代可可脂为主要原料添加或不添加可可制品(可可脂、可可液块或可可粉)、乳制品及食品添加剂,经特定工艺制成的在常温下保持固体或半固体状态,并具有巧克力风味及形状的食品,且代可可脂添加量超过5%。

代可可脂巧克力制品 代可可脂巧克力与其他食品按照一定比例加工制成的食品。

(五)水果制品

1.蜜饯

(1)产品分类及代码(表绪-19)

表绪-19 蜜饯产品分类及代码

产品分类	一级分类	二级分类	三级分类
分类代码	1	105	105.1
分类名称	食品	水果制品	蜜饯

(2)产品种类 蜜饯类、凉果类、果脯类、话化类、果丹(饼)类和果糕类。

(3)定义

蜜饯 以果蔬和糖类等为原料,添加(或不添加)食品添加剂和其他辅料,经糖或蜂蜜或食盐腌制(或不腌制)等工艺加工制成的各种制品。

蜜饯类 以水果为主要原料,经糖(蜜)熬煮或浸渍,添加或不添加食品添加剂,或略经干燥处理,制成带有湿润糖液面或浸渍在浓糖液面中的湿态制品(蜜饯包括糖渍类、糖霜类),例如,蜜陈皮、糖莲子、蜜金橘、糖冬瓜条等。

凉果类 以果蔬为主要原料,经或不经糖熬煮、浸渍或腌制,添加或不添加食品添加剂等,经不同处理后制成的具有浓郁香味的干态制品。例如,陈皮梅、西梅、情人梅、嘉应子、杨梅、雪花杏脯等。

果脯类 以果蔬类为原料,经或不经糖熬煮或浸渍,可以加入食品添加剂为辅助原料制成的表面不黏不燥、有透明感、无糖霜析出的干态制品。例如,杏脯、桃脯、梨脯、苹果脯、山楂脯等。

话化类 以水果为主要原料,经腌制,添加食品添加剂,加或不加糖,加或不加甘草制成的干态制品。例如,化陈皮、九制陈皮、乌梅、甘草杨桃、话梅(话梅肉、九制话梅、奶油话梅、雪山梅)、话杏(雪梅、杏梅、丁香梅)、话李(情人梅、相思梅、野乌梅、望梅、柠檬梅)等。

果丹(饼)类 以果蔬为主要原料,经糖熬煮、浸渍或盐腌,干燥后磨碎,成型后制成各种形态的干态制品。例如,陈皮丹、百草丹、佳宝丹、金橘丹、猴王丹、山楂片等。

果糕类 以果蔬为主要原料,经磨碎或打浆,加入糖类和(或)食品添加剂后制成的各种形态的糕状制品。例如,山楂糕、杧果糕、菠萝糕等。

2.果酱

(1)产品分类及代码(表绪-20)

表绪-20 果酱产品分类及代码

产品分类	一级分类	二级分类	三级分类
分类代码	1	105	105.2
分类名称	食品	水果制品	果酱

(2)产品种类　果酱、果味酱。

(3)定义

果酱　以水果、果汁或果浆和糖为主要原料，经预处理、煮制、打浆(或破碎)、配料、浓缩、包装等工序制成的酱状产品。

果味酱　加入或不加入水果、果汁或果浆，使用增稠剂、食用香精、着色剂等食品添加剂，加糖(或不加糖)，经配料、煮制、浓缩、包装等工序制成的酱状产品。

3.水果干制品

(1)产品分类及代码(表绪-21)

表绪-21 水果干制品产品分类及代码

产品分类	一级分类	二级分类	三级分类
分类代码	1	105	105.3
分类名称	食品	水果制品	水果干制品

(2)定义　水果干制品是水果经过清洗、切分后，采取自然干燥或人工干燥的方法除去水果组织中的大部分水分而加工成的制品。

(六)豆制品

1.非发酵型豆制品

(1)产品分类及代码(表绪-22)

表绪-22 非发酵型豆制品产品分类及代码

产品分类	一级分类	二级分类	三级分类
分类代码	1	106	106.1
分类名称	食品	豆制品	非发酵性豆制品

(2)种类　非发酵型豆制品包括豆浆类、豆腐类、豆腐干类、腐竹类。

(3)定义　非发酵型豆制品指以大豆和水为主要原料，经过制浆工艺，凝固或不凝固，调味或不调味等加工工艺制成的产品。

2.发酵性豆制品

(1)产品分类及代码(表绪-23)

表绪-23　发酵型豆制品产品分类及代码

产品分类	一级分类	二级分类	三级分类
分类代码	1	106	106.2
分类名称	食品	豆制品	发酵性豆制品

(2)产品种类　发酵性豆制品包括腐乳、豆豉等。

(3)定义　发酵性豆制品是指以大豆或其他杂豆为原料经发酵制成的豆制品。

腐乳　以大豆为主要原料,经加工磨浆、制坯、培菌、发酵而制成的调味、佐餐制品。

豆豉　是以大豆为原料经润水蒸煮、制曲发酵、加盐、加酒或干燥等措施,制成的干态或半干态的颗粒状发酵性豆制品。

3.膨化豆制品

(1)产品分类及代码(表绪-24)

表绪-24　膨化豆制品产品分类及代码

产品分类	一级分类	二级分类	三级分类
分类代码	1	106	106.3
分类名称	食品	豆制品	膨化豆制品

(2)定义　膨化豆制品是指以大豆粉、食用大豆粕、大豆蛋白粉等为原料,添加或不添加调味料,经挤压膨化的方法加工而成的具有一定组织状态或纤维结构的产品。

(七)茶叶及相关制品

(1)产品分类及代码(表绪-25)

(2)种类　茶叶产品主要分为绿茶、红茶、乌龙茶、白茶、黄茶、黑茶及其再加工制成的花茶、紧压茶、袋泡茶等。

表绪-25　茶叶产品分类及代码

产品分类	一级分类	二级分类
分类代码	1	107
分类名称	食品	茶叶

(3)定义

绿茶　以茶树鲜叶为原料,经杀青、揉捻、干燥等基本工艺加工制作而成的茶叶产品。

红茶　以茶树鲜叶为原料,经萎凋、揉捻(切)、发酵、干燥等基本工艺加工制作而成的茶叶产品。

乌龙茶　以茶树鲜叶为原料,经萎凋、做青、杀青、揉捻、干燥等基本工艺加工制作而成的茶叶产品。

白茶 以茶树鲜叶为原料，经萎凋、干燥等基本工艺加工制作而成的茶叶产品。

黄茶 以茶树鲜叶为原料，经杀青、闷黄、揉捻、干燥等基本工艺加工制作而成的茶叶产品。

黑茶 以茶树鲜叶为原料，经杀青、揉捻、渥堆、干燥等基本工艺加工制作而成的茶叶产品。

花茶 以茶叶和香花（茉莉、玉兰、珠兰、桂花、玫瑰、柚子等）为原料，经窨制而成的再加工类茶叶产品。

紧压茶 以黑茶、绿茶或红茶等为原料，经整理加工、蒸压成型、干燥等工艺制成的再加工类茶叶产品。

袋泡茶 以茶叶为原料，一般经筛分（或切碎）、整理、滤袋包装而成的，用于成袋泡饮的再加工类茶叶产品。

（八）蔬菜制品

1.酱腌菜

（1）产品分类及代码（表绪-26）

表绪-26 酱腌菜产品分类及代码

产品分类	一级分类	二级分类	三级分类
分类代码	1	108	108.1
分类名称	食品	蔬菜制品	酱腌菜

（2）产品种类 酱腌菜根据不同的加工方式可分为酱渍菜、盐渍菜、酱油渍菜、糖渍菜、醋渍菜、糖醋渍菜、虾油渍菜、盐水渍菜、糟渍菜。

（3）定义

酱渍菜 以蔬菜咸坯，经脱盐、脱水后，用酱渍加工而成的蔬菜制品。

盐渍菜 以蔬菜为原料，用食盐盐渍加工而成的蔬菜制品。

酱油渍菜 以蔬菜咸坯，经脱盐、脱水后，用酱油浸渍加工而成的蔬菜制品。

糖渍菜 以蔬菜咸坯，经脱盐、脱水后，用糖渍加工而成的蔬菜制品。

醋渍菜 以蔬菜咸坯，经脱盐、脱水后，用醋渍加工而成的蔬菜制品。

糖醋渍菜 以蔬菜咸坯，经脱盐、脱水后，用糖醋渍加工而成的蔬菜制品。

虾油渍菜 以蔬菜为主要原料，用食盐盐渍后再经虾油渍制加工而成的蔬菜制品。

盐水渍菜 以蔬菜为原料，用盐水经生渍或熟渍加工而成的蔬菜制品。

糟渍菜 以蔬菜咸坯为原料，用酒糟或醪糟经糟渍加工而成的蔬菜制品。

2.蔬菜干制品

（1）产品分类及代码（表绪-27）

表绪-27　蔬菜干制品产品分类及代码

产品分类	一级分类	二级分类	三级分类
分类代码	1	108	108.2
分类名称	食品	蔬菜制品	蔬菜干制品

(2)种类　蔬菜干制品根据不同的加工方法可分为自然干制蔬菜、热风干燥蔬菜、冷冻干燥蔬菜、蔬菜脆片、蔬菜粉及制品等。

(3)定义　蔬菜干制品以蔬菜为主要原料进行选剔、清洗、粉碎、调理等预处理,采用自然风干、晒干、热风干燥、低温冷冻干燥、油炸脱水等工艺除去其所含大部分水分,添加或不添加辅料制成的产品或以蔬菜干制品为原料经过混合、粉碎、调理等工序制成的产品。

3.食用菌制品

(1)产品分类及代码(表绪-28)

表绪-28　食用菌制品产品分类及代码

产品分类	一级分类	二级分类	三级分类
分类代码	1	108	108.3
分类名称	食品	蔬菜制品	食用菌

(2)分类　干制食用菌。为干制平菇、香菇、草菇、黑木耳、银耳等。

(3)定义　干制食用菌指在确保产品质量指标(色、香、味、形、营养等)的前提下,利用外热源,促使菌体水分蒸发达到便于贮存运输目的的制品。

(九)膨化食品

(1)产品种类　膨化食品包括油炸型、非油炸型膨化食品、切片型马铃薯片。

(2)定义

油炸型膨化食品　原料经食用油脂煎炸或用经过调味的植物油喷洒、浸渍、干燥等方式而制成的膨化食品。

非油炸型膨化食品　原料经膨化器加温(调整水分)、挤压、焙烤、调味(或不调味)而制成的膨化食品。

切片型马铃薯片　马铃薯经清洗、去皮、切片、油炸或烘烤、添加调味料制成的马铃薯片。

(十)炒货及坚果制品

(1)种类　炒货食品及坚果制品分为烘炒类、油炸类、其他类。

(2)定义

炒货食品及坚果制品　以果蔬籽、果仁、坚果等为主要原料,添加或不添加辅料,经炒制、烘烤、油炸或其他加工工艺制成的食品。

烘炒类 原料添加或不添加辅料，经炒制或烘烤（包括蒸煮后烘炒）而成的产品。包括有壳烘炒类、无壳烘炒类和裹衣烘炒类。如烘炒瓜子、烘炒花生等。

油炸类 原料按一定工艺配方，经常压或真空油炸而制成的产品。如油炸蚕豆、油炸琥珀桃仁等。

其他类 原料添加或不添加辅料，经水煮或其他加工工艺制成的产品。如水煮花生等。

（十一）淀粉及淀粉制品

1.淀粉种类

淀粉分为谷类淀粉、薯类淀粉和豆类淀粉等。

2.淀粉制品

（1）种类 淀粉制品分为粉丝、粉条、粉皮等。

（2）定义 淀粉制品是以谷类、薯类、豆类或以谷类、薯类、豆类食用淀粉为原料，经清洗、磨碎、分离、和浆、干燥、成型等工序加工制成的产品。

（十二）饼干类

（1）产品分类及代码（表绪-29）

表绪-29 饼干产品分类及代码

产品分类	一级分类	二级分类	三级分类
分类代码	1	112	112.1
分类名称	食品	糕点	饼干

（2）种类 饼干按加工工艺的不同，可分为酥性饼干、韧性饼干、发酵饼干、压缩饼干、曲奇饼干、夹心（或注心）饼干、威化饼干、蛋圆饼干、蛋卷、煎饼、装饰饼干、水泡饼干及其他饼干。

（3）定义 饼干指以小麦粉（可添加糯米粉、淀粉等）为主要原料，加入（或不加入）糖、油脂及其他原料，经调粉（或调浆）、成型、烘烤（或煎烤）等工艺制成的口感酥松或松脆的食品。

（十三）糕点

1.粽子

（1）产品分类 粽子根据不同的保鲜方式可分为新鲜类粽子、速冻类粽子、真空包装类粽子。

（2）定义 粽子以糯米和（或）其他谷类食品为主要原料，中间裹以（或不裹以）豆类、果仁、菌类、肉禽类、蜜饯、水产品等馅料，用粽叶包扎成型，经水煮至熟而成的制品。

速冻是将预处理的食品放在－40～－30℃的装置中，一般在 30 min 内通过最大冰晶生成带使食品中心温度从$-1℃$降到$-5℃$，其所形成的冰晶直径小于100 μm。速冻后的食品中心温度要达到$-18℃$以下。

新鲜类粽子 指煮后未经速冻、真空包装等方式处理，在常温下贮存和销售的粽子。

速冻类粽子 指煮熟后经速冻工艺处理并在$-18℃$条件下冷冻和销售的粽子。

真空包装类粽子 指经真空包装和灭菌工艺处理并以真空包装方式贮存和销售的粽子。

2.月饼

(1)分类 月饼按加工工艺可分为：烘烤类月饼、熟粉成型类月饼及其他类月饼；按地方风味特色可分为：广式月饼、京式月饼、苏式月饼及其他类月饼；按馅料可分为：蓉沙类、果仁类、果蔬类、肉与肉制品类、水产制品类、蛋黄类及其他类月饼。

(2)定义 月饼指使用面粉等谷物粉、油、糖或不加糖调制成饼皮，包裹各种馅料，经加工而成在中秋节食用为主的传统节日食品。

3.糕点

(1)分类 糕点包括热加工糕点、冷加工糕点、面包。

热加工糕点 烘烤糕点、油炸糕点、水蒸糕点、熟粉糕点、其他。

烘烤糕点 酥类、松酥类、松脆类、酥层类、酥皮类、水油皮类、糖浆皮类、松酥皮类、硬酥皮类、发酵类、烘糕类、烤蛋糕类。

油炸类 酥皮类、水油皮类、松酥类、酥层类、水调类、发酵类、糯糍类。

水蒸类 蒸蛋糕类、印模糕类、韧糕类、发糕类、松糕类。

熟粉糕点 热调软糕类、印模糕类、切片糕类。

其他 除烘烤糕点、油炸糕点、水蒸糕点、熟粉糕点外的熟加工糕点。

冷加工糕点 冷调韧糕类、冷调松糕类、蛋糕类、油炸上糖浆类、萨其马类、其他。

面包 软式面包、硬式面包、起酥面包、调理面包和其他面包。调理面包分为热加工产品和冷加工产品。

(2)定义

糕点 以粮、油、糖、蛋等为主料，添加(或不添加)适量辅料，经调制、成型、熟制等工序制成的食品。

热加工糕点 以烘烤、油炸、水蒸、炒制等加热熟制工序为最终工艺的一类糕点。

冷加工糕点 在各种加热熟制工序后，在常温或低温条件下再进行二次加工的一类糕点。

烘烤类糕点 烘烤熟制的一类糕点。

酥类 用较多的油脂和糖，调制成塑性面团，经成型、烘烤而成的组织不分层次，口感酥松的制品。

松酥类 用较少的油脂，较多的糖(包括砂糖、绵白糖或饴糖)，辅以蛋品、乳品等并加入化学膨松剂，调制成具有一定韧性和良好可塑性的面团，经成型、熟制而成的制品。

松脆类 用较少的油脂，较多的糖浆或糖调制成糖浆面团，经成型、烘烤而成的口感松脆的制品。

酥层类 用水油面团包入油酥面团或固体油，经反复压片、折叠、成型后，熟制而成的具有多层次的制品。

酥皮类 用水油面团包油酥面团制成酥皮，经包馅、成型后，熟制而成的饼皮分层次的制品。

水油皮类 用水油面团剥皮，然后包馅，经熟制而成的制品。

糖浆皮类 用糖浆面团制皮，然后包馅，经烘烤而成的柔软或韧酥的制品。

松酥皮类 用较少的油脂，较多的糖，辅以蛋品、乳品等并加入化学膨松剂，调制成具有一定韧性和良好可塑性的面团，经制皮、包馅、成型、烘烤而成的口感松酥的制品。

硬酥皮类 用较少的糖和饴糖，较多的油脂和其他辅料制皮，经包馅、烘烤而成的外皮硬酥的制品。

发酵类 用发酵面团，经成型或包馅成型后，熟制而成的口感柔软或松脆的制品。

烘糕类 以糕粉为主要原料，经拌粉、装模、炖糕、成型、烘烤而成的口感松脆的糕点制品。

烤蛋糕类 以鸡蛋、面粉、糖为主要原料，经打蛋、注模、烘烤而成的组织松软的制品。

油炸糕点 油炸熟制的一类糕点。

水调类 以面粉和水为主要原料制成韧性面团，经成型、油炸而成的口感松脆的制品。

糯糍类 以糯米粉为主要原料，经包馅成型、油炸而成的口感松脆或酥软的制品。

水蒸糕点 水蒸熟制的一类糕点。

蒸蛋糕类 以鸡蛋为主要原料，经打蛋、调糊、注模、蒸制而成的组织松软的制品。

印模糕类 以熟或生的原辅料，经拌合、印模成型、熟制或不熟制而成的口感松软的糕点制品。

韧糕类 以糯米粉、糖为主要原料，经蒸制、成型而成的韧性糕类制品。

发糕类 以小麦粉或米粉为主要原料调制成面团，经发酵、蒸制、成型而成的带有蜂窝状组织的松软糕类制品。

松糕类 以粳米粉、糯米粉为主要原料调制成面团，经成型、蒸制而成的口感松软的糕类制品。

熟粉糕点 将米粉、豆粉或面粉预先熟制，然后与其他原辅料混合而成的一类糕点。

热调软糕类 用糕粉、糖和沸水调制成有较强韧性的软质糕团，经成型制成的柔软糕类制品。

切片糕类 以米粉为主要原料，经拌粉、装模、蒸制或炖糕、切片而成的口感绵软的糕类制品。

冷调韧糕类 用糕粉、糖浆和冷开水调制成有较强韧性的软质糕团，经包馅（或不包馅)、成型而成的冷作糕类制品。

冷调松糕类 用糕粉、潮糖或糖浆拌合成松散性的糕团，经成型而成的松软糕类制品。

上糖浆类 先制成生坯，经油炸后再拌(浇、浸)入糖浆的口感松酥或酥脆的制品。

萨其马类 以面粉、鸡蛋为主要原料，经调制面团、静置、压片、切条、过筛、油炸、拌糖浆、成型、装饰、切块而制成。

面包 以小麦粉、酵母、食盐、水为主要原料，加入适量辅料，经搅拌面团、发酵、整形、醒发、烘烤或油炸等工艺制成的松软多孔的食品，以及烤制成熟前或后在面包胚表面或内部添加奶油、人造黄油、蛋白、可可、果酱等的制品。

(十四)肉制品

1.产品分类(表绪-30)

表绪-30 肉制品产品分类

类名称	产品种类名称	代表产品
腌腊肉制品	咸肉类	腌咸肉、板鸭等
	腊肉类	各种腊肉、五花腊肉、通脊腊肉、腊鸡、腊鸭、腊乳猪等
	腊肠类	广东腊肠、湖南腊肠、广西腊肠、四川腊肠、哈尔滨风干肠、山东腊肠等
	中式火腿类	金华火腿、如皋火腿、宣威火腿等
	其他类	生培根、生香肠等
酱卤肉制品	白煮肉类	白煮羊头、盐水鸭、卤下货等
	酱卤肉类	酱肘子、酱牛肉、酱鸭、无锡排骨、山西猪蹄、扒鸡等
	肴肉	江苏肴肉等
熏烧烤肉制品	熏烤肉类	北京烤鸭、烤羊肉串等
	烧烤肉类	叫化鸡、烧羊肉等
	熟培根类	五花培根、通脊培根等
肉干制品	肉干	牛肉干、猪肉干、灯影牛肉等
	肉松	太仓肉松、油酥肉松、肉酥、肉粉松等
	肉脯	靖江肉脯、美味肉脯、肉糜脯等
熏煮香肠火腿制品	熏煮香肠	火腿肠、烤肠、红肠、茶肠、泥肠、淀粉肠等
	熏煮火腿	通脊烤肉、通脊火腿、青岛火腿、澳洲烤肉、牛肉方腿、三明治等
发酵肉制品	发酵香肠	色拉米香肠等
	发酵肉类	发酵火腿等

2.定义

肉制品 以畜禽肉为主要原料,经选料、修整、调味、腌制(或不腌制)、绞碎(或切块或整体)、成型(或充填)、成熟(或不成熟)、包装等工艺制作,开袋即食(或经过简单热加工即食)的预制食品。

腌腊肉制品 以畜禽肉为原料,经选料、修整、调味、腌制(或不腌制)、绞碎(或切块或整体)、成型(或填充),再经晾晒(或风干或低温烘烤)、包装等工艺制作,食用前需简单热加工的一类预制食品。

酱卤肉制品 以畜禽肉为原料,经选料、修整、调味、腌制(或不腌制)、成型,以水为媒介加热成熟、冷却、包装等工艺制作的开袋即食的一类预制食品。

熏烧烤肉制品 以畜禽肉为原料,经选料、修整、调味、腌制(或不腌制)、成型,以空气(或固体)为媒介加热成熟、冷却、包装等工艺制作的开袋即食的一类预制食品。

肉干制品 以畜禽肉为原料,经选料、修整、调味、成型、煮制(或不煮制)、烘烤(或烘干或炒松)冷却、包装等工艺制作,开袋即食的一类预制食品,包括肉干、肉脯和肉松。①肉松:以畜禽瘦肉为原料,经选料、修割、煮制、撇油、调味、收汤、炒松、搓松等工艺制作而成的熟肉制品,包括太仓肉松、油酥肉松和肉粉松。②肉干:以畜禽肉为原料,经选料、修割、预煮、成型、调味、复煮、收汤、干燥等工艺制作而成的熟肉制品。③肉脯:以畜禽肉为原料,经选料、切片(或绞碎)、调味、腌渍、摊筛、烘干、烤制等工艺制作的薄片型熟肉制品,包括肉脯和肉糜脯。

熏煮香肠火腿制品 以畜禽肉为主要原料,经选料、修整、调味、腌制、绞碎(或切块)、斩拌(或滚揉)、成型后,再经过熏煮、冷却、包装等工艺制作开袋即食的一类预制食品,包括熏煮香肠和熏煮火腿。

发酵肉制品 以畜禽肉为原料,经选料、修整、调味、绞碎(或不绞碎)、灌装(或成型)、再经发酵成熟、包装等工艺制作,不经加热可直接食用的一类预制食品,典型产品有发酵香肠和发酵火腿。

(十五)食糖

(1)分类 食糖产品主要有白砂糖、绵白糖、赤砂糖、冰糖、冰片糖、方糖等。

(2)定义

白砂糖 甘蔗、甜菜汁或粗糖液用亚硫酸法或碳酸法等洗净处理后,经浓缩、结晶、分蜜及干燥所得的洁白砂糖。

绵白糖 将晶粒较细的白砂糖与适量的转化糖浆均匀混合而得的糖。

赤砂糖 一种棕红色或黄褐色的带蜜砂糖。

冰糖 砂糖经再溶,清净处理后重结晶而制得的大颗粒结晶糖,有单晶体和多晶体两种,呈透明或半透明状。

冰片糖 用冰糖蜜或砂糖加原糖蜜为原料,经加酸部分转化,煮成的金黄色片糖。

方糖 由粒度适中的白砂糖(或精制白砂糖)加入少量水或糖浆,经压(或铸)制成小方块的糖。

(十六)淀粉糖

(1)分类 淀粉糖产品主要有食用葡萄糖、低聚异麦芽糖、果葡糖浆、麦芽糖、麦芽糊精、葡萄糖浆等。

(2)定义

一水葡萄糖 以淀粉或淀粉质为原料,经液化、糖化所得的葡萄糖液,再经过精制、浓缩、冷却结晶所得的含有一个水分子的产品。

无水葡萄糖 以淀粉或淀粉质为原料,经液化、糖化所得的葡萄糖液,再经过精制、浓缩、蒸发结晶所得的产品。

全糖粉 以淀粉或淀粉质为原料,经液化、糖化所得的葡萄糖液,再经过精制、浓缩、干燥所得的产品。

低聚异麦芽糖 淀粉糖的一种,主要成分为α-1,6-糖苷键结合的异麦芽糖(IG_2)、潘糖(P)、异麦芽三糖(IG_3)及四糖(含四糖)以上(G_n)的低聚糖。

果葡糖浆 以淀粉或淀粉质为原料,经全酶法、酸法、酶酸法或酸酶法水解,经酶法异构化,并精制而得的果糖和葡萄糖的混合糖浆。

麦芽糖 以淀粉或淀粉质为原料,经液化、糖化、精制而成的,主要成分为麦芽糖的产品。

麦芽糊精 以淀粉或淀粉质为原料,经酶法低度水解、精制、喷雾干燥制成的不含游离淀粉的淀粉衍生物。

葡萄糖浆 以淀粉或淀粉质为原料,经全酶法、酸法、酶酸法或酸酶法水解,精制而得的含有葡萄糖的混合糖浆。

(十七)罐头

(1)产品分类(表绪-31)

表绪-31 罐头产品分类

序号	产品类别	种类产品
1	畜肉类罐头	清蒸类畜肉罐头
		调味类畜肉罐头
		腌制类畜肉罐头
		烟熏类畜肉罐头
		香肠类畜肉罐头
		内脏类畜肉罐头

续表绪-31

序号	产品类别	种类产品
2	禽类罐头	白烧类禽罐头
		去骨类禽罐头
		调味类禽罐头
3	水产动物类罐头	油浸(熏制)类水产罐头
		调味类水产罐头
		清蒸类水产罐头
4	水果类罐头	糖水类水果罐头
		糖浆类水果罐头
		果酱类水果罐头(果冻罐头、果酱罐头)
		果汁类罐头(浓缩果汁罐头、果汁罐头、果汁饮料罐头)
5	蔬菜类罐头	清渍类蔬菜罐头
		醋渍类蔬菜罐头
		盐渍(酱渍)蔬菜罐头
		调味类蔬菜罐头
		蔬菜汁(酱)罐头
6	干果和坚果类罐头	干果和坚果类罐头
7	谷类和豆类罐头	谷类和豆类罐头
8	其他罐头	汤类罐头
		调味类罐头
		混合类罐头
		婴幼儿辅食罐头

(2)定义　罐头指将符合要求的原料经处理、分选、修整、烹调(或不经烹调)、装罐(包括马口铁罐、玻璃罐、复合薄膜袋或其他包装材料容器)、密封、杀菌、冷却或无菌包装而制成的所有食品。

(十八)速冻食品

1.速冻面米食品

(1)分类　速冻面米食品根据加工方式可分为生制品(产品冻结前未经加热成熟的产品)和熟制品(产品冻结前经加热成熟的产品,包括发酵类产品及非发酵类产品),包括速冻水饺、汤圆、包子、花卷、馒头、南瓜饼、八宝饭等。

(2)定义

速冻 将预处理的食品放在－40℃～－30℃的装置中，一般在30 min内通过最大冰晶生成带使食品中心温度从－1℃降到－5℃，其所形成的冰晶直径小于100 μm。速冻后的食品中心温度要达到－18℃以下。

速冻面米食品 以小麦粉、大米、杂粮等粮食为主要原料，或同时配以单一或由多种配料组成的肉、禽、蛋、水产品、蔬菜、果料、糖、油、调味品为馅(或拌)料，熟制或生制、包装，并经速冻而成的各种面米食品。

2.速冻调制食品

(1)分类 速冻调制食品根据加工方式可分为生制品(产品冻结前未经加热或轻度加热尚未至熟的产品)和熟制品(产品冻结前经加热充分至熟的产品)，包括花色米面制品、裹面制品、鱼糜制品、乳化肉制品、菜肴制品、烧烤(烟熏)制品、火锅汤料制品、汤羹制品八类。

(2)定义

速冻调制食品 指以农产品、畜禽产品、水产品等为主要原料，并配以辅料、食品添加剂等，经调味制作加工，采用速冻工艺，在低温状态下(产品中心温度在－18℃以下)贮藏、运输和销售的包装产品。

花色米面制品 指以粮食或粮食制品与农产品、畜禽产品、水产品等为主料，配以植物蛋白、淀粉、调味料等辅料，经加热、调制、冷却后，快速冻结且有合适包装，在低温状态下贮存、销售的食品。此类包含各种花色的饭类、面类、饼类、粥类、米粉等产品。

裹面制品 指以农产品、畜禽产品、水产品等为主料，经加工制作，或配以调味料等辅料，成型后覆以裹面材料(裹面材料系指面粉、淀粉、脱脂奶粉、蛋等加水混合调制的裹面浆或面包屑的总称)，经油炸、冷却后，快速冻结且有合适包装，在低温状态下贮存、销售的食品。此类包含裹面鱼虾、肉类、禽块、果蔬等产品。

鱼糜制品 指以鱼肉或其他水产动物肉为主料，经均匀捣碎碾磨，配以植物蛋白、调味料等辅料，成型加热、冷却后，快速冻结且有合适包装，在低温条件下贮存、销售的食品。此类包含鱼、虾、蟹等丸类、糕类、肠类和模拟蟹、贝等水产动物风味的产品。

乳化肉制品 指以畜禽产品为主料，经绞碎或配以植物蛋白、淀粉、调味料等辅料，搅拌、乳化、成型，或加热、冷却后，快速冻结且有合适包装，在低温条件下贮存、销售的食品。此类包含畜禽肉制成的丸类、饼类、肠类等产品。

菜肴制品 指以农产品、畜禽产品、水产品等为主料(单一或搭配)，配以调味料等辅料，经调味制作，或烹调、冷却后，快速冻结且有合适包装，在低温条件下贮存、销售的食品。此类包含各式生制、熟制菜肴(含泥状)产品。

烧烤(烟熏)制品 指以畜禽产品、水产品或农产品为主料，配以调味料等辅料，经修割整型、腌渍、定型等加工处理，进行烧烤或蒸煮(烟熏)、冷却后，快速冻结且有合适包装，在低温条件下贮存、销售的食品。此类包含烤鳗、烤(熏)肉、烤(熏)禽、熏蛋、熏肠类等产品。

火锅汤料制品 指以农产品、畜禽产品、水产品等原料熬制的"汤汁",配以调味料等辅料,调制冷却后,快速冻结且有合适包装,在低温条件下贮存、销售的食品。此类包含各种海鲜、麻辣、酸辣口味等火锅汤料(锅底)产品。

汤羹制品 指以农产品、畜禽产品、水产品等为主料,添加水、调味料等辅料,经调制、烧煮、冷却后,快速冻结且有合适包装,在低温条件下贮存、销售的食品。此类包含畜禽汤、海鲜汤、蔬菜汤、杂烩汤、奶汤等中西式汤羹产品。

(十九)冷冻饮品

(1)分类 冷冻饮品可分为冰淇淋、雪泥、雪糕、冰棍、甜味冰、食用冰、其他类。

(2)定义

冷冻饮品 以饮用水、食糖、乳制品、水果制品、豆制品、食用油等中的一种或多种为主要原料,添加或不添加食品添加剂,经配料、灭菌、冷冻而制成的冷冻固态制品。包括冰淇淋、雪糕、雪泥、冰棍、甜味冰、食用冰等。

冰淇淋 以饮用水、乳和/或乳制品、食糖等为主要原料,添加或不添加食用油脂、食品添加剂,经混合、灭菌、均质、老化、凝冻、硬化等工艺制成的体积膨胀的冷冻饮品。

雪泥 也称冰霜,以饮用水、食糖等为主要原料,可添加适量食品添加剂,经混合、灭菌、凝冻、硬化等工艺制成的冰雪状的冷冻饮品。

雪糕 以饮用水、乳和/或乳制品、食糖、食用油脂等为主要原料,可添加适量食品添加剂,经混合、灭菌、均质或凝冻、冻结等工艺制成的冷冻饮品。

冰棍 也称棒冰,以饮用水、食糖等为主要原料,可添加适量食品添加剂,经混合、灭菌、硬化、成型等工艺制成的冷冻饮品。

甜味冰 以饮用水、食糖等为主要原料,可添加适量食品添加剂,经混合、灭菌、灌装、硬化等工艺制成的冷冻饮品。

食用冰 以饮用水为原料,经灭菌、注模、冻结、脱模、包装等工艺制成的冷冻饮品。

(二十)方便面食品

(1)分类 方便面可以分为油炸方便面和非油炸方便面。

(2)定义

方便面 以小麦粉为主要原料,添加或不添加淀粉等食品添加剂,经加水及食盐等调制、成型、糊化处理,达到一定糊化度,添加或不添加配料的面条类方便食品。

油炸方便面 经食用油脂煎炸、脱水的方便面。

非油炸方便面 经速冻、微波、真空和热风等方法干燥的方便面。

(二十一)饮料

1.瓶(桶)装饮用水

(1)分类 瓶(桶)装饮用水可分为饮用天然矿泉水、饮用天然泉水、其他天然饮用水、饮用纯净水、饮用矿物质水以及其他包装饮用水。

(2)定义

饮用天然矿泉水 采用从地下深处自然涌出或经钻井采集的、未受污染的地下矿泉水；含有一定量的矿物盐、微量元素或二氧化碳气体，在通常情况下，其化学成分、流量、水温等动态在天然周期波动范围内相对稳定的水源制成的制品。

饮用天然泉水 采用从地下自然涌出的泉水或经钻井采集的、未受污染的地下泉水且未经过公共供水系统的水源制成的制品。

其他天然饮用水 采用未受污染的水井、水库、湖泊或高山冰川等且未经过公共供水系统的水源制成的制品。

饮用纯净水 以符合 GB 5749—2006 的水为水源，采用适当的加工方法，去除水中的矿物质等制成的制品。

饮用矿物质水 以符合 GB 5749—2006 的水为水源，采用适当的加工方法，有目的地加入一定量的矿物质而制成的制品。

其他包装饮用水 以符合 GB 5749—2006 的水为水源，采用适当的加工方法，不经调色处理而制成的制品，如添加适量香精(料)的调味水。

2.碳酸饮料

(1)分类 碳酸饮料可分为果汁型碳酸饮料、果味型碳酸饮料、可乐型碳酸饮料、其他型碳酸饮料。

(2)定义

碳酸饮料 在一定条件下充入二氧化碳气体的饮料，不包括由发酵法自身产生的二氧化碳的饮料。

果汁型碳酸饮料 含有一定量果汁的碳酸饮料，如橘汁汽水、橙汁汽水、菠萝汁汽水或混合果汁汽水。

果味型碳酸饮料 以果香香精为主要香气成分，含有少量果汁或不含果汁的碳酸饮料，如橘子味汽水、柠檬味汽水。

可乐型碳酸饮料 以可乐香精或类似可乐果香型的香精为主要香气成分的碳酸饮料。

其他型碳酸饮料 除上述 3 类以外的碳酸饮料，如苏打水、盐汽水、姜汁汽水、沙士汽水。

3.茶饮料

(1)分类 茶饮料可分为茶饮料(茶汤)、茶浓缩液、调味茶饮料、复(混)合茶饮料。

(2)定义

茶饮料 以茶叶的水提取液或其浓缩液、茶粉等为原料，经加工制成的饮料。不适用于以茶多酚、咖啡因为原料配制而成的饮料。

茶浓缩液 采用物理方法从茶叶的水提取液中除去一定比例的水分经加工制成，加水复原后具有原茶汁应有风味的液态制品。

调味茶饮料 ①果汁茶饮料和果味茶饮料：以茶叶的水或其浓缩液、茶粉等为原料，加入果汁、食糖和(或)甜味剂、食用果味香精等的一种或几种调制而成的液体饮料。②奶茶和奶味茶饮料:以茶叶的水提取液或其浓缩液、茶粉等为原料,加入乳或乳制品、食糖和(或)甜味剂、食用奶味香精等的一种或几种调制而成的液体饮料。③碳酸茶饮料:以茶叶的水提取液或其浓缩液、茶粉等为原料,加入二氧化碳气体、食糖和(或)甜味剂、食用香精等调制而成的液体饮料。④其他调味茶饮料:以茶叶的水提取液或其他浓缩液、茶粉等为原料,加入食品配料调味,且在上述 3 类调味茶以外的饮料。

复(混)合茶饮料 以茶叶和植(谷)物的水提取液或其浓缩液、干燥粉为原料,加工制成的,具有茶与植(谷)物混合风味的液体饮料。

4.果蔬汁饮料

(1)分类 果蔬汁饮料包括果汁(浆)和蔬菜汁(浆)、果汁饮料和蔬菜汁饮料。

(2)定义

果汁(浆)和蔬菜汁(浆) 采用物理方法,将水果或蔬菜加工制成可发酵但未发酵的汁(浆)液;或在浓缩果汁(浆)或浓缩蔬菜汁(浆)中加入果汁(浆)或蔬菜汁(浆)浓缩时失去的等量的水,复原而成的制品。可以使用食糖、酸味剂或食盐,调整果汁、蔬菜汁的风味,但不得同时使用食糖和酸味剂调整果汁的风味。

果汁饮料 在果汁(浆)或浓缩果汁(浆)中加入水、食糖和(或)甜味剂、酸味剂等调制而成的饮料,可加入柑橘类的囊胞(或其他水果经切细的果肉)等果粒。

蔬菜汁饮料 在蔬菜汁(浆)或浓缩蔬菜汁(浆)中加入水、食糖和(或)甜味剂、酸味剂等调制而成的饮料。

5.植物蛋白饮料

(1)分类 植物蛋白饮料可分为豆奶(豆浆)和豆奶饮料、椰子汁及复原椰子汁、核桃乳、杏仁露、花生乳(露)和其他植物蛋白饮料。

(2)定义

植物蛋白饮料 以植物果仁、果肉及大豆为原料(如大豆、花生、杏仁、核桃仁、椰子等),经加工、调配后,再经高压灭菌或无菌包装制得的乳状饮料。

豆奶(豆浆)和豆奶饮料 豆奶(豆浆)以大豆为主要原料,可添加食糖、食盐,不得添加其他食品辅料加工制成的产品。豆奶也可称为豆乳。

调制豆奶 以大豆及大豆制品为主要原料,可添加其他食品辅料加工制成的产品。调制豆奶也可称为调制豆乳。

豆奶饮料 以大豆及大豆制品为主要原料,可添加其他食品辅料加工制成的、大豆固形物含量可相对较低的产品。豆奶饮料也可称为豆乳饮料或大豆饮料。

椰子汁及复原椰子汁 椰子汁是以新鲜椰子果肉为原料,经加工制得的饮料。复原椰子汁是以椰子果肉制品如椰子果浆、椰子果粉等为原料,经加工制得的饮料。

核桃乳 以核桃仁为主要原料,经加工、调配等工序后,再经高温杀菌或无菌包装制成的乳浊状植物蛋白饮料。

杏仁露 以杏仁为原料，经浸泡、磨碎等工艺制得的浆液调制而成的饮料。

花生乳(露) 以花生仁为主要原料，经加工、调配后，再经高压杀菌或无菌包装制成的乳浊状植物蛋白饮料。

其他植物蛋白饮料 以核桃、花生、南瓜子、葵瓜子等为原料经磨碎等工艺制得的浆液中加入水、糖液等调制而成的饮料。

6.含乳饮料

(1)分类 含乳饮料可分为配制型含乳饮料、发酵型含乳饮料、乳酸菌饮料。

(2)定义

含乳饮料(品)类 以鲜乳或乳制品为原料(经发酵或未经发酵)，加入饮用水及适量辅料，经加工制成的制品。

配制型含乳饮料 以乳或乳制品为原料，加入水以及食糖和(或)甜味剂、酸味剂、果汁、茶、咖啡、植物提取液等一种或几种调制而成的饮料。

发酵型含乳饮料 以乳或乳制品为原料，经乳酸菌等有益菌培养发酵制得的乳液中加入水以及食糖和(或)甜味剂、酸味剂、果汁、茶、咖啡、植物提取液等一种或几种调制而成的饮料，如乳酸菌乳饮料。根据其是否经过杀菌处理而区分为杀菌(非活菌)型和未杀菌(活菌)型。

7.固体饮料

(1)分类 固体饮料可分为蛋白型固体饮料、普通型固体饮料及可可粉固体饮料。

(2)定义

固体饮料 用食品原料、食品添加剂等加工制成粉末状、颗粒状或块状等固态料的供冲调饮用的制品(不包括烧煮型咖啡)。如豆粉、茶粉、咖啡粉、果味型固体饮料、固态汽水(泡腾片)、姜汁粉。

蛋白型固体饮料 以乳及乳制品、蛋及蛋制品等其他动植物蛋白为主要原料，添加或不添加辅料制成的、蛋白质含量≥4%的制品。

普通型固体饮料 以果汁或经烘烤的咖啡、茶叶、菊花、茅根等植物提取物为主要原料，添加或不添加辅料制成的、蛋白质含量<4%的制品。普通型固体饮料包括果香型固体饮料和其他型固体饮料(不包含可可粉固体饮料)。

可可粉固体饮料 以可可粉为主要原料，添加或不添加其他辅料，不经热加工制成的固体饮料。

(二十二)调味品

1.酱油

(1)分类 酱油一般分为酿造酱油、配制酱油。酿造酱油按照发酵工艺可分为两类：高盐稀态发酵酱油(含固稀发酵酱油)、低盐固态发酵酱油。

(2)定义

酱油 以大豆(或)脱脂大豆、小麦(或)麸皮、食盐、水为原料，经微生物酿造而成的一种液态鲜味调味品。

酿造酱油 以大豆和/或脱脂大豆、小麦和/或麸皮为原料，经微生物发酵制成的具有特殊色、香、味的液体调味品。

配制酱油 以酿造酱油为主体(以全氮计不得少于50%)，与酸水解植物蛋白调味液、食品添加剂等配制而成的液体调味品。

低盐固态发酵酱油 以脱脂大豆(或大豆)及麸皮、麦粉等为原料，经蒸煮、制曲、并采用低盐(食盐为6%～8%)固态(水分为50%～58%)发酵方法生产的酱油。

高盐稀态发酵酱油 高盐稀态发酵酱油是指原料在发酵阶段采用高盐度、多水量的稀态制醪工艺，分解熟成后直接制取或适量稀释滤出的调味汁液。

烹调酱油 不直接食用的，适用于烹调加工的酱油。

餐桌酱油 既可直接食用，又可用于烹调加工的酱油。

2.食醋

(1)分类 食醋一般分为酿造食醋、配制食醋。酿造食醋按照发酵工艺可分为两类：固态发酵食醋、液态发酵食醋。

(2)定义

食醋 以粮食、果实、酒类等含有淀粉、糖类、酒精的原料，经微生物酿造而成的一种液体酸味调味品。

酿造食醋 将各种含有淀粉、糖或酒精的原料单独或混合使用，经微生物发酵酿造而成的食醋。

固态发酵食醋 以粮食及其副产品为原料，采用固态醋醅发酵酿制而成的食醋。

液态发酵食醋 以粮食、糖类或酒精为原料，采用液态醋醪发酵而成的食醋。

配制食醋 以酿造食醋为主体(以乙酸计不得低于50%)，与食用冰乙酸、食品添加剂等混合配制的调味食醋。

3.味精

(1)分类 味精按加入成分不同可分为味精、加盐味精、增鲜味精。

(2)定义

谷氨酸钠(味精) 以淀粉质、糖质为原料，经微生物(谷氨酸棒状杆菌等)发酵、提取、中和、结晶精制而成的谷氨酸钠含量不小于99%，具有特殊鲜味的白色结晶或粉末。

加盐味精 在谷氨酸钠(味精)中，定量添加了精制盐且谷氨酸钠含量不低于80%的均匀混合物。

增鲜味精 在味精(谷氨酸钠99%)中，定量添加了核苷酸二钠[5′-鸟苷酸二钠(GMP)、肌苷酸二钠(IMP)或呈味核苷酸二钠(IMP+GMP)]等增鲜剂，其鲜味度超过混合前的谷氨酸钠(味精)。

4.食盐

(1)分类 食用盐按原料来源可分为海盐、湖盐、井矿盐；按加工方法划分可分为原盐、精制盐、日晒盐、粉碎洗涤盐；按用途划分为加碘盐和多品种盐。

(2)定义

食盐 直接食用或用于食品加工的盐。

精制盐 用卤水或原盐为原料,用真空制盐工艺或粉碎、洗涤、干燥工艺制得的食盐。

粉碎洗涤盐 以海盐或湖盐为原料,用粉碎、洗涤工艺制得的食盐。

日晒盐 以日晒卤水方式制得的食盐。

多品种食盐 添加营养强化剂、调味辅料或经特殊工艺加工制得的食盐,包括强化营养盐、调味盐、低钠盐等所有直接食用和制作食品所用的食盐。

5.酱

(1)分类 酱分为豆酱、面酱和复合酱。其中豆酱又可分为黄豆酱(干态黄豆酱、稀态黄豆酱)、蚕豆酱、杂豆酱。面酱可分为小麦面酱和杂面酱。

(2)定义

豆酱 以豆类或其副产品为主要原料,经微生物发酵酿制的酱类,包括黄豆酱、蚕豆酱等。

黄豆酱 以黄豆为主要原料加工酿制的酱类。

干态黄豆酱 指原料在发酵过程中控制较少水量,使成品外观呈干涸状态的黄豆酱。

稀态黄豆酱 指原料在发酵过程中控制较多水量,使成品外观呈稀稠状态的豆酱。

蚕豆酱 以蚕豆为主要原料加工酿制的酱类。

杂豆酱 以豌豆或其他豆类及其副产品为主要原料加工酿制酱类。

面酱 以小麦粉为主要原料,经微生物发酵酿制的酱类。

复合酱 以豆、面等酱为基料,添加其他辅料混合制成的酱类,可供佐餐用。

6.鸡精、鸡粉调味料

(1)分类 鸡精调味料、鸡粉调味料。

(2)定义

鸡精调味料 以味精、食用盐、鸡肉/鸡骨的粉末或其浓缩抽提物、呈味核苷酸二钠及其他辅料为原料,添加或不添加香辛料和(或)食用香料等增香剂经混合、干燥加工而成,具有鸡的鲜味和香味的复合调味料。

鸡粉调味料 以食用盐、味精、鸡肉/鸡骨的粉末或其浓缩抽提物、呈味核苷酸二钠及其他辅料为原料,添加或不添加香辛料和(或)食用香料等增香剂经混合加工而成,具有鸡的浓郁香味和鲜美滋味的复合调味料。

(二十三)可可制品及焙炒咖啡

1.可可制品

(1)分类 可可制品分为可可仁、可可液块、可可饼块、可可粉、可可脂等产品。

(2)定义

可可制品 以可可豆为原料,经清理、焙炒、破碎、壳仁分离、研磨、压榨、破碎细粉、冷却结晶等工艺制成的产品。

可可仁 以可可豆为原料，经清理、筛选、焙炒、脱壳而制成的产品。

可可液块 以可可仁为原料，经碱化（或不碱化）、研磨等工艺制成的产品。

可可饼块 以可可仁或可可液块为原料，经机榨脱脂等工艺制成的产品。

可可粉 可可饼块经粉化制成的产品。

可可脂 以纯可可豆为原料，经清理、筛选、焙炒、脱壳、磨浆、机榨等工艺制成的产品。

2. 焙炒咖啡

(1)分类 焙炒咖啡分为焙炒咖啡豆、焙炒咖啡粉。

(2)定义

焙炒咖啡豆 经去除果皮和脱壳后的生咖啡豆，以机械或手工方式清理调配后，再以焙炒机焙炒冷却后即包装于密闭容器中的咖啡产品。

焙炒咖啡粉 焙炒咖啡豆经机械磨细筛分后存放于密闭容器中的咖啡产品。

(二十四)蛋制品

(1)分类 蛋制品主要有巴氏杀菌冰全蛋、冰蛋黄、冰蛋白、巴氏杀菌全蛋粉、蛋黄粉、蛋白片、皮蛋、咸蛋、咸蛋黄、糟蛋、卤蛋、热凝固蛋制品等。

(2)定义

巴氏杀菌冰全蛋 以鲜蛋为原料，经打蛋、过滤、巴氏低温杀菌、冷冻制成的蛋制品。

冰蛋黄 以鲜蛋的蛋黄为原料，经加工处理、冷冻制成的蛋制品。

冰蛋白 以鲜蛋的蛋白为原料，经加工处理、冷冻制成的蛋制品。

巴氏杀菌全蛋粉 以鲜蛋为原料，经打蛋、过滤、巴氏低温杀菌、干燥制成的蛋制品。

蛋黄粉 以鲜蛋的蛋黄为原料，经加工处理、干燥制成的蛋制品。

蛋白片 以鲜蛋的蛋白为原料，经加工处理、发酵、干燥制成的蛋制品。

皮蛋 以鲜蛋为原料，经用生石灰、碱、盐等配制的料液（泥）或氢氧化钠等配制的料液加工而成的蛋制品。

咸蛋 以鲜蛋为原料，经用盐水或含盐的纯净黄泥、红泥、草木灰等腌制，经熟制或不熟制而成的蛋制品。

糟蛋 以鲜蛋为原料，经裂壳，用食盐、酒精及其他配料等糟腌渍而成的蛋制品。

卤蛋 以鲜蛋为原料，经蒸煮、调味煮等卤制而成的蛋制品。

热凝固蛋制品 以鲜蛋、水等为原料，加或不加皮蛋，经搅拌混合、罐装、加热等工艺制成的蛋制品。

咸蛋黄 以咸蛋为原料，经打蛋、滤干蛋液等工艺加工制成的蛋制品。

(二十五)水产品

1. 干制水产品

(1)分类 干制水产品按原料来源分为动物性干制水产品和藻类干制水产品。

(2)定义

干制水产品 是指以鲜、冻动物性水产品或藻类为原料直接或经过腌渍、预煮、调味后在自然或人工条件下干燥脱水制成的产品。

动物性干制水产品 是指以鲜、冻动物性水产品为原料,添加或不添加辅料,经相应工艺加工制成的干制品。包括鱼干类、虾干类、海参类、干贝类、淡菜等产品。

藻类干制水产品 是指藻类和以藻类为原料,添加或不添加辅料,经相应工艺加工制成的干制品。包括海带、紫菜、海苔等产品。

2.盐渍水产品

(1)分类 盐渍水产品包括盐渍海带、盐渍裙带菜、盐渍海蜇皮和盐渍海蜇头、盐渍鱼等产品。

(2)定义 盐渍水产品是以新鲜海藻、水母、鲜(冻)鱼等为原料,经盐渍等工艺加工制成的产品。

3.鱼糜制品

(1)分类 鱼糜制品根据加工方式可分为即食鱼糜制品和非即食鱼糜制品,包括鱼丸、鱼糕、虾丸、虾饼、贝肉丸、模拟扇贝柱、模拟蟹肉、鱼糜香肠等。

(2)定义 鱼糜制品是指以鲜(冻)鱼、虾等为主要原料,添加辅料,经一定加工工艺制成的产品。

4.水产调味品

(1)分类 水产调味品包括虾酱、蚝油、鱼露、贻贝油、鱼制调味品等。

(2)定义 水产调味品是指以鱼类、虾类、蟹类、贝类等水生动物为原料,经盐渍、发酵(或不发酵)等工艺加工制成的产品。

二、粮油食品加工的主要内容

1.粮食加工品

(1)小麦粉;(2)大米;(3)挂面;(4)其他粮食加工品。

2.食用油、油脂及其制品

(1)食用植物油;(2)食用油脂制品。

3.酒类

(1)白酒;(2)啤酒;(3)黄酒[黄酒(加工灌装)];(4)葡萄酒;(5)果酒;(6)白兰地。

4.糖果制品

(1)糖果;(2)果冻;(3)巧克力及巧克力制品。

5.水果制品

(1)蜜饯;(2)果酱;(3)水果干制品。

6.豆制品

(1)非发酵性豆制品;(2)发酵性豆制品;(3)膨化豆制品。

7.茶叶及相关制品

8.蔬菜制品

(1)酱腌菜;(2)蔬菜干制品;(3)食用菌制品。

9.膨化食品

10.炒货及坚果制品

11.淀粉及淀粉制品

12.饼干类

13.糕点

(1)粽子;(2)月饼;(3)糕点。

14.肉制品

15.食糖

16.淀粉糖

17.罐头

18.速冻食品

(1)速冻面米食品;(2)速冻调制食品。

19.冷冻饮品

20.方便面食品

21.饮料

(1)瓶(桶)装饮用水;(2)碳酸饮料;(3)茶饮料;(4)果蔬汁饮料;(5)植物蛋白饮料;(6)含乳饮料;(7)固体饮料。

22.调味品

(1)酱油;(2)食醋;(3)味精;(4)食盐;(5)酱;(6)鸡精、鸡粉调味料。

23.可可制品及焙炒咖啡

(1)可可制品;(2)焙炒咖啡。

24.蛋制品

25.水产品

(1)干制水产品;(2)盐渍水产品;(3)鱼糜制品;(4)水产调味品。

三、我国粮油行业发展现状及趋势分析

自新中国成立之后，我国人口从 4 千万发展到现在接近 14 亿人口，仅仅几十年的时间，人口暴增。但是，我国不仅是人口大国，同时也是粮食油料生产大国、粮油消费和粮油加工大国，粮油行业快速发展，遍布全国各地。我国粮油行业的发展现状及发展趋势如下。

(一)我国粮油工业的基本情况

我国的粮油加工能力之大、企业之多均属世界之最。我国的粮油加工企业遍及城乡，小型且分散。经典型调查及推算，我国大大小小的粮油加工企业和加工点多达二十多万个，其中大米加工企业和加工点就有十多万个，但有一定生产规模的加工企业的比例相对较少。

(二)我国粮油工业的发展趋势

民以食为天，粮油是人们赖以生存的最基本的营养来源。回顾历史，我国的粮油工业作为一个产业则是新中国成立后才逐步建立起来的。因此，建立一个现代化的粮油工业是摆在每个粮油科技工作者面前光荣而又艰巨的使命。现在，我们可以这样说：中国的米、面、油加工业在许多领域已经接近或达到国际水平，最明显的是粮油加工质量不断提高，粮油产品琳琅满目。我国粮油工业的发展趋势呈现以下特征。

1.企业的生产规模日趋大型化、规模化

随着市场竞争的加剧和企业的结构调整优化，粮油加工企业的数量进一步减少，规模逐步扩大，生产集中度明显提高。根据粮油行业市场调查分析：2010 年，全国规模以上企业共有 8 546 个，数量比 2009 年减少 33.1%，而汇总后的总产量、总产值和销售收入等均高于 2009 年。

2.企业将进一步整合、提升，向集团化方向迈进

粮油工业企业通过重新整合、提升是集团化的必由之路。

3.粮油产品必须坚持朝着安全、优质、营养、方便的方向发展

粮油是人们最重要的食粮，也是食品工业最基础的原料。随着人们生活水平的不断提高，人们在关注粮油产品安全、放心的基础上，将进一步注重粮油食品的优质、营养和方便，为此积极发展绿色和无公害的粮油食品应是粮油加工企业的发展重点。

4.杂粮杂豆和特种油脂的开发利用将进一步引起重视

我国杂粮杂豆种植历史悠久，品种繁多，地区分布较广，而且由于生产环境特殊，大多不施化肥、农药，无污染，是天然的有机绿色食品。杂粮杂豆营养丰富，有多种保健功能。随着人们生活水平的提高，杂粮杂豆及其制品越来越为人们所喜爱。

粮油是人们生活必需品，粮油工业的发展前景是非常广阔的。

【师徒共研】

1. 产品分类及代码指什么?

产品分类及代码是国家有关部门统一规定的分类方式。

产品分类	一级分类	二级分类	三级分类
分类代码	1	101	101.2
分类名称	食品	粮食加工产品	小麦粉

以小麦粉为例:小麦粉的一级分类代码为1,分类名称是食品;二级分类代码为101,分类名称是粮食加工产品;三级分类代码为101.2,分类名称是小麦粉。

2. 我国对膨化食品是如何定义的?

(1)油炸型膨化食品:原料经食用油脂煎炸或用经过调味的植物油喷洒、浸渍、干燥等方式而制成的膨化食品。

(2)非油炸型膨化食品:原料经膨化器加温(调整水分)、挤压、焙烤、调味(或不调味)而制成的膨化食品。

(3)切片型马铃薯片:马铃薯经清洗、去皮、切片、油炸或烘烤、添加调味料制成的马铃薯片。

3. 在杂粮开发技术方面,我国有怎样的趋势?

由于我国具有地理、气候、资源等多方面的优势,杂粮生产一直居于世界前列,产量占世界的1/10,是出口创汇、增加农民收入的重要商品。杂粮种类很多,分布较广。杂粮营养价值高、无污染,且多含有特殊营养素,其营养保健功能越来越受到人们的重视。重点抓好杂粮杂豆几个主要品种,如荞麦、燕麦、黑麦、小米、高粱、扁豆、芸豆等开发,形成工业化、系列化产品。重点开展:

(1)杂粮特有成分和营养功能研究:

(2)杂粮精选设备开发;

(3)杂粮加工技术与设备开发;

(4)杂粮特有成分提取与精制技术;

(5)风味营养杂粮新产品的开发。

第一单元 1

粮油食品基础原料

知识目标

1.熟悉制小麦的麦路流程和小麦的粉路流程,小麦水分调节种类和作用,松粉机的作用。

2.了解碾米的目的要求,碾米的基本原理,稻谷在加工前的清理目的。

技能目标

1.能够用肉眼鉴别精选小麦的合格程度。

2.能够根据磨粉的质量,有效调节轧距调节机。

3.能够在小麦磨粉前,进行小麦水分调节。

德育目标

通过对小麦加工各项工艺环节的实践操作,培养学生有效组织、合理分工、相互协作及团队合作的能力和培养学生吃苦耐劳的精神。

项目一
小麦加工

任务一 小麦的分类、籽粒结构和化学构成

一、小麦的分类

小麦是我国主要的粮食作物之一，种类很多，种植遍及全国。

(一)按照播种季节分类

1.冬小麦

冬小麦指当年秋季播种、翌年夏季收获的小麦。冬小麦按其产区可分为北方冬小麦和南方冬小麦两大类。北方冬小麦白麦较多，多系半硬质，皮薄，含杂少，面筋质含量高，品质较好，因而出粉率较高，粉色好。北方冬小麦主要产区是河南、河北、山东、山西、陕西以及苏北、皖北等地，占我国小麦总产量的65%以上。南方冬小麦多为红麦，质软，皮厚，面筋质的质量和数量都比北方冬小麦差，含杂也较多，因此出粉率比北方冬小麦低，占全国小麦总产量的20%～25%。

2.春小麦

春小麦指当年春季播种、秋季收获的小麦。此种小麦主要产于黑龙江、内蒙古、甘肃、青海、新疆等气候严寒的地区，其产量占全国小麦总产量的15%左右。春小麦含有机杂质较多，一般为红麦，皮较厚，籽粒大，多系硬质，面筋质含量高，但品质不如北方冬小麦。

(二)按照皮色和粒质分类

1.白色硬质小麦

白色硬质小麦种皮为白色、乳白色或黄白色的麦粒达70%以上，硬质率达50%以上。

2. 白色软质小麦

白色软质小麦种皮为白色、乳白色或黄白色的麦粒达 70%以上，软质率达 50%以上。

3. 红色硬质小麦

红色硬质小麦种皮为深红色或红褐色的麦粒达 70%以上，硬质率达 50%以上。

4. 红色软质小麦

红色软质小麦种皮为深红色或红褐色的麦粒达 70%以上，软质率达 50%以上。

5. 混合硬质小麦

混合硬质小麦种皮为红、白色小麦互混，硬质率达 50%。

6. 混合软质小麦

混合软质小麦种皮为红、白色小麦互混，软质率达 50%以上。

二、籽粒结构

如图 1-1 所示籽粒结构，小麦籽粒为不带内外稃的颖果，粒形为卵圆、椭圆，顶端生有茸毛，背隆起，背面基部有一尖起的胚；腹部较平，中间有一道凹陷的沟。籽粒横断面呈心脏形或三角形。

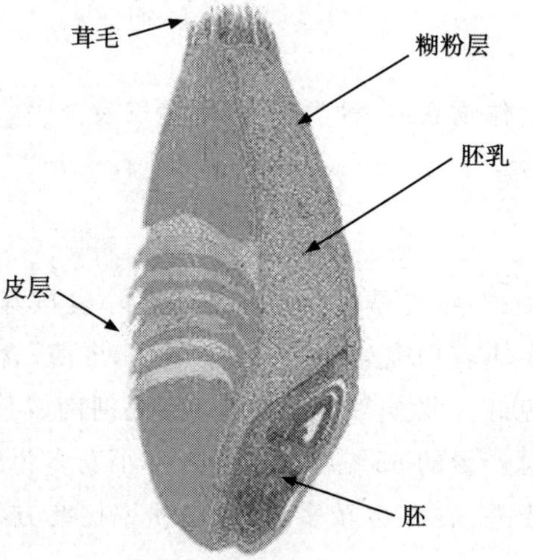

图 1-1　小麦籽粒形态结构

三、化学构成

在各种谷物粉中，仅有小麦粉能形成可夹持气体，从而产出松软焙烤食品的强韧黏合的面团。小麦蛋白质，更准确地说，面筋蛋白质是小麦具有独特性质的根源。面筋蛋白质是小麦的贮藏蛋白质，也是功能蛋白质，不具酶活性。由于它不溶于水，因此较容易分离提纯。在水流中揉搓面团，淀粉和水溶性物质可从面筋中除去，冲洗后，剩下的便是一块胶皮团似的面筋。

1. 小麦蛋白质的组成

小麦蛋白质由两种主要的蛋白质组成，即麦胶蛋白（一种醇溶谷蛋白）和麦谷蛋白（一种谷蛋白）。

麦胶蛋白质　是一大类具有类似特性的蛋白质，其相对分子量 40 000，单链，可直接进入电泳，水合时黏性极大。这类蛋白质的延伸性极好，基本无弹性。这可以认为是造成面团黏合性的主要原因。

麦谷蛋白质　是一类不同组分的蛋白质，多链，直接进入电泳，相对分子量变化于 100 000 至数百万之间，平均分子量为几百万，有弹性但无黏性。显然，麦谷蛋白使面团具有抗延展性，即延展性不好。

2. 小麦蛋白质的构成与功能作用

与面筋形成面团相关的因素有氨基酸的组成。面筋蛋白质中谷氨酸含量非常高，约占蛋白质的 35%，即在面筋中每三个氨基酸就有一个谷氨酸，另外脯氨酸含量也高，约占蛋白质的 14%，赖氨酸水平低。面筋蛋白质的电荷密度小，电荷密度小意味着蛋白质中相互排斥的力弱，这样蛋白链便容易相互作用，这一条件对面团的形成是必要的。

面筋蛋白质能有效地束缚脂类，面筋也能束缚面粉混合期间添加到面粉中的脂类。

3. 小麦蛋白质含量

由于小麦中谷氨酰胺水平高引起氮含量高，小麦蛋白质的含量可以从低于 6%变化到 27%，尽管大多数商品样品的蛋白质为 8%～16%。这样大的变化是由于环境和遗传因素的影响。

小麦蛋白质含量具有两方面的重要性：①蛋白质是人类食品中重要的营养素，因此从营养的角度看蛋白质的类型和量非常重要；②蛋白质的量和类型在面粉的功能作用中是很重要的，例如蛋白质是决定面包用粉质量最重要的因素。

任务二　小麦预处理

小麦的清理流程简称麦路，是由原粮小麦经一系列的处理达到入磨净麦要求的整个过程。因此，麦路不仅仅是进行小麦的清理，还包括小麦的搭配和水分调节等过程。生产流程如下：

除草 → 精选 → 打麦 → 碾麦 → 洗麦 → 水分调节 → 小麦搭配

一、任务准备

清理设备、水分调节设备、搭配设备。

二、实施过程

(一)除杂

小麦清理流程中进行筛选、风选、密度去石和磁选等除杂,方法及设备与清理水稻中的杂质过程基本相同。

(二)精选

把小麦中混杂的一些与小麦差别不大的杂质清除掉,这个步骤称为精选。用来分离小麦中的荞麦、大麦等与小麦差别不大杂质的机械称为精选机。精选机可分为碟片精选机、滚筒精选机、组合精选机和螺旋精选机三种。

(三)打麦

进入制粉流程的原料是整粒小麦,虽然清除了混入麦粒中的绝大部分杂质,但麦粒表面尚未达到理想的干净程度,因此在小麦入磨之前必须将黏附在表皮上、麦沟中的泥沙、尘土、有害微生物等污染较彻底地清除,这个工序称为小麦的表面清理。

打麦的目的就是要打下麦粒表面的各种附着物。打麦的设备为打麦机。

(四)碾麦

通过碾削作用对小麦表面进行清理的工艺方法称为碾麦,碾麦设备在对小麦表面的碾削过程中,可较彻底地将小麦表面黏附的杂质碾去,还可碾去部分小麦皮层,对提高入磨小麦的纯度很有好处。常用的碾麦设备为碾麦机。

(五)洗麦

洗麦的主要作用是洗去麦粒表面的污染物,对保证面粉质量起着积极作用。但洗麦需要大量净水,使用后的污水也需要净化处理,因而会增加生产成本。

常用的洗麦机有两种:一种是 FXMW 去石洗麦机,它既能起洗除和着水的作用,又能起分离砂石的作用;另一种是 FXML 立式洗麦机,能对麦粒起洗涤和温和的打麦作用,但不能分离砂石。

(六)小麦的水分调节

一般经过着水和润麦两个步骤,小麦经过着水设备着水后,通过螺旋输送机搅拌混合,使水分在麦粒间的分配较为均匀,然后送去润麦,使水分向小麦内部渗透。小麦着水后如果着水量达不到要求,可再经过第二次着水,然后再到润麦仓去润麦。

小麦着水后的润麦时间一般为 18~24 h,在加工硬麦或气温较低的地方可适当加长润麦时间。

(七)小麦搭配

将各种小麦按一定比例混合后加工称为搭配。将分仓存放的不同性质的小麦,同时打开仓门,由配麦器控制搭配比例,使小麦流入麦仓下的螺旋输送机或其他输送机中混合。也可先将各批小麦分别清理、着水,进入润麦仓,再由仓下的配麦器或放麦闸门控制搭配比例,在螺旋输送机中混合。

三、精选机的种类、工作原理和精选工艺效果的评定

(一)精选机的种类

精选机可分为碟片精选机、滚筒精选机、组合精选机和螺旋精选机四种。

(二)精选机的工作原理

1.碟片精选机

碟片精选机的特点是产量较大,调节方便,但物料对碟片的磨损较厉害,分选精度不高,适合用来分级。

工作原理及过程:碟片精选机的主要工作部件是两侧均布袋孔的圆环形碟片。工作过程中,碟片在物料中转动,碟片与物料接触的部分称为盛料段,在接触过程中,宽、厚度小于袋孔的物料均可嵌入袋孔。随着碟片的转动,嵌入孔内的物料被带离料层,因袋孔的深度一定,较长的颗粒因重心在外,一旦失去承托马上掉出,较短的颗粒则可稳定地留在斜口向上的袋孔中,随碟片转过保持段,直至通过最高点进入卸料段后,因袋孔斜口朝下,孔内物料滑出落入收集槽而实现分选。

2.滚筒精选机

滚筒精选机的特点是分选精度高,下脚含粮少,但产量较小,设备占地面积较大。

工作原理及过程:滚筒精选机的主要工作部件为内表面均布半球形袋孔的滚筒。工作过程中滚筒恒速转动,物料进入筒内后,与筒底接触并被带至一定的高度,在筒底形成倾斜的盛料段。为保证选出短粒的纯度,盛料段的上沿不得超过主轴所在的水平面。滚筒将进入孔内的物料带出盛料段后,长粒落下,短粒留在孔内随筒转过保持段,进入卸料段,由自身重力克服离心惯性力的影响而落入收集槽中,被收集槽中的绞龙推出。长粒在滚筒的带动下,一边在筒底翻滚,一边流向筒口排出。为有利筒内物料的流动,滚筒的轴线向出口端倾斜。

3.组合精选机

按一定工艺流程将滚筒或碟片精选机构组合起来的设备称为组合精选机,可以提高设备的处理量及除杂效果。

工作原理及过程:设备主要由两组碟片、两只滚筒及相应的调节、输送、传动机构等组成。其中由处理量较大的碟片对物料进行分级,由滚筒从分级麦流中精选出较纯净的

杂质。

物料进入设备后先由大袋孔碟片组分级，较短麦粒及全部荞子被选出绞龙送入小袋孔碟片组中进行再分级；大孔碟片组选出的轴向推出的较长麦粒与全部大麦送至大麦滚筒，由滚筒将其中的小麦选出；小孔碟片组选出的小粒小麦与全部荞子由绞龙送至荞子滚筒，将其中荞子选出。该机共分选出五种物料，其中三种为小麦，选出杂质有大麦类长粒杂质及荞子类短粒杂质，通常短粒杂质中含有小粒并肩石及并肩泥块。

4. 螺旋精选机

螺旋精选机又称为抛车，是利用小麦与杂质粒形差别进行除杂的设备，除杂对象是荞子，豌豆类球形杂质。

工作原理及过程：螺旋精选机的主要工作部件是与水平面具有一定倾角的螺旋面抛道。螺旋精选机不须动力，物料依靠自身的重力沿抛道向下运动，在运动过程中实现分选。原料由抛道上端进入后，沿倾斜的螺旋面流下，因抛道面具有一定的倾角与螺旋角，使得沿抛道作不规则滚滑动的麦粒运动的线速度较低，只可沿螺旋面内侧稳定地滑下；而进入抛道的荞子由于外形为球形，可在抛道上良好地滚动并逐渐加速，由此获得较大的离心惯性力而被甩出抛道，收集甩出的荞子，实现麦、荞的分选。

（三）精选工艺效果的评定

各类精选设备除荞子、大麦类杂质的比例应≥75%，下脚中含正常麦粒应≤3%。

四、打麦机的种类、工作原理和打麦工艺效果的评定

（一）打麦机的种类

常用的打麦机有卧式打麦机、立式打麦机及撞击机等。

（二）打麦机的工作原理

打麦机主要是利用机械的打击和摩擦作用来清理小麦。打麦机的主要工作构件是高速旋转的打板和耐磨的工作圆筒表面。在打板与圆筒之间形成环形的工作区，打板与圆筒之间的间距即工作间隙。进入工作间隙的麦粒受到一定强度的打击、碰撞、可振落粘附在其表面的杂质，而设备工作面对麦粒的挤擦作用及麦粒之间的相互摩擦可直接擦落一部分黏附的污染物。工作区内的物料在打板的推动下，沿筒内表面作螺旋运动，形成一定长度的运动轨迹，得到多次清理机会。

（三）打麦工艺效果的评定

每经过一道打麦，灰分降低量应≥0.02%；每道打麦设备的碎麦增量应≤0.5%；下脚中完整麦粒含量应≤1%。

五、碾麦工艺的应用

采用碾麦方式清理工艺如下：

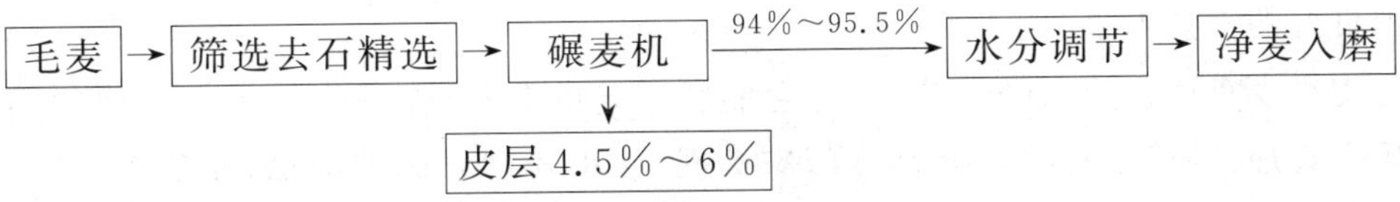

毛麦经除杂后进入碾麦机，在进行表面清理的同时，还可除去4.5%～6%的麦皮。因碾麦过程中已将表皮撕裂，小麦进入粉路后，麸皮易碎，因此目前碾麦工艺在生产较高等级的面粉的工艺中应用较少。与打麦机比较，碾麦机的动耗较高，操作也较复杂。

由于碾去了部分表皮，使水分调节时间可缩短至2～4 h，但麦路的部分胚乳已外露，着水后在润麦仓中很易板结，因此采用该工艺时，小麦着水后在润麦仓中不能久留。一般应采用动态润麦的方法。

六、洗麦机的工作原理和洗麦机工艺效果的评定

(一)去石洗麦机的工作原理

根据物料的比重、大小形状不同来分离杂质。不同颗粒在水中不仅受其自身重力，且受水的浮力和阻力作用。相对密度小于水的颗粒上浮，因而一些病粒可以分离出去；相对密度大于水的颗粒下沉。按沉降速度不同，可将小麦和石子分离开：并肩石在水中沉降的速度比小麦快得多，利用具有一定速度的绞龙，将在水中下沉慢的小麦，从一端推向另一端；砂石下沉较快，便逐渐离开小麦绞龙而沉入水底的另一小绞龙中，从相反方向送出，从而达到将小麦和砂石分离的目的。

洗麦过程还可增加小麦的水分，对于含水量低的小麦，起润水作用。

(二)洗麦机工艺效果的评定指标

(1)小麦灰分降低0.02%～0.04%；

(2)产生的碎麦不超过0.5%；

(3)洗后小麦砂石含量应低于0.03%(入机小麦含砂量不大于0.3%的情况下)；

(4)有病菌的麦粒(黑穗病、赤霉病、麦角病)和残留的熏蒸药剂应得到最大限度地清除；

(5)小麦水分应符合工艺要求；

(6)排出的污水中不应含有具食用价值的麦粒。污水净化处理质量应符合环境保护要求，污水中带走的干物质重量不应超过小麦重量的0.3%。

七、小麦水分调节种类和作用

(一)小麦水分调节含义和种类

小麦在制粉前利用水、热、时间三种因素的作用，改善小麦性质的工艺，称为小麦的水分调节。小麦的水分调节，分为室温水分调节和加温水分调节两种。

(二)小麦水分调节的目的和作用

目的在于调整小麦水分，借以改变麦粒的物理和生物化学性质，使其适合于制粉工艺的

要求，获得良好的工艺效果。

作用：使小麦有适宜的入磨水分，以适合制粉工艺的要求，保证制粉工艺过程的相对稳定，便于操作管理；保证面粉的水分符合国家标准；使小麦皮层韧性增加，在研磨过程中，便于保持麸皮完整，以刮净麸片上的胚乳，有利于保证面粉的质量及提高出粉率；在水分调节过程中，麦粒皮层与胚乳先后吸水膨胀，并产生位移，使皮层与胚乳间的结合力有所减弱，便于皮层与胚乳分离，有利于研磨；胚乳中所含的淀粉和蛋白质是交叉混杂在一起的。在水分调节过程中，由于淀粉和蛋白质的吸水速度不同，引起两者颗粒间产生位移，使胚乳结构变得松散，强度降低，易于磨细成粉，有利于降低动力消耗。

八、小麦搭配的目的、搭配原则和要求、搭配的计算

(一)小麦搭配的目的

(1)保持生产过程及产品质量的相对稳定。

(2)合理利用原料，生产合格的产品，提高原料的使用价值与经济价值。

(二)小麦搭配的原则和要求

按国家规定的面粉质量，进行小麦搭配，磨出符合质量标准的面粉，这是小麦搭配的主要原则。

搭配的要求：

(1)为搞好原料的搭配，应使购入的原料符合拟定产品的要求。

(2)购入原料须分类存放，若造成互混则无法再进行准确地搭配。

(3)工艺过程中须具备较完善的搭配手段，可根据工艺要求对数种原料进行较准确地搭配。

(4)搭配比例一旦确定以后应保持相对稳定，若须调整时，应在完成后续设备的相应调整以后才可更改搭配比例。

九、麦路

小麦的清理、水分调节、配麦等流程即麦路。

(一)影响麦路的长短的因素

(1)小麦的含杂情况　包括含杂质的多少和含杂特点。杂质含量多，特别是含有较多不易清理的杂质，如土粒、荞子、霉变籽粒，清理的环节多，麦路就长。反之，麦路则短。

(2)小麦的类型多少及含水量　对于较大规模的制粉厂，小麦原粮的类型多，每批粮食的工艺品质有较大差异，需进行合理搭配。含水量低，着水量则大，润麦时间长，麦路设置宜长些。

(3)面粉质量要求　小麦清理流程要求较高，特别是生产高等级面粉的工厂，对原料要求严格，杂质清理要彻底，水分调节要合适，麦路要长些。

(4)设备条件　小麦清理流程的各种设备性能好、效率高,可减少清理次数,麦路则短些,反之则应增加清理次数及环节,麦路则长。

(二)比较完整的麦路系统

原料接收→初清圆筛→自动秤→初清振动筛→立筒仓→毛麦搭配仓→配麦器→磁选器→振动筛→去石机→组合精选机→卧式打麦机→平面回转振动筛→自动着水机→润麦仓→配麦器→(着水混合机→二次润麦仓→配麦器)→磁选器→卧式打麦机→平面回转振动筛→喷雾着水机→净麦仓→自动秤→磁选→皮磨粉机

(三)麦路配置

(1)初步清理　除去小麦的大型杂质(麦秆、麦穗、破布、麻绳、泥块等)和部分轻而小的杂质。

(2)毛麦清理　分离小麦中的各种杂质,使之达到入磨净麦含杂标准。一般采用筛选、去石、洗麦、打麦、精选和磁选设备。

(3)水分调节　自动着水机→润麦仓,使小麦达到入磨水分要求。

(4)光麦清理　确保入磨净麦质量,提高产品纯度,对润麦后的小麦进行彻底清理。主要采用打、筛等设备,为保证磁性杂质分离效率,再进行一次磁选。

(四)入磨净麦的质量要求

①尘芥杂质(包括有机杂质、无机杂质、有害杂质以及不属于食用的作物种子)不超过0.3%,其中砂石不超过0.02%,粮谷杂质(异品种粮粒以及小麦的干瘪粒、虫蚀粒、发芽粒、霉坏粒等)不超过0.5%。

②小麦经过清理后,灰分降低不少于0.06%。

③保证适宜的入磨净麦水分。

任务三　小麦的粉路流程

研磨制粉是利用研磨、筛理、清粉等设备,将净麦的皮层与胚乳分离,并把胚乳磨细至粉,或经过配粉等处理,制成各种不同等级和用途的成品面粉。

一、任务准备

研磨设备、筛理设备、清粉设备、刷麸设备。

二、实施过程

(一)工艺流程

研磨→筛理→清粉→刷麸

(二)实施过程

1.研磨

常用的研磨设备是辊式磨粉机,辅助筛理研磨设备是松粉机。

2.筛理

主要筛理设备是高方平筛,辅助筛理设备有圆筛和打麸机。

3.清粉

清粉设备用来提纯麦渣、麦心等物料,常用的清粉设备为复式清粉机。

4.刷麸

中后路皮磨平筛提取的麸片上大多还黏附有粉料,若继续研磨对工作效果不利,所以在研磨前,通常对这些物料采用打麸机或刷麸机进行处理。

刷麸、打麸是利用旋转的扫帚或打板,把黏附在皮上的粉粒分离下来,并使其穿过筛孔成为筛出物而麸皮则留在筛内。刷麸、打麸工序设在皮磨系统尾部,是处理麸皮的最后一道工序。

三、制粉过程中的系统设置

在粉路中,由处理同类物料设备组成的工艺体系称为系统,通常一个系统中应设置多道处理设备。

制粉过程一般设置皮磨、心磨、渣磨和清粉系统。皮磨和心磨系统是制粉过程的两个基本系统,其中每一道都配备一定数量的研磨、筛分设备。各系统作用如下。

(一)皮磨系统

剥开小麦,在保证皮层不过度破碎的前提下,逐道刮净皮层上的胚乳,提取量多质优的胚乳粒和一定质量与数量的面粉。

(二)心磨系统

将各系统提供的较纯净的胚乳粒,逐道研磨成具有一定细度的面粉,并提出麸屑。通常还配置尾磨,用以研磨前中路心磨分离出的麸屑及较粗粒。

(三)渣磨系统

对前中路提供的连麸胚乳粒进行轻研,使皮层与胚乳分开,从而得到纯净的麦心送往心磨制粉。

(四)清粉系统

对前中路提取的麦渣和麦心进行提纯、分级,再分别送往相应的研磨系统处理。

(五)配粉系统

将不同面粉分别存放,再按一定比例搭配、添加和混合配制成各种不同用途的成品面粉。

四、研磨效果的评定

研磨效果是指物料通过各道研磨的剥刮率和取粉率。

(一)剥刮率的计算

$$K=\frac{A-B}{1-B}\times 100\%$$

式中:K—剥刮率;

A—研磨后物料中可穿过粗筛的物料百分率;

B—研磨前物料中已含可穿过粗筛的物料百分率。

测定时,从皮磨系统的每对磨辊分别取出有代表性的物料(研磨前和研磨后的)约 100 g 左右(皮磨只取磨后的物料)不作任何添减后称重,放入装置粗筛的电动验粉筛中,筛格内放一个直径 19 mm 的橡皮球,筛理 1 min 后,分别称重,计算求得:

$$A\text{ 或 }B=\frac{\text{筛下物数量}}{\text{取样数量}}\times 100\%$$

求出 A 及 B 后,即可计算剥刮率 K。剥刮率的高低,主要反映皮磨系统的操作及粉路负荷情况。

(二)取粉率的计算

物料经过各道研磨后,穿过粉筛的数量占本道流量的百分比,称取粉率。测定和计算方法与剥刮率相同,只是改用粉筛筛理而已。测定各道取粉率可反映粉路中的出粉位置,据以改进操作。

五、研磨设备

研磨是小麦制粉的主要环节。研磨过程可完成将麦粒破碎,刮净麸皮上的胚乳,将胚乳磨成面粉的任务。研磨主要采用辊式研磨机,其主要构件是一对以不同速度相向旋转的磨辊,两磨辊间轧距很小,0.07～1.2 mm,根据磨的类型而定。磨辊表面拉成齿数和齿角不同的磨齿。通过液压装置调整两个磨辊的轧距,两磨辊在相向旋转过程中,完成对麦粒及各种在制品的研磨。

(一)磨的种类

辊式研磨机，由于工作要求不同，分成不同类型，其差别主要是磨齿的多少，齿角的大小、排列、两磨数量级的转速及转速差和磨辊间的轧距大小等。

1.皮磨

任务是破碎麦粒，并刮净皮层上的胚乳。皮磨又分为前路皮磨和后路皮磨。第一道皮磨负责研碎麦粒，以后各道皮磨负责把较大麸片上的胚乳刮净，各道皮磨在工艺上构成皮磨系统，生产上根据工艺要求，控制各道皮磨的研磨效果。

2.渣磨

用于处理第一道皮磨下来带有部分皮层的较大胚乳颗粒，用轻碾的方法碾除麦渣颗粒上的皮层，然后将麸皮和胚乳颗粒分流到其他系统处理。

3.心磨

将皮磨和渣磨下来的粗细麦心研磨成面粉。

(二)磨辊的技术特征

磨辊由铁合金材料浇铸而成，表面要求有较大的硬度。磨辊的直径一般为 250 mm，长度有 600 mm、800 mm、900 mm、1 000 mm 等不同规格。磨辊有光辊和齿辊两种：光辊表面不拉成锯齿状，经磨光而成光滑的表面；齿辊是在磨辊表面拉出锯齿状或称拉丝。磨粉机的磨辊大多数是齿辊。光辊较少，限于心磨系统。不同种类的磨及同一种磨的前后位置不同，磨辊的技术特征都不相同。

1.磨辊的转速及转速差

两只磨辊分为快辊和慢辊，其速比为 2.5∶1。速比大，其快辊表面对麦粒的剥刮长度大，小麦在单位时间内被剥刮的次数也多，对小麦的破碎程度高，产量高。但消耗动力大，机械磨损快。

2.磨辊的齿数

齿数是指磨辊表面每厘米圆周长度内磨齿的数目。齿数越多，研磨作用越强，物料粉碎越大。实际生产中，齿数应该是皮磨稀，心磨密。就皮磨和心磨系统而言，应该是前路稀，后路密，如前路皮磨为 5.5～6 牙/cm，后路皮磨为 8.5～9.5 牙/cm，心磨系统 10～12 牙/cm。齿数随磨的道数逐道增加 1～1.5 牙/cm，粉路长，磨的道数多，逐道增加的齿数少，粉路短，道数少，逐道增加的齿数可多些。

3.齿角

磨齿的横断面为两个不对称的侧面。较窄的一面称锋面，较宽的一面称钝面。从齿顶到齿辊中心的连线，可将磨齿分成两部分，连线与锋面的夹角称为锋角，用 α 表示；连线与钝面的夹角称钝角，用 β 表示；两个侧面所形成的夹角为齿角，用 γ 表示，$\gamma=\alpha+\beta$。齿顶是一个平面,对物料起碾磨作用。齿顶的大小,也根据研磨工艺的要求而定。物料的研磨效果,受齿角大小的影响。齿角越大,破碎作用越大。研磨效果还受前角大小的影响,前角是快辊磨齿与物料接触,并对物料进行粉碎作用的锋角或钝角。具体与磨齿的排列有关。

实际生产中,为了多出面粉,少出麦渣、麦心、并保持麸片完整,可采用较大的齿角,尤其是采用较大的前角,加工硬质小麦和低水分小麦时更应如此。常用的齿角有 35°/65°,30°/60°,35°/55°,40°/70°,30°/65°等。

4.磨齿的斜度

磨辊表面的齿槽是按螺旋线创出的,使磨齿与磨辊母线,形成一定的倾斜度,即为磨齿的斜度。这是为了提高研磨过程中对物料的剪切设计的。一对磨辊相向旋转时,快辊磨齿与慢辊磨齿将形成许多交叉点。磨齿的斜度越大,两辊产生交叉点越多,研磨中的剪切作用越强,制刮力小,动力省,但麸片易碎,产品质量较差。对于软质小麦,高水分小麦可用磨齿斜度大的研磨机,而加工硬质小麦,低水分小麦时,则宜采用较小的斜度。磨齿的斜度通常以同一磨齿两端在磨辊端面圆周上的距离(弧长)与磨辊长度之比表示,即 S/L。制粉厂磨齿斜度一般为 1∶7、1∶8、1∶9、1∶10。

5.磨齿的排列

磨齿既然有锋面(窄面)和钝面(宽面)的分别,对每一对磨辊来说,根据快辊和慢辊磨齿大小面相对位置不同,就有 4 种不同的排列方式。

(1)锋对锋排列　在安装时,快辊锋口朝下,慢辊锋口朝上。这种排列方式,磨齿前角小,对物料剪切作用强,破碎率高,产生的麦渣、麦心多、麸片碎、动力省、处理量大,但影响面粉质量。

(2)钝对钝排列　在安装时,快辊锋口朝上,慢辊锋口朝下,物料进入研磨区先受到挤压作用,然后受剪切作用,破碎作用缓和,麸片大,麦渣麦心少,出粉多、面粉好,但动力消耗大。

(3)锋对钝排列　在安装时快辊慢辊锋口都朝下。

(4)钝对锋排列　在安装时快辊慢辊锋口都朝上。

除齿磨外,光磨主要起研压作用,用以处理齿磨所刮不着的连粉麸。

6.磨辊的速度与速比

磨辊的线速度越大,则物料在单位时间内通过磨粉机的数量就越多,磨粉机的产量也越高。如流量固定不变,则物料通过研磨区的流层厚度减薄,则加强制刮作用。但磨粉机转速快到一定限度时,使机器发生震动,轴承发热,甚至产生磨辊断轴等事故。快辊线速一般以 6～7.2 m/s 为宜。

快慢辊的速度之比称为速比。在单位流量和快辊线速不变的情况下,速比增加,生产的麦渣、麦心、粗粉和面粉数量增多,灰分增加,单位产品的动力消耗增加,说明速比越大,剥刮作用越强。

(三)磨粉机

磨粉机一般由五部分组成:磨辊、喂料机构、轧距调节机构、传动机构、磨辊清理机构。

1.磨辊

物料在两个磨辊间研磨。

2.喂料机构

其主要作用是:

(1)稳定入机流量。

(2)使物料均匀分布在磨辊的整个长度上。

(3)将物料准确地喂入研磨区。

(4)与磨辊的离合闸动作联锁,合闸时喂料,离闸时停料。

3.轧距调节机构

其主要作用有两个:一是完成磨辊的合、离闸动作;二是方便、准确地调整轧距。

4.传动机构

传动机构通常有两部分:一是给磨辊、喂料辊传递动力,一般采用皮带传动;二是设置在快、慢辊之间,保持两辊间准确、稳定的传动比,并称定速机构,其传动形式有齿轮、双面圆弧同步带和滚子链三种。

5.磨辊清理机构

其作用是清理辊面的黏附物,保持辊面的正常状态,保证研磨效果。

六、松粉机

(一)松粉机的作用

在生产等级粉时,心磨系统一般采用光辊。由于光辊研磨以挤压为主,很容易将物料挤压成片状,若直接送往筛理,则影响筛理效果和实际取粉率。因此,光辊的磨下物在筛理之前,需经松粉机处理,击碎粉片。

(二)松粉机的种类

松粉机有撞击松粉机和打板松粉机二种。

1.撞击松粉机

撞击松粉机的工作原理类似撞击打麦机,利用高速旋转的转子撞击物料,使之粉碎。

撞击松粉机适应于处理前路心磨磨下物,该机主要由撞击机构、机壳及电机组成。松粉作用强烈。

2.打板松粉机

打击机构为打板叶轮,该机松粉作用缓和,体积小,动耗低,安装灵活,可用来处理渣磨和中、后路心磨研磨后的物料。

任务四 筛　理

在制粉过程中，小麦经磨粉机逐道研磨后，获得颗粒大小及质量不一的混合物料，利用各种设备将其按颗粒大小分级。

一、任务准备

主要用到筛理设备。

二、实施过程

(1)粗筛　用于皮磨磨下物，分出麸片的筛理。
(2)分级筛　用于麦渣、麦心按颗粒大小分级的筛理。
(3)细筛　用于清粉前，分离粗粉的筛理。
(4)粉筛　用于从各道研磨后的物料筛出面粉的筛理。

三、筛理的目的和效果评定

在制粉过程中，小麦经磨粉机逐道研磨后，获得颗粒大小及质量不一的混合物料，利用各种设备将其按颗粒大小分级的工序，称为筛理。

(一)筛理的目的

筛理的目的是从磨下物中筛出面粉，将在制品按颗粒大小分选出来，分别送入下一道磨继续进行剥刮和研轧。在制粉过程中，各道筛理设备若不能将磨下物中的面粉及时提出，将使后续设备负荷增大，产量降低，动耗增加，研磨效率下降；若对磨下物不进行分级就可能使后续各系统流量分配不平衡。

(二)筛理效果的评定

通常用未筛净率对筛理效果评定。

$$\text{未筛净率}=\frac{\text{样品筛下物质量}}{\text{样品质量}}\times 100\%$$

测定方法是：从设备筛上物出口取样品 100 g 左右，采用配备与筛理设备相同筛号的检验筛(筛格内放 Φ19 mm 的橡皮球一只)，筛理 1 min，称取筛下物质量，然后用上式进行计算。

粗筛、分级筛未筛净率<10%；粉筛的未筛净率一般为 15%～20%。

(三)各种物料允许的未筛净率指标

皮磨系统上层筛上物内不超过15%。

心磨系统上层筛上物内不超过20%。

皮磨和心磨系统底层筛上物麦心不超过20%。

各系统的粗粉内不超过25%。

四、筛网和在制品种类

(一)筛网的种类

1.金属丝网

金属丝网具有强度大、耐磨、不蛀等优点,缺点是没有吸湿性,制成细钢丝比较困难。金属丝筛网又有白钢丝与黑钢丝之分。白钢丝筛网用镀锌或锌锡低碳钢丝织成,常用于粗筛和分级筛。黑钢丝是用黑低碳钢丝织成,丝线较粗,常用于刷麸机上。

2.丝织筛网

用蚕丝或化学纤维织成的筛网称为丝织筛网。蚕丝有坚韧性,又有适宜的弹性、吸湿性和导电能力,缺点是耐磨性差,易受虫蛀。化纤筛网较耐磨,但吸湿性差,易产生静电,筛面易吸附粉粒。用化纤和蚕丝交织的筛网具有二者共同的特点,耐磨性好,不受虫蛀,又消除了纯化纤制品的缺点。粉筛要用丝织筛网,粗筛和分级筛也可选用丝织筛网。

(二)制品种类

(1)麸片　呈片状带有不同程度胚乳的表皮。

(2)麦渣　带有麦皮的较大胚乳颗粒。

(3)麦心　混有麦皮的较小胚乳颗粒。

(4)粗粉　未磨细成粉的粉粒。

五、筛理设备

(一)平筛

平筛是面粉厂主要的筛理设备。因其筛面为水平装置,且整个筛体在工作时作平面回转运动,故称为平筛。其主要特点是筛理面积大,分级种类多。

平筛的筛格形状有正方形和长方形两种,目前常用安装多格正方形筛格的高方平筛。高方平筛采用方形筛格,并以16～24层筛格重叠成较高的筛体。

多个筛格按照一定的规律组成的筛理流程称为筛路。

(1)制定筛路的依据　制定平筛筛路时须考虑筛理物料的性质、分级的种类、平筛的类型以及气候等因素,以确定提取各种在制品的顺序及各自需要的筛理长度。

(2)各系统筛路特点

①前路皮磨筛路　前路皮磨的磨下物料中,在制品种类多,麸、渣心、粉的粒度和品质差

别大，散落性和自动分级性好，要求分级的种类多。一般心磨出粉法要求分出5～7种物料；前路均衡出粉法要求分为4～5种物料。一般提取麸片的粗筛用3～5格，提取渣心和粗粉的分级筛用4～6格，要将粉基本提出则需配8～12格粉筛。

一般采用先提粗料，再分级、筛粉的筛理顺序。

②中后路皮磨筛路　在中后路皮磨的磨下物料中，麸片粒度较小，胚乳含量减少，渣心的数量减少，一般只分为4～5种物料。分离每种物料的筛理长度一般为：分离大麸片3～6格、小麸片6格、渣心4格、粉筛8格。筛路顺序与前路相似。

(3)皮磨重筛筛路　进入重筛的物料是皮磨粉筛的筛上物，即麦心、粗粉和面粉的混合物，粒度和品质较接近，散落性和自动分级性较好，一般采用先筛粉后分级，或分级、筛粉再分级的筛路。每种物料分级筛的长度为5～6格，其余为粉筛。

(4)渣磨系统筛路　渣磨的物料是连有皮层的胚乳粒，故其筛路主要是分离少量细麸和面粉，提出较多的细渣和麦心，其粉筛筛理长度较心磨为短，分离细麸用4格，分离每种渣心用4～6格，其余为粉筛。

(5)心磨系统筛路　心磨的物料粒度和品质差别小，散落性和自动分级性差，除少量麸屑外，均为纯净的麦心、粗粉和面粉，所以心磨系统主要是粉筛。前中路心磨可配置适当的分级筛，提出物料中的麸屑，确保后续心磨物料的品质，每种分级的筛理长度为4～5格。筛理顺序为：前路粗心磨可采用先分级再筛粉再分级；前路的心磨和中路心磨常采用先筛粉后分级；后路心磨不设分级，全部为粉筛。

(6)面粉检查筛筛路　面粉检查筛的工作目的是分离混入面粉中的麸屑、粗粒夹杂物。筛理物中99%以上都是面粉，因此不设分级，全为粉筛。为充分利用筛理面积，提高产量，降低筛上料层厚度，提高筛理效率，常采用多进口筛路。

(二)圆筛

圆筛是一种强迫筛理设备，有卧式与立式两类，常用的是立式振动圆筛。

1.圆筛的作用及原理

粉路中的吸风粉、打麸粉等物料散落性差，质轻黏腻，采用平筛筛理效果较差，一般采用可对物料进行打击搅散，具有强迫筛理作用的圆筛来处理。圆筛的筛理面积较小，筛面利用率低，处理量小，分级种类少，对黏腻物料筛理效率较高。

2.立式振动圆筛

常用圆筛为FSFL型立式振动圆筛。筛体采用四根玻璃钢吊杆悬吊在机架上，由装置在主轴上的偏重块驱动，产生小振幅、高频率的平面回转运动。圆形筛筒内的打板转子由四块后倾一定角度的打板组成，物料受打击后被压向筛面，从而有利于细小物穿过筛孔，在打板上还有向上倾斜的叶片，使由下方进机的物料在打板的推动下，沿筛筒呈螺旋形上升，最后从顶部出口排出。因物料在机内是自下而上运动，筛理时间长，因振动作用，筛面不易堵塞，筛理效率较高。当流量过大时设备容易堵塞，因此在振动圆筛上方应设置存料斗及振动给料器。

六、刷麸机和打麸机

刷麸机是一个立式的圆筒形，圆筒里面装有快速旋转的刷帚，当物料自进口落在刷帚上盖时，受离心力的作用，物料被抛向刷帚与筛筒的间隙中，在刷帚快速旋转的作用下，麸皮上的胚乳即被刷出筛孔外，落入粉槽，由附在筛筒下面的刮板送到出口。刷后的麸皮留在筛筒内，由内部的出口输出。

打麸机与刷麸机比较，其单位筛面处理量大，打麸作用也较强烈。

打麸的过程是：物料沿打板转子的切线方向进入机内，在高速旋转的打板打击下，使黏附在麸片上的粉粒被打下，穿过筛筒，经出粉口排出机外，而麸片则被打板送往出麸口排出。打麸机分为立式和卧式两种。

七、清粉

按品质对粒度相近的在制品（麦渣、麦心或粗粉）进行提纯分级称为清粉。

（一）清粉的目的

平筛提取的渣心物料中常含有少量相同粒度的麸皮或连皮胚乳，这样的物料送往心磨研磨，对面粉质量将有不利的影响。清粉的目的就是分离碎麸皮和纯洁粉粒，提高面粉质量，并可降低物料温度。清粉得到的纯洁粉粒，送入心磨制粉。

（二）清粉的设备

清粉所使用的设备为清粉机。

清粉是筛理和吸风作用相结合进行的，清风设备主要由筛格和吸风装置组成。工作时，筛格震动，分离物料并抖松筛上物料，增加吸风清理效率。气流从筛绢下向上将物料中的细小麸皮及连麸粉吹起，并分别进入不同的收集器。

（三）清粉效果的评定

清粉机的效果一般采用筛出率和灰分降低率两项指标综合评定。

1.筛出率

指清粉机各段筛下物流量与进机物料流量的百分比。

$$\eta_Q = \frac{q}{Q} \times 100\%$$

式中：η_Q—筛出率（%）；

q—筛下物流量（kg/h）；

Q—进机物流量（kg/h）。

其他条件相同，筛出率高的设备效果好。

2.灰分降低率

指物料经清粉后，筛下物灰分较进机物料降低的程度。

$$\eta_z = \frac{z_1 - z_2}{z_1} \times 100\%$$

式中：η_z—灰分降低率（%）；

z_1—进机物灰分（%）；

z_2—筛下物灰分（%）。

其他条件相同，灰分降低率高时效果好。

一般情况下，进机物料品质好，清粉后筛出率高，灰分降低率较低；对品质差，含皮层多的物料，清粉后灰分降低率高，筛出率低。在评定清粉效果时，要两项指标综合评定。

项目二
稻谷加工

任务一 稻谷加工

在清理稻谷中的杂质时，第一，要根据稻谷中的含杂种类和含杂量，合理地选用除杂设备，以充分发挥设备的除杂效率；第二，要根据各种杂质的物理特性，本着先易后难的原则，加以清除；第三，清除的杂质要分别归类，以便集中处理；第四，稻谷经过清理后(即净谷)，其含量应符合下列要求：含杂总量不应超过 0.6%，其中含砂石粒数不应超过 1 粒/kg；含稗粒数不应超过 130 粒/kg。

一、任务准备

根据稻谷中的杂质种类和数量，选用合理的除杂设备。

二、实施过程

(一)工艺流程

初步清理→除稗 →去石→磁选→清理工艺效果的评价

(二)实施步骤

1.初步清理

清除稻谷中比较容易清除的杂质，如形状、大小与谷粒大小差异很大的稻秆、杂草种子等。主要采用筛选、风选，或风筛结合，清理设备用带有筛面的初清筛和自衡振动筛。

2.除稗

采用高速除稗器、跳筛、横动筛、圆动筛等。

3. 去石

去除平肩石、平肩泥。采用比重去石机。

4. 磁选

去除磁性金属杂质。常用设备有溜管吸铁装置、吸铁箱、永磁滚筒和电磁式磁选机。

5. 清理工艺效果的评价

$$净粮提取率=\frac{清理后净谷量}{清理前稻谷量}\times 100\%$$

三、稻谷清理目的

稻谷在生长收割、贮藏和运输过程中，都有可能混入各种杂质。在加工过程中，如果不先将这种杂质清除，不仅会混入成品，降低产品的纯度，影响成品大米的质量。而且在加工过程中，还会影响设备的工作效率，损坏机器，污染车间的环境卫生，危害人体健康，严重时会酿成设备事故和火灾危险。因此，清除粮食中的杂质是稻谷加工过程中的一项首要任务。

四、稻谷的含杂种类

(一)稻谷杂质按其化学性质可分为

无机杂质：泥土、砂石、砖瓦块、并肩石(其形状大小与稻谷相仿)及其他无机物质。

有机杂质：无食用价值的稻谷粒、黄粒米(胚乳呈黄色)、稗子(形状近似半球形，断面呈三角形)、异种粮粒及其他有机物质(虫尸、虫蛹、虫卵、稻草等)。

(二)按其粒度大小可分大、中、小型杂质和并肩石杂质。

大杂质是留存在直径为 5 mm 圆孔筛上的杂质。

中杂质是留存在直径为 2 mm 圆孔筛上的杂质。

小杂质是通过直径为 2 mm 圆孔筛上的杂质。

(三)按其比重不同可分为轻型杂质、重型杂质

轻型杂质：如绳头、布片、秸秆、杂草、纸屑。

重型杂质：如石块、金属等以及细小杂质(泥沙、尘土)。

在这些杂质中，以稗子和粒状、大小与稻谷相似的“并肩石”“并肩泥”最难清除。

五、清除的基本方法及机理

清理杂质的方法很多，主要是借助杂质与稻谷的物理性质的不同进行分选。

(一)风选法

1. 机理

风选是根据稻谷与杂质在悬浮速度等空气动力学性质方面的差异，利用一定形式的气

流使杂质与谷粒分离(表 1-1)。

表 1-1　稻谷、糙米及有关物料的悬浮速度

物料名称	粳稻谷	籼稻谷	粳糙米	籼糙米	大米	小碎米	米糠	稻壳	带芒稗子	无芒稗子	并肩石
悬浮速度 m/s	7.7～7.9	6.7～7.7	11.3～12.6	9.6～11	11～14	10～13	1～2	2～3	3～4.5	5～7	11～14

2.种类

按气流运动方向不同可分为垂直气流风选法、倾斜气流风选法和水平气流风选法。

(1)垂直上升气流去杂　垂直气流风选就是利用两种物料间悬浮速度的差异,选取一定的气流速度,使一种物料向上运动,一种物料向下运动,从而使二者分离。由于垂直风道,一般都与其他作业机组合,以节省占地位置,如与筛选可组合成振动筛,与去石机组合成密度去石机等。大多用于清除灰尘、芒、瘪谷等轻杂质。

(2)倾斜气流去杂　不同质量的物质处在倾斜气流中时,能被气流带走的距离互不相同,物料重被吹得近,物料轻被吹得远。因此,生产中通常采用向上倾斜(30°左右)的气流来分离杂质,能比水平气流的飞行差距拉得更远,分离效果更好。工厂中常用的风选设备主要有风箱,吸风分离器和去石风车等。

(3)水平气流去杂　利用横向水平气流可将不同质量的稻谷与杂质分开。不同质量的物质处在水平时,能被气流带走的距离互不相同,物料重被吹得近,物料轻被吹得远。

(二)筛选法

1.筛选原理

主要根据稻谷与杂质宽度、厚度和长度以及形状的差别,借助筛孔分离杂质或将物料进行分级的方法称为筛选。

2.筛选的基本条件

(1)选择适当的筛面和筛孔;

(2)筛面上料层不宜超过一定厚度,应使物料有充分接触筛面的机会;

(3)保证物料与筛面之间有适宜的相对运动速度。

3.筛面形式

筛面形式有冲孔筛和编织筛。

(1)冲孔筛开孔率低,质量大,刚度好不变形;

(2)编织筛开孔率高,质量小,筛孔易变形。

一般筛面层数少时使用冲孔筛,而筛面层数多时通常使用编织筛。

4.筛面孔形状

(1)圆形孔　主要用于分离与稻谷宽度不同的杂质。只有当筛理物的宽度小于圆孔直径时,才能使筛理物穿过筛孔。

(2)长形孔　主要是根据稻谷和杂质厚度的差别进行分离，只有当筛理物的厚度小于孔的宽度时，才能穿过筛孔。

(3)三角形孔　主要用于清理稻谷中形状近似于三角形的杂质，当杂质的粒形呈三角形，且每边长小于三角形筛孔边长时，才能穿过筛孔。如谷、稗分离采用三角形筛孔，有利于稗子的分离。

(4)鱼鳞孔　主要用于比重去石机，其主要作用是改变气流方向，便于物料悬浮，阻止石子向下滚动，使谷、石得以分离。

5.筛孔表示方法

(1)筛板　筛板的筛孔以实际尺寸表示。例如：ϕ6 mm 表示直径为 6 mm 的圆孔。

长方形：1.5 mm×20 mm，表示宽 1.5 mm，长 20 mm 的长孔；

三角形：3 mm 表示边长为 3 mm 的三角形孔。

(2)筛网　筛网的筛孔呈正方形和长方形。英制以每英寸筛网宽度上的筛孔数表示筛的号数，以"W"表示金属网的代号。如每英寸 7 孔则表示筛网号为 7W。公制以每 50 mm 筛网宽度上的筛孔数表示筛的型号。Z10 表示镀锌低碳钢丝方孔每 50 mm 10 孔的筛；Z8×7，表示每 50 mm 经向筛数 8，纬向筛孔数为 7 的镀锌低碳钢丝筛。

6.筛选设备

(1)初清筛　初清筛是专门清除稻草、稻穗、破布、麻绳、大泥块和大石块等大型杂质以及泥灰、草屑等轻杂质的初步清理设备。它对提高以后各道清理设备的除杂效率，防止设备的堵塞事故和灰尘污染车间，有很好的作用。目前许多米厂，在毛稻进车间前都设置初清筛，收到很好的效果。

(2)振动筛　是筛体作纵向往复动作的筛选设备，在进口和出口均装有吸风装置，是典型的风筛结合、以筛为主的清理设备，常用于稻谷的第一道清理，分离大、中、小和轻型杂质。振动筛按照筛体的传动方式，可分自动平衡传动筛和偏心传动振动筛两种，筛面振动频率一般为 500～600 次/min。

振动筛工作原理：振动筛主要是利用作往复运动的筛面使物料在筛面上产生相对运动，物料层形成自动分级。轻的物料浮于上层，小而重的物料沉于底层而穿过筛孔，从而达到分离的目的。

(3)平面回转筛　此筛可作为第二、第三道筛选设备，用于分离中、小杂和轻型杂质。

工作原理：平面回转筛在筛理过程中，筛面上的物料由于轻重、大小不一，经过与筛面的相对运动，物料便产生自动分级；底层物料由于所受磨擦阻力大，加之受到上层物料的压力，在筛面上移动速度慢，接受筛理的机会多，浮于上层的物料由于磨擦阻力小，能较快地从筛面上排出，从而达到分离目的。

(4)高速振动筛　在碾米厂中，此种设备广泛用于稻谷除稗，效果较好。

高速振动筛的工作原理：高速振动筛采用惯性振动机构，筛体支持或悬挂在弹簧上，作高速振动，物料在筛面上作小幅度跳跃，翻滚运动，其运动轨迹为圆或椭圆形。稻谷与稗子在这种运动形式下，增加了接触筛面机会，根据它们在粒度上的差别，得到高效率的分离。

(三)密度分选法(比重分选法)

密度分选法是根据谷粒与杂质在密度、容重、磨擦系数、悬浮速度等物理性质的不同，利用运动过程中产生的自动分级的原理，采用适当的分级面使之分离。

密度分选法根据所用介质的不同，分为干式和湿式两类。

(1)湿式以水为介质，利用物料间的相对密度和在水中的沉降速度的不同进行分离(如洗谷机)，在碾米厂只适用于加工蒸谷米时稻谷的清理。

(2)干式是以空气为介质，在碾米厂应用较为普遍。干法去石的主要设备为比重去石机。

比重去石机的工作原理　比重去石机主要利用稻谷和石子比重和悬浮速度的不同，使稻谷和石子分离。当物料由进料斗落在去石筛面中部时，由于机体作往复运动而产生自动分级，使比重大的而表面光滑的石子沉到料层下面，比重小的而表面粗糙的稻谷浮在上层，形成物料的初步分层。同时由于稻谷和石子的悬浮速度有一定的差别，在自下而上的气流作用下，进一步促进了自动分级，以致使石子下层，接触筛面，稻谷则进一步上浮并呈半飘浮状态。随着物料不断进入去石筛面，处在上层的稻谷由于受进口物料的推力及本身重力的作用，逐渐向出料口下滑而排出机外，紧贴筛面的石子，当机体作向上加速运动时，由于受鱼鳞孔凸出边缘的阻挡，不能下滑，而当机体作反向加速运动时，石子在惯性作用下，爬过鱼鳞孔的背面向上滑动，最后进入砂石检查装置。在砂石检查装置反向气流的作用下，把混在石子中的稻谷吹回筛面，石子则得到净化，连续不断地从出石口排出从而达到谷石分离目的。

(四)磁选法

磁选法是利用金属杂质和稻谷的磁性不同(稻谷为非磁性物质，混入稻谷中的各种磁性杂质如铁钉、铁片、铁屑等磁性物质)，用磁钢的磁力将稻谷中的金属杂质吸除，从而达到与稻谷分离的目的。通常使用永久磁铁作磁场。常见磁选器有栅式、栏式和滚筒式。

(五)精选法

精选法是根据谷粒与杂质长度的不同，利用有一定形状和大小的袋孔的工作面进行分离的方法。

精选法中分离工作面形式有滚筒和碟片两种形式。当物料进入旋转的滚筒中，不断地与滚筒内表面接触，促成短物料进入袋孔内，当滚筒转到一定角度，短物料就依靠自身重力脱离袋孔，落入滚筒中部的收集槽中，长粒物料在滚筒底部运动，从而使长短分离，碟片分离工作同滚筒相似。工作时，碟片下部插入粮堆中，由于物料与碟片接触，短粒物料进入袋孔之内，随碟片转至一定位置时，短物料脱离袋孔进入收集槽而与长粒物料分离。

任务二　砻谷及砻下物分离

用稻谷直接进行碾米，不仅能量消耗大、产量低、碎米多、出米率低而且成品色泽差，纯度和质量都低。因此，在碾米厂中，都是先将颖壳去掉，制糙米后再碾米。

一、任务准备

用到的设备有砻谷机、稻谷分离筛、谷糙分离机。

二、实施过程

(一)任务流程

砻谷→谷壳分离→ 谷糙分离

(二)实施步骤

1.砻谷

可采用橡胶辊筒砻谷机和砂盘砻谷机。

2.谷壳分离

利用离心沉降或重力沉降分离谷壳。

标准：砻下物经谷壳分离后，每 100 kg 稻壳中含饱满粮粒不应超过 30 粒，谷糙混合物中含稻壳不超过 1.0%，糙米含稻壳量不应超过 0.1%。

3.谷糙分离

可采用稻谷分离筛、谷糙分离机。

要求是：糙米中含谷不超过 40 粒/kg；回砻谷中含糙米不超过 10%。

三、砻谷

(一)目的和要求

在稻谷加工中，去除稻谷颖壳的过程称为砻谷，使稻谷脱壳的机器称为砻谷机，砻谷工艺效果的好坏，不仅直接影响后继工序的工艺效果，而且与成品质量、出品率、产量和成本都有密切关系。

要求砻谷时，应尽量保持米粒完整，减少米粒的破碎和爆腰，以利于提高出米率；应尽量避免糙米的光滑表面遭到破坏，以利于提高谷糙分离的效果；应保持较高而稳定的脱壳率，以利于提高砻谷机产量；同时必须节省动力和减少物料的消耗，以利于降低生产成本。

(二)砻谷机理

砻谷是根据稻谷结构特点，由砻谷机施加一定的机械力而实现的。根据脱壳时的受力和脱壳方式，稻谷脱壳可分为挤压搓撕脱壳、端压搓撕脱壳和撞击脱壳三种。

(1)挤压搓撕脱壳　是指谷粒两侧受两个不等速运动的工作面的挤压，搓撕而脱去颖壳的方法。胶辊砻谷机就是应用此机理的典型设备。

(2)端压搓撕脱壳　是指谷粒长度方向的两端受两个不等速运动的工作面的挤压，搓撕而脱去颖壳的方法。砂盘砻谷机是应用此机理的典型设备。

(3)撞击脱壳　指高速运动的粮粒与固定工作面撞击而脱去颖壳的方法。离心砻谷机是应用此机理的典型设备。

(三)砻谷机

我国目前使用的砻谷机械，主要是橡胶辊筒砻谷机和少量的砂盘砻谷机。

1.橡胶辊筒砻谷机

橡胶辊筒砻谷机简称胶砻。它的主要工作构件是一对并列的，富有弹性的胶辊。两辊异速相向旋转，稻谷进入两辊间，受到胶辊的挤压和磨擦所产生的搓撕作用，稻壳破裂，与糙米分离。

2.砂盘砻谷机

砂盘砻谷机的主要工作构体是上、下两个平卧的砂盘。上砂盘固定不动，下砂盘作平面旋转运动，当稻谷由上砂盘中心进口落入转动的下砂盘时，在惯性离心力的作用下，便迅速进入金钢砂盘工作区(轧距)内，当谷粒在工作区内与盘作相对运动时，由于谷粒本身受惯性力和下砂盘摩擦力所形成的力偶的作用，有竖立起来的趋势，但由于砂盘轧距小于谷粒长度，大于谷粒厚度，谷粒竖起至倾斜位置时，其两顶端与上、下砂盘发生冲击、碰撞、挤压、撕搓等作用，使稻壳破裂，达到脱壳目的。

砂盘砻谷机具有结构简单、取材方便、造价低廉等优点。由于它受气温影响较小，适用于南方气温较高的地区。但由于砂盘砻谷机的作用力较强，对谷粒损伤较大，出碎米较多，而且脱壳率较低，同时维修时劳动强度大，目前我国粮食加工厂很少使用。

(四)砻谷机工艺效果的评定

砻谷机的脱壳率、完整率和碎米率是评定其工艺效果的主要指标，同样还应结合台时产量，单位电耗、胶耗等进行综合评定。

(1)脱壳率　是指稻谷经砻谷机一次脱壳后，脱壳的稻谷数量占进机稻谷数量的百分率。胶辊砻谷机的脱壳率：粳稻80%～90%，籼稻75%～85%。

(2)完整率　是指稻谷经砻谷机脱壳后，完整米粒占脱壳产品中整米和碎米总和的百分率。

(3)碎米率　是指稻谷经砻谷机脱壳后，碎米粒占脱壳产品中整米和碎米总和的百分率。砻下物碎米含量:早籼稻谷不超过5%,晚籼稻、粳稻谷不超过2%。

四、谷壳分离

(一)谷壳分离的目的

稻谷经砻谷后,砻下物为稻谷、糙米和稻壳的混合物。由于稻壳的容积大、比重小、散落性差,若不把它分离开,则将影响以后工序的工艺效果。如在谷糙分离中,混有大量的稻壳,必然会影响谷糙混合物的流动性,使之不能很好地形成自动分级,将会降低其分离效果。如回砻谷中若混有较多的稻壳,将会使砻谷机产量降低,动力及胶耗增大,因此,砻谷后必须及时将谷壳分离干净。

(二)谷壳分离的质量标准

砻下物经谷壳分离后,每100 kg稻壳中含饱满粮粒不应超过30粒,谷糙混合物中含稻壳不超过1.0%,糙米含稻壳量不应超过0.1%。

(三)谷壳分离的基本原理

由于稻壳的悬浮速度为2~2.5 m/s,而稻谷的悬浮速度为8~10 m/s左右,糙米更大。根据上述物理特性的不同,可利用风选法,从砻谷后的混合物中分离出稻壳。

(四)稻壳的收集

(1)离心沉降　将带有稻壳的气流进入离心分离器内,利用离心力的作用,使稻壳沉降。

(2)重力沉降　利用沉降室,稻壳在气流突然减速时依靠自身的重力而沉降。

五、谷糙分离

(一)谷糙分离的目的及要求

将未脱壳的稻谷与糙米分开的过程称为谷糙分离。在谷糙分离中,糙米的纯度和回砻谷中糙米含量的多少对工艺都会产生一定的影响。糙米中含稻谷粒越少,碾米过程中精度的均匀性越易掌握,而且越能保证成品质量。回砻谷中如含糙米多,不仅降低砻谷机的台时产量,增加胶耗和动力消耗,而且还会使糙米受到损伤,表面起毛、发黑、爆腰或折断,既降低出米率,也影响谷糙分离本身的效率和产量。

(二)谷糙分离设备

谷糙分离设备大致可分为稻谷分离筛(选糙溜筛、59型选糙溜筛、选糙平转筛,平筛)及谷糙分离机(巴基机、袋孔式振动谷糙分离机)两大类。我国目前常用的有溜筛和平面回转筛两种,溜筛用作谷糙分离结构简单,不耗用动力,分离效果好,但设备道数多,占地面积大,且回流量大,不利于简化米厂工艺设备,近年来很少使用。选糙平转筛是我国目前定型的谷糙分离设备。

(三)谷糙分离筛的工作原理

由于稻谷与糙米在粒度,比重及表面组成等特性存在一定差异,当它们与筛面有相对运动时会产生良好的自动分级现象。其结果是颗粒大而长,比重小,表面粗糙的稻谷上浮,糙米沉于底层,与筛接触。配备适当的筛孔,则粒度稍小,比重大,表面光滑的糙米穿孔而过,成为筛下物;浮于上层的稻谷由于糙米层的阻挡,不易穿孔从筛面上层流过,成为筛上物。这样就达到谷糙分离目的。

(四)谷糙分离工艺效果的评定

净糙含谷量:1 kg 净糙的含谷量不应超过 40 粒。

回砻谷含糙:不超过 10%。

回流量:除了糙米和稻谷外,还有一部分返回设备本身的物料。即谷糙混合物,这部分物料的多少称为回流量。它是衡量设备利用率高低的一个指标,回流量一般为净糙产量的 40%～50%。

净糙米质量标准:净糙米含杂总量不超过 0.5%。

任务三 碾米和成品整理

运用物理机械的方法将糙米皮层去掉,使之成为符合食用要求的白米的过程称为碾米。它是稻谷加工最主要的一道工序,是保证大米质量、提高出米率,降低电耗的重要环节。糙米碾白后要将白米和米糠等分开,这一过程称为成品整理和副产品整理。要求将黏附在米粒上的糠粉去除干净,并设法降低米温使适于贮藏,还须根据国家规定的成品含碎标准进行分级。

一、任务准备

擦离式碾米机、碾削式碾米机、混合式碾米机、擦米机、凉米箱、分级筛。

二、实施流程

(一)任务流程

碾米→擦米→凉米→成品分级→副产品整理

(二)实施步骤

1.碾米

碾米是除去皮层,可采用碾米机,分为擦离式碾米机、碾削式碾米机、混合式碾米机三种。

对碾米的要求是:在保证成品精度等级的前提下,提高产品纯度,减少碎米,提高出米率,提高产品,降低成本和保证安全生产。

2.擦米

擦米是擦除白米表面的糠粉以及米粒间混杂的糠块,可采用铁辊筒碾米机、卧式胶带擦米机。

3.凉米

凉米目的是降低米温,使大米便于贮藏。方法可采用自然冷却或通风冷却,一般用通风冷却,常用设备有吸式风选器和溜筛晾米箱。

4.成品分级

成品分级目的主要是根据成品质量要求分离出超过标准的碎米。成品分级一般采用的设备有溜筛、平面回转筛。对于分级要求较高的成品,常用平面回转筛。

5.副产品整理

副产品整理主要是分离米糠中的碎米、米糠及漏入米糠中少量整米,分门别类整理出来,将各种副产品合理利用。

米糠整理一般采用风选和筛选,常用的筛选设备有振动筛、圆筛、平面回转筛等。风选设备有木风车、吸式风选器、糠粞分离器等。

三、碾米

(一)碾米的目的要求

糙米皮层内含有大量的粗纤维、脂肪以及维生素 B_1、维生素 B_2 等。粗纤维是人体不能吸收消化的物质,而且还会影响成品大米的色泽和气味,因此必须通过碾米过程将皮层除去,除去的皮层称为米糠。米糠具有较高的经济价值,从中可提取米糠油和谷维素、植酸钙等产品,也可用作饲料。

碾米是稻谷加工的最后一道工序,而且是对米粒直接进行碾制,如操作不当,碾削过强时,会产生大量碎米,影响出米率和产量;碾削不足时,又会造成糙白不均的现象,影响成品质量。所以,碾米工序工艺效果的好坏,直接影响整个碾米厂的经济效益。

(二)碾米的基本原理

机械碾米主要是依靠碾米机碾白室构件与米粒间产生的机械物理作用,将糙米碾白。

根据在碾去糙米皮层时的作用性质不同,一般可分为擦离碾白、碾削碾白、混合碾白和化学碾白四种。

1.擦离碾白

碾米时依靠米机辊筒对米的推进和翻动，造成米粒与米粒、米粒与碾白室构件发生碰撞、挤压和摩擦，使糙米皮层与胚乳脱离而达到碾白的目的。

这种碾白方式由于米粒在碾白室内受到较大的压力，碾米过程中容易产生碎米，故不宜用来碾制皮层干硬、籽粒极脆、强度较差的籼米。

这种碾白方式制成的成品表面光洁、色泽明亮，擦离碾白由于米机内部压力较大，也称压力式碾白。

2.碾削碾白

碾米时，借助高速转动的金刚砂碾辊表面无数坚硬、微小、锋利的沙粒，对米粒皮层进行不断碾削，使米粒皮层分割、剥落，将糙米碾白。

这种去皮方式称为碾削碾白。由于它去皮时所需压力较小，产生的碎米较少，适宜于碾削皮层干硬、结构松弛、强度较差的粉质米粒。

但碾削碾白会使米粒表面留下砂粒去皮洼痕，因此碾制的成品表面光洁度和色泽较差。同时，这种碾白方式碾下的米糠往往含有细小的淀粉粒，如用于榨油会降低出油率。

3.混合碾白

是一种以碾削去皮为主，擦离去皮为辅的混合碾白方法。它综合了以上两种碾白方式的优点。我国目前普遍使用的碾米机大都属于这种碾白方式。

4.化学碾白

是先用溶剂对皮层进行处理，然后对糙米进行轻碾，获得白米。这种方法出米率高，米质好，但投资大，成本高，溶剂来源、损耗、残留等问题不易解决。

(三)碾米机

1.碾米机的主要工作构件

有进料机构、碾白室、出料机构、传动机构以及座机等部分。组合碾米机还有擦米室、米糠分离机构等。喷风米机还有喷风机构，其中碾白室是碾米机的心脏，是影响碾米工艺效果的关键因素。碾白室由螺旋输送器、碾辊和米筛组成。我国碾米定型设备有NS型碾米机。

2.碾米机的种类

碾米机按碾白方式可分为擦离式、碾削式和混合式三类。

(1)擦离式碾米机　采用擦离碾白，碾米机的碾辊为铁辊。碾米机的线速度一般在5 m/s左右。碾制相同数量大米时，其碾白室容积比其他类型的碾米机小，常用于高精度米加工，多采用多机组合，轻碾多道碾白，碾白压力大，常用于饲料碾轧、菜籽磨泥、小麦剥皮等。

(2)碾削式碾米机　采用碾削碾白，碾辊为圆锥形或截圆锥形砂辊。碾辊线速度一般在15 m/s左右。机型较大，碾白压力较小。

(3)混合式碾米机　采用混合碾白方式，碾辊为砂辊或砂铁辊结合，碾辊线速度一般在

10 m/s 左右。其碾白作用以碾削为主，擦离为辅。机型中等，工艺效果较好。

(四)碾米工艺效果的评定

(1)精度　用感官鉴定法观察米粒的色泽、留皮、留胚、留角的情况是否符合标准。

(2)碾减率　糙米在碾白过程中，因皮层及胚的脱落，其体积重量均有减少，而减少的百分数称为碾减率，又称脱糠率。米粒精度越高，其碾减率越大。一般重量减少 5%～12%。

(3)糙出白率　是指出机的白米数量占进机糙米数量的百分率，精度越大，出米率越低。因此在评定碾米机的出米率时，首先应要求精度评定一致，然后再评定出米率。

(4)碎米　指出机白米中，含碎米的百分数。

(5)糙白不均　指碾制的白米精度不一致的程度。

(6)完整率　指出机白米内完整籽粒所占的百分率。

(7)含糠率　指白米或成品米试样中，糠粉占试样重量的百分数。

(8)经济指标　米机的产量、电耗等。

四、成品整理

(一)成品整理的目的及要求

糙米碾白后将白米的米糠等分开的过程称为成品整理和副产品整理。刚碾压后的白米，其中混有米糠和碎米，米温也较高，既影响成品质量，也不利于成品贮存，因此必须经过整理。要求将粘附在米粒上的糠粉去除干净，并设法降低米温使适于贮藏，还须根据国家规定的成品含碎标准，进行分级。

(二)成品整理

成品整理包括擦米、凉米、成品分级三个基本工序。

1.擦米

擦除白米表面的糠粉以及米粒间混杂的糠块。大都采用轻微的磨擦作用将糠粉及糠块除去，使米粒光洁，提高成品质量，便于保管。擦米过程中，作用力不应强烈，以免产生碎米。

擦米一般采用擦米机，常用的有两种：

(1)铁辊筒碾米机　在加工高精度大米时，一般将铁辊筒碾米机安排在末道工序，使其发挥碾、擦两种作用。目前使用的 305A 型米机、NS 型米机的铁辊筒部分主要起擦米作用。

(2)卧式胶带擦米机　其主要工作部件为一旋转的擦辊，上面装有螺旋橡皮条、牛皮条或尼龙刷，擦辊外围为圆筒形的冲孔筛板。白米从进口进入工作区，借擦辊的转动，受橡胶及筛壁的磨擦，将米粒表面附着的糠层擦去，糠屑穿过筛孔排出，米粒在倾斜胶带的推动下由末端排出。其特点是：米粒经过工作区的时间较长，作用力较轻，擦米效率高，产生碎米少。

2.凉米

目的是降低米温，使大米便于贮藏。方法可采用自然冷却或通风冷却，一般用通风冷却，常用设备有吸式风选器和溜筛晾米箱。

3.成品分级

目的主要是根据成品质量要求分离出超过标准的碎米。成品分级一般采用的设备有溜筛、平面转筛。对于分级要求较高的成品，常用平面回转筛。

我国大米质量国家标准中有关碎米的规定是：

留存在直径 2 mm 的圆孔筛上，不足正常整米的 2/3 的米粒为大碎米；通过直径 2 mm 圆孔筛，留存在直径 1 mm 圆孔筛上的碎粒为小碎米。

各种等级的早籼米、籼糯米含碎总量不超过 35%，其中小碎米为 2.5%；各种等级的晚籼米、早粳米的含碎总量不超过 30%，其中小碎米 2.5%；各种等级的晚粳米、粳糯米的含碎总量不能超过 15%，其中小碎米为 1.5%。

世界各国把大米含碎量作为区分大米等级的重要指标，美国一等米含碎率为 4%，而六等米含碎率为 50%；日本成品大米的含碎率为 5%、10%、15%三个等级。

【师徒共研】

1.小麦除杂清理流程中采用哪些方法？

采用筛选、风选、密度去石和磁选等除杂等方法。

2.小麦在进行初选后，为什么还要进行精选？使用什么设备

在小麦中混杂的一些与小麦差别不大的杂质进行清除，这个步骤称为精选。用来分离小麦中的荞麦、大麦等与小麦差别不大的杂质的机械称为精选机。精选机可分为碟片精选机、滚筒精选机和螺旋精选机三种。

3.碾麦的目的与要求是什么？

通过碾削作用对小麦表面进行清理的工艺方法称为碾麦，碾麦设备在对小麦表面的碾削过程中，可较彻底地将小麦表面粘附的杂质碾去，还可碾去部分小麦皮层，对提高入磨小麦的纯度很有好处。

4.制粉前，小麦的水分调节如何进行？

一般经过着水和润麦两个步骤，小麦经过着水设备着水后，通过螺旋输送机搅拌混合，使水分在麦粒间的分配较为均匀，然后送去润麦，使水分向小麦内部渗透。小麦着水后如果着水量达不到要求，可再经过第二次着水，然后再到润麦仓去润麦。

小麦着水后的润麦时间一般为 18～24 h，在加工硬麦或气温较低的地方可适当加长润麦时间。

5.小麦搭配的定义是什么？

将各种小麦按一定比例混合后加工称为搭配。将分仓存放的不同性质的小麦，同时打开仓门，由配麦器控制搭配比例，使小麦流入麦仓下的螺旋输送机或其他输送机中混合。也可先将各批小麦分别清理、着水、进入润麦仓，再由仓下的配麦器或放麦闸门控制搭配比例，

在螺旋输送机中混合。

6.洗麦的作用是什么？

洗麦的主要作用是洗去麦粒的表面的污染物，对保证面粉质量起着积极作用。

7.松粉机的作用是什么？

在生产等级粉时，心磨系统一般采用光辊。由于光辊研磨以挤压为主，很容易将物料挤压成片状，若直接送往筛理，则影响筛理效果和实际取粉率。因此，光辊的磨下物在筛理之前，需经松粉机处理，击碎粉片。

8.清粉的目的是什么？

平筛提取的渣心物料中常含有少量相同粒度的麸皮或连皮胚乳，这样的物料送往心磨研磨，对面粉质量将有不利的影响。清粉的目的就是分离碎麸皮和纯洁粉粒，提高面粉质量，并可降低物料温度。清粉得到的纯洁粉粒，送入心磨制粉。

9.稻谷的含杂种类有哪些？

稻谷杂质按其化学性质可分为无机杂质、有机杂质。

无机杂质：泥土、砂石、砖瓦块、并肩石（其形状大小与稻谷相仿）及其他无机物质。

有机杂质：无食用价值的稻谷粒、黄粒米（胚乳呈黄色）、稗子（形状近似半球形，断面呈三角形）、异种粮粒及其他有机物质（虫尸、虫蛹、虫卵、稻草等）。

10.稻谷筛选原理是什么？

主要根据稻谷与杂质宽度、厚度和长度以及形状的差别，借助筛孔分离杂质或将物料进行分级。

11.砻谷的作用有哪些？

用稻谷直接进行碾米，不仅能量消耗大、产量低、碎米多、出米率低而且成品色泽差，纯度和质量都低。因此，在碾米厂中，都是先将颖壳去掉，制糙米后再碾米。这一过程就是砻谷。

12.谷壳分离的目的是什么？

稻谷经砻谷后，砻下物为稻谷、糙米和稻壳的混合物。由于稻壳的容积大、比重小、散落性差，若不把它分离开，则将影响以后工序的工艺效果。如在谷糙分离中，若混有大量的稻壳，必然会影响谷糙混合物的流动性，使之不能很好地形成自动分级，将会降低其分离效果；又如回砻谷中若混有较多的稻壳，将会使砻谷机产量降低，动力及胶耗增大，因此，砻谷后必须及时将谷壳分离干净。

13.稻谷分离的质量标准是什么？

砻下物经谷壳分离后，每 100 kg 稻壳中含饱满粮粒不应超过 30 粒，谷糙混合物中含稻壳不超过 1.0%，糙米含稻壳量不应超过 0.1%。

14. 稻谷稻壳分离的基本原理是什么?

由于稻壳的悬浮速度为2～2.5 m/s,而稻谷的悬浮速度为8～10 m/s,糙米更大。根据上述物理特性的不同,可利用风选法,从砻谷后的混合物中分离出稻壳。

15. 砻谷机工艺效果如何评定?

砻谷机的脱壳率、完整率和碎米率是评定其工艺效果的主要指标,同样还应结合台时产量、单位电耗、胶耗等进行综合评定。

16. 碾米的目的及要求有哪些?

糙米皮层内含有大量的粗纤维、脂肪以及维生素 B_1、维生素 B_2 等。粗纤维是人体不能吸收消化的物质,而且还会影响成品大米的色泽和气味,因此必须通过碾米过程将皮层除去,除去的皮层称为米糠。米糠具有较高的经济价值,从中可提取米糠油和谷维素、植酸钙等产品,也可用作饲料。

碾米是稻谷加工的最后一道工序,而且是对米粒直接进行碾制,如操作不当,碾削过强时,会产生大量碎米,影响出米率和产量;碾削不足时,又会造成糙白不均的现象,影响成品质量。所以,碾米工序工艺效果的好坏,直接影响整个碾米厂的经济效益。

17. 碾米的基本原理指什么?

机械碾米主要是依靠碾米机碾白室构件与米粒间产生的机械物理作用,将糙米碾白。

根据在碾去糙米皮层时的作用性质不同,一般可分为擦离碾白、碾削碾白、混合碾白和化学碾白4种。

18. 碾米完整率指什么?

指出机白米内完整籽粒所占的百分率。

19. 碾米含糠率是什么?

指白米或成品米试样中,糠粉占试样重量的百分数。

20. 擦米是什么?

擦除白米表面的糠粉以及米粒间混杂的糠块。大都采用轻微的磨擦作用将它们除去,使米粒光洁,提高成品质量,便于保管。擦米过程中,作用力不应强烈,以免产生碎米。

21. 凉米的目的及方法?

目的是降低米温,使大米便于贮藏。方法可采用自然冷却或通风冷却,一般用通风冷却,常用设备有吸式风选器和溜筛凉米箱。

【案例：小麦粉面筋含量的测定】

一、实训目的

(1)熟悉小麦粉湿面筋、干面筋含量的表示方法。

(2)学会清水洗涤法测定小麦粉湿面筋含量的基本操作技能。

(3)学会电烘箱法测定小麦粉干面筋含量的基本操作技能。

二、设备及材料

(一)设备

天平(感量 0.01 g)；小搪瓷碗；玻璃板：9 cm×16 cm，厚 3～5 cm，周围贴 0.3～0.4 mm 的胶布纸，共两块(面筋排水用或永离心排水机)；直径 1.0 mm 的圆孔筛或 CQ20 筛绢；电烘箱；脸盆或大玻璃缸；玻璃棒；烧杯等。

(二)试剂

碘-碘化钾溶液：称取 0.1 g 碘和 1.0 g 碘化钾，用水溶解后再加水至 250 mL。

三、操作方法

(一)湿面筋的测定(清水洗涤法)

(1)称样　从平均样品中称取定量试样：特制一等粉 10 g，特制二等粉 15 g，标准粉 20 g，普通粉 25 g。

(2)和面　将试样放入洁净的搪瓷碗中，加入试样质量一半的室温水(20～25℃)，用玻璃棒搅和，再用手和成面团，直到不黏手、不黏碗为止。然后放入盛有水的烧杯中，在室温下静止 20 min，便于形成面筋。

(3)洗涤　将面团放在手掌上，放在有筛绢的脸盆的水中轻轻揉捏，洗去面团内的水溶性物质及麸皮。在揉洗过程中需注意更换脸盆中清水数次，反复揉洗至面筋挤出的水遇碘溶液无蓝色反应为止。

(4)排水　将洗好的面筋放在洁净的玻璃板上，用另一块玻璃板压挤面筋，排出面筋中的游离水，每压一次后取下并擦干玻璃板，这样反复挤压直到稍感面筋黏手或黏板时为止(约压挤 15 次)。如有条件采用离心装置排水时，可控制离心机转速在 3 000 r/min，离心 2 min。

(5)称量　用镊子取出经离心排水或挤压排水后的湿面筋，称量湿面筋质量。

(二)干面筋的测定

将湿面筋放在已烘干称量(准确至 0.01 g)过的滤纸上，摊成薄片状，然后放在 130℃ 电烘箱内 30 min，取出置于干燥器内冷却至室温，称量干面筋和纸的总量，精确至 0.01 g，总量减去纸的质量即为干面筋的质量。

四、结果计算

(一)湿面筋的含量

$$湿面筋的含量=m_1/m\times100\%$$

式中：m_1—湿面筋质量，g；

m—试样质量，g。

双实验结果允许差不超过1.0%，求其平均数，即为测定结果，测定结果取小数点后一位。

(二)干面筋的含量

干面筋含量是以每百克含水量为14%的小麦粉含有干面筋的克数来表示的，如试样质量为10 g而干面筋称得质量为$W_{干}$(g)，则干面筋含量可按下列公式计算：

$$干面筋含量=\frac{W_{干}}{10}\times\frac{100-14}{100-M}\times100\%=W_{干}\times\frac{8.6}{100-M}\times100\%$$

双实验结果允许差不超过0.2%，求其平均数，即为测定结果，测定结果取小数点后一位。

五、注意事项

洗涤面筋换水时需注意筛上是否有面筋散失。

第二单元 2

粮油食品辅料

知识目标

1. 熟悉不同种疏松剂在食品加工中的疏松原理。
2. 熟悉不同油脂的提取方法。
3. 熟悉常见植物油脂制品的加工工艺。
4. 通过加工用水种类、水质重要性的学习，使学生掌握粮油食品加工对水质的要求与水的处理方法。

技能目标

1. 根据所学知识，能够判断哪些物料可以做油料。
2. 根据市场已知油品的种类，判断此油大致所采用的加工工艺。
3 掌握水质的处理方法及水质硬度测定方法。

德育目标

通过对粮油食品辅料的学习，培养学生有效组织，做人做事，律己律人，团队合作的能力和吃苦耐劳的精神，使学生养成节约用水习惯。

【工艺流程】

油料的清理→油料的剥壳→油料的干燥→油料生坯的制备→油料生坯的挤压膨化→蒸炒

项目一
植物油加工

植物油脂是人类必不可少的主要膳食成分之一，是人体必需脂肪酸的主要来源，同时也是重要的工业原料。植物油脂制取指通过研究油料的品质，选择合理的加工技术，制造符合人类需求的产品，使油料资源得到充分地利用。

任务一 植物油料的种类及化学成分

一、植物油料的分类

(一)植物油料

凡是油脂含量达10%以上，具有制油价值的植物种子和果肉等均称为油料。

(二)分类

根据植物油料的含油率高低，可将植物油料分成两类：

(1)高含油率油料　菜籽、棉籽、花生、芝麻等含油率大于30%的油料。

(2)低含油率油料　大豆、米糠等含油率在20%左右的油料。

二、植物油料种子的主要化学成分

油料种子的种类很多，不同油籽的化学成分及其含量不尽相同，但各种油料种子中一般都含有油脂、蛋白质、糖类、脂肪酸、磷脂、色素、蜡质、烃类、醛类、酮类、醇类、油溶性维生素、水分及灰分等物质。

(一)油脂

油脂是油料种子在成熟过程中由糖转化而形成的一种复杂的混合物,是油料种子中主要的化学成分。油脂是由1分子甘油和3分子高级脂肪酸形成的中性酯,又称为三酸甘油酯(简称甘油三酯)。在甘油三酯中脂肪酸的相对分子质量占90%以上,甘油仅占10%。构成油脂的脂肪酸性质及脂肪酸与甘油的结合形式,决定了油脂的物理状态和性质。

(二)蛋白质

油籽中的蛋白质基本上都是球蛋白。在油籽中,蛋白质主要存在于籽仁的凝胶部分。因此,蛋白质的性质对油料的加工影响很大。蛋白质除醇溶朊外都不溶于有机溶剂;蛋白质在加热、干燥、压力以及有机溶剂等作用下会发生变性;蛋白质可以和糖类发生作用生成颜色很深的不溶于水的化合物,也可以和棉籽中的棉酚作用,生成结合棉酚;蛋白质在酸、碱或酶的作用下能发生水解作用,最后得到各种氨基酸。

(三)磷脂

油料中的磷脂是一种营养价值很高的物质,其含量在不同的油料种子中各不相同,以大豆和棉籽中的磷脂含量最多。磷脂不溶于水,可溶于油脂和一些有机溶剂中;磷脂不溶于丙酮,磷脂有很强的吸水性,吸水膨胀形成胶体物质,从而在油脂中的溶解度大大降低。磷脂容易被氧化,在空气中或阳光下会变成褐色至黑色物质。在较高温度下,磷脂能与棉籽中的棉酚作用,生成黑色产物。磷脂还可以被碱皂化,可以被水解。另外,磷脂还具有乳化性和吸附作用。

(四)色素

纯净的甘油三酸酯是无色的液体。但植物油脂带有色泽,有的毛油甚至颜色很深,这主要是各种脂溶性色素引起的。油籽的色素一般有叶绿素、类胡萝卜素、黄酮色素及花色苷等。油脂中的色素能够被活性白土或活性炭吸附除去,也可以在碱炼过程中被皂角吸附除去。

(五)蜡

蜡是高分子的一元脂肪酸和一元醇结合而成的酯,主要存在于油籽的皮壳内,且含量很少。但米糠油中含蜡较多。蜡的主要性质是熔点较甘油三酸酯高,常温下是一种固态黏稠的物质。蜡能溶于油脂中,溶解度随温度升高而增大,在低温下会从油脂中析出,影响其外观。另外,蜡会使油脂的口感变劣,降低油脂的食用品质。

(六)糖类

糖类是含有醛基和酮基的多羟基的有机化合物,按照糖类的复杂程度可以将其分为单糖和多糖两类。糖类主要存在于油料种子的皮壳中,仁中含量很少。糖在高温下能与蛋白质等物质发生作用,生成颜色很深且不溶于水的化合物(美拉德反应)。在高温下糖的焦化作用会使其变黑并分解。

(七)维生素

植物油料含有多种维生素,但制取的油脂中主要有脂溶性的维生素 E。维生素 E 能防止油脂氧化酸败,增加植物油的贮藏稳定性。

任务二 油料的预处理

植物油料制油对油料的工艺性质具有一定的要求,因此制油前应对油料进行一系列的处理,使油料具有最佳的制油性能,以满足不同制油工艺的要求。通常在制油前对油料进行清理除杂、剥壳、破碎、软化、轧坯、膨化、蒸炒等工作统称为油料的预处理。

一、油料的清理

油料清理就是利用各种设备分离油料中所含杂质的工艺过程。油料经清理后,可提高出油率和油脂、饼粕的质量,减少设备磨损、增大设备的处理量,避免生产事故的发生,还可改善车间的环境卫生等。

二、油料的剥壳

剥壳是带壳油料在取油之前的一道重要工序,对花生、棉籽、葵花籽等一些带壳油料必须经过剥壳才能用于制油。剥壳的目的是为了提高出油率,提高毛油和饼粕的质量,减轻对设备的磨损,增加设备的有效生产量,利于轧坯等后序工序的进行及皮壳的综合利用等。

三、油料的干燥

油料的干燥分为贮藏干燥和生产干燥。为了降低油料或粕中的水分含量,保证其安全储藏进行的干燥称为储藏干燥。为了调整油料或料坯的水分含量,保证油料加工过程的工艺效果进行的干燥称为生产干燥。不同工序对油料干燥的要求有所不同,要求干燥后油料含水达到最适宜量,干燥后油料无焦煳和夹生现象,干燥过程中的温度不能影响油料品质,干燥时不能粉碎料坯。

四、油料生坯的制备

在提取油脂前,油料必须先被制成适合于取油的料坯。料坯的制备通常包括油料的破碎、软化和轧坯等工序。

破碎的目的首先是使油料具有一定的粒度以符合轧坯条件;其次是油料破碎后表面积增大,利于软化时温度和水分的传递,软化效果好。另外,对于颗粒较大的压榨饼块,也必须将其破碎成为较小的饼块,才更利于浸出取油。

软化是通过对水分和温度的调节,使油料塑性增加的工序,主要应用于含油量低和含水分低的油料软化,目的是使油料具有适宜的弹塑性,减少轧坯时的粉末度和粘辊现象,以保证坯片的质量。软化还可以减少轧坯时由于轧辊磨损造成的机器振动,以利于轧坯操作的正常进行。

轧坯是利用机械的作用,将油料由粒状轧成片状的过程。轧坯的主要目的是破坏油料的细胞结构,以提高浸出或压榨时的出油速度和出油率。另外,通过轧坯可使油料由粒状变成片状,表面积增加,以保证料坯蒸炒的效果。

五、油料生坯的挤压膨化

油料生坯的挤压膨化是利用挤压膨化设备将生坯制成膨化状颗粒物料的过程。生坯经挤压膨化后可直接进行浸出取油。油料生坯的膨化浸出是一种先进的油脂制取工艺。近几年,我国对油料生坯挤压膨化浸出工艺和设备的研究及应用也有了较大的进展。

油料生坯经挤压膨化后,其容重增大,多孔性增加,油料细胞组织被彻底破坏,酶类被钝化。这使得膨化物料浸出时,溶剂对料层的渗透性和排泄性都大为改善,浸出溶剂比减小,浸出速率提高,混合油浓度增大,湿粕中溶剂含量降低,浸出设备和湿粕脱溶设备的产量增加,浸出毛油的品质提高,并能明显降低浸出生产的溶剂损耗以及蒸汽消耗。

六、蒸炒

油料生坯经过湿润、加热、蒸坯、炒坯等处理转变为熟坯的过程称为蒸炒。蒸炒的目的是使料坯的结构在破碎和轧坯工序受到初次破坏的基础上,继续发生一系列的物理化学变化,以提高压榨出油率和改善油脂和饼粕的质量。

任务三　植物油的提取

一、压榨法取油

借助于机械外力的作用，将油脂从油料中挤压出来的取油方法称为压榨法取油。压榨时，受榨料坯的粒子受到强大的压力作用，油脂从榨料空隙中被挤压出来，榨料粒子经弹性变形形成坚硬的油饼。

按压榨取油的深度以及压榨时榨料所受压力的大小，压榨法取油可分为一次压榨和与浸出取油配合的预榨。由于一次压榨还存在一些局限性，尤其是得到的榨饼残油率较高，一般可达5％～8％，因此压榨法取油一般是与浸出法配合使用，特别是对于一些含油量较高的油料。

压榨法取油与其他取油方法相比具有如下特点：工艺简单，配套设备少，对油料品种适应性强，生产灵活，油品质量好，色泽浅，风味纯正。但压榨后的饼粕残油量较高，出油效率较低，动力消耗较大。

压榨法取油的工艺效果除与压榨本身有关外，还与压榨物料的水分和温度、施于榨料上的压力大小、压榨时间和受压油脂的黏度等有关。该方法目前在一些中小型油脂企业中仍占有相当的比例。

二、浸出法取油

浸出法取油是应用固一液萃取的原理，选用某种能够溶解油脂的有机溶剂经过对油料的喷淋和浸泡的作用，使油料中的油脂被萃取出来的一种取油方法。

浸出法取油具有粕中残油率低（出油率高）、劳动强度低、工作环境佳、粕的质量好等优点，是一种先进的制油方法，目前已普遍使用。

浸出法取油的基本过程：把油料料坯、预榨饼或膨化颗粒浸于选定的溶剂中，使油脂溶解在溶剂中形成混合液即混合油，然后将混合油与浸出后的固体残渣（粕）分离。利用溶剂与油脂的沸点不同对混合油进行蒸发、汽提，可使溶剂汽化与油脂分离，从而获得浸出毛油。浸出后的固体粕含有一定量的溶剂，经脱溶烘干处理后即得成品粕。从湿粕蒸脱、混合油蒸发及其他设备排出的溶剂蒸气和混合蒸气经过冷凝、冷却以及溶剂与水的分离，分离出的溶剂循环使用，分出的废水经蒸煮处理进一步回收溶剂后排放。为了排除系统中积存的空气以保持正常的工作压力，还需不断地将冷凝气体集中并经回收溶剂后排空。

三、水代法取油

水代法是“以水代油法”的简称。该法是利用油料中非油物质对油和水的亲和力不同，以及油水之间的相对密度不同，在准备好的油料中加入适量的水，经过一系列的工艺程序，将油脂和亲水物质(如部分蛋白质、碳水化合物等)分开。该种方法一般适应于高油料，如芝麻、花生等，典型产品为小磨香油。此法的优点在于设备简单，操作简便，油的风味保持得好；缺点是生产效率低，劳动强度大，渣粕的残油率高，生产成本也较高。虽然该法还存在诸多弊端，但它却具有独特的取油机理和优点，有待于进一步从理论和实践上进行研究提高。

四、超临界流体萃取工艺

超临界流体萃取工艺主要由超临界流体萃取溶质和被萃取的溶质与超临界流体分离两部分组成。根据分离过程中萃取剂与溶质分离方式的不同，超临界流体萃取可分为三种加工工艺形式。

(一)恒压萃取法

从萃取器出来的萃取相在等压条件下，加热升温进入分离器溶质分离，溶剂经冷却后回到萃取器循环使用。

(二)恒温萃取法

从萃取器出来的萃取相在等温条件下减压、膨胀，进入分离器溶质分离，溶剂经调压装置加压后再回到萃取器中。

(三)吸附萃取法

从萃取器出来的萃取相在等温等压条件下进入分离器，萃取相中的溶质由分离器中吸附剂吸附，溶剂再回到萃取器中循环使用。

任务四 油脂的精炼

经压榨、浸出或水代法制取得到的未经精炼的植物油脂称为粗油，俗称毛油。毛油的主要成分是混合脂肪酸，俗称中性油。此外，毛油中还含有数量不等的各类非甘油三酯成分，这些成分统称为杂质。油脂中的杂质主要有以下 5 类：

悬浮杂质：以悬浮状态存在于油脂中的杂质称为悬浮杂质。如料坯粉末、饼渣、纤维、草屑及其他固体杂质。

水分：油脂中的水分影响油脂的透明度，促使油脂酸败，不易储存。

胶溶性杂质：这类杂质以极小的微粒状态分散于油中，与油一起形成胶体溶液，主要包括磷脂、蛋白质、糖类、树脂和黏液物等，其中主要是磷脂。

脂溶性杂质：这类杂质完全溶解于油中，与油形成真溶液状态，主要包括游离脂肪酸、醇、维生素、蜡、色素及油脂分解的产物，如烃、酮等。

微量杂质：这类杂质主要包括微量金属、农药、黄曲霉素等。

油脂中的杂质并非对人体都有害，有些杂质反而有很高的利用价值。采用一系列手段将有害杂质分离，以提高油脂品质、使用价值及保证贮藏稳定性的精制过程称为精炼。

一、油脂精炼的目的

毛油中某些杂质的存在，不仅影响油脂的食用价值和安全贮藏，而且给深加工带来困难，但精炼的目的又不是将油中所有的杂质都除去，而是将其中对食用、贮藏、工业生产等有害无益的杂质除去，如棉酚、蛋白质、磷脂、黏液物、水分等除去，而有益的“杂质”，如生育酚等要保留。因此，油脂精炼的目的是根据不同的要求和用途，将不需要的和有害的杂质从油脂中除去，并尽量减少中性油和有益成分的损失，以得到符合一定质量标准的成品油。

二、油脂精炼的主要工序

(一)毛油中悬浮杂质的脱除

毛油中悬浮杂质的存在，对毛油的输送、暂存及油脂精炼效果均将产生不良影响，因此，必须在制油工艺之后及时将其从毛油中除去。

目前，工业上常用的分离悬浮杂质的方法有自然沉降、过滤、离心分离、分子膜分离法等，其中过滤法使用得较为普遍。过滤分离法是借助于压滤机、输油泵、过滤介质，在重力或机械动力作用下使液体穿过滤布，杂质被截留成滤饼，从而达到清除悬浮杂质的目的。

(二)脱胶

脱除油中胶溶性杂质的工艺过程称为脱胶。

油脂中的胶溶性杂质不仅影响油脂的稳定性，而且影响油脂精炼和深度加工的工艺效果。因此，毛油精炼必须首先脱除胶溶性杂质，而毛油中的胶溶性杂质以磷脂为主，故油厂常将脱胶称为脱磷。

脱胶的方法有水化法、加热法、加酸法以及吸附法等，其中水化法脱胶在食用油脂工业上应用最为广泛。

(三)脱酸

脱除毛油中游离脂肪酸的过程称为脱酸。

毛油中的游离脂肪酸一是来源于油料内部；二是甘油三酯在制油过程中分解游离出来的。不同种类的油脂，组成其甘油三酯的脂肪酸不同，则所含游离脂肪酸的种类也不同。油脂中游离脂肪酸含量过高,会产生刺激性气味影响油脂的风味,进一步加速中性油的水解酸败。游离脂肪酸存在于油脂中,还会使磷脂、糖脂、蛋白质等胶溶性杂质和脂溶性杂质在油中的溶解度增加,它本身还是油脂、磷脂水解的催化剂。水在油脂中的溶解度亦会随游离脂肪酸含量的增加而增加。总之,游离脂肪酸存在于油脂中会导致油脂的物理化学稳定性削弱,必须尽力除去。脱酸的方法有碱炼、蒸馏、溶剂萃取及酯化等,其中应用最广泛的为碱炼脱酸和蒸馏法脱酸。

(四)脱色

纯净的甘油三酯呈液态时无色,呈固态时为白色,但常见的各种油脂都带有不同的颜色。这是因为油脂中含有数量和品种各不相同的色素所致。这些色素有些是天然色素,主要是叶绿素、类胡萝卜素等;有些是油料在储藏、加工过程中新生成的色素。油脂中的色素影响油脂的外观和稳定性,要生产较高品质的油脂就必须进行脱色处理。油脂脱色的方法很多,工业生产中应用最多广泛的是吸附法,此外还有加热脱色、氧化脱色、化学试剂脱色法等。

(五)脱臭

纯粹的甘油三酯是没有气味的,但用不同方法制得的天然油脂都具有程度不等的各种气味,人们把这些气味统称为臭味。除去油脂中臭味的工艺过程称为油脂的“脱臭”。随着人们生活水平的提高,食用优质、多品种的油脂的需要越来越迫切。例如:用于制取人造奶油、代可可脂的植物油,就不允许有任何气味。因此,脱臭在油脂加工中的地位日趋重要。

浸出油的脱臭(工艺参数达不到脱臭要求时称为“脱溶”)十分重要,在脱臭之前,必须先行水化、碱炼和脱色,创造良好的脱臭条件,有利于油脂中残留溶剂及其他气味的除去。脱臭的方法很多,有真空蒸汽脱臭法、气体吹入法、加氢法和聚合法等。目前国内外应用最广、效果最好的是真空蒸汽脱臭法。

(六)脱蜡

植物油脂中大多含有一些蜡。蜡的主要成分是高级脂肪酸和高级脂肪醇形成的酯,通常称作蜡质。蜡主要来自油料种子的皮壳。料坯中皮壳含量高,制得的毛油含蜡量就高。蜡在40℃以上溶解于油脂。因此,无论压榨法还是浸出法制得的毛油中,一般都含有一定量的蜡质。各种毛油的含蜡量有很大的差异,大多数含量极微,制油和加工过程中可不必考虑,有些则较高,如米糠油、葵花籽油。蜡可使油呈浑浊状,使油透明度和消化吸收率降低,并使油的滋味和适口性变差,从而降低了食用油的营养价值。为了提高食用油脂的质量并充分利用植物油蜡源,应对油脂进行脱蜡。

脱除油脂中蜡质的工艺过程称为油脂的脱蜡。脱蜡的方法有多种,如常规法、表面活性剂法、凝聚剂法、脲包含法、静电法及脱胶、脱酸结合在一起的方法等。虽然各种方法采用的辅助手段不同,但其基本原理均属冷冻结晶、分离的范畴。即根据蜡与油脂的熔点差及蜡在油脂中的溶解度随温度降低而变小的性质，首先通过冷却析出晶体蜡（或蜡和助晶剂混合体），然后再经过过滤或离心分离而达到蜡油分离的目的。脱蜡诸法的温度都要求在25℃以下，才能取得较好的脱蜡效果。

任务五　油脂的加工

一、油脂氢化

在金属催化剂的作用下，把氢加到甘油三酯的不饱和脂肪双键上，这种化学反应称为油脂的氢化反应，简称油脂氢化。氢化是使不饱和的液态脂肪酸加氢成为饱和固态的过程。反应后的油脂，碘值下降、熔点上升，固体酯数量增加，被称为氢化油或硬化油。对食用油脂的加工，氢化是变液态油为半固态酯、塑性酯以适应人造奶油、起酥油、煎炸油及代可可脂等生产需要的加工油脂。氢化还可以提高油脂的抗氧化稳定性及改善油脂色泽等。

氢化工艺：原料→预处理→除氧脱水→氢化→过滤→后脱色→脱臭→成品氢化油。

二、调和油

调和油是用两种或两种以上的优质食用油脂，按科学的比例调配成的具有某些功能特性的高级食用油。按使用功能调和油可以分为风味调和油、营养调和油和煎炸调和油三类，按品质分类可分为调和色拉油、调和高级烹饪油和调和一级油三类。

调和油的加工较简便，在一般全精炼车间均可调制，不需添置特殊设备。调和油的原料油脂可于精炼前科学调配后再精制，也可将各原料油脂精制后科学调配。对没有全精炼能力的小企业，也只需配置一定容量的调和罐（普通炼油锅）即可。调制风味调和油时，将各原料油脂按比例输入调和罐，在35～40℃下搅拌混合30 min即可。如要调制高亚油酸营养油，则需在常温下进行，并加入一定量的维生素E；如要调制饱和程度较高的煎炸调和油，则调和时温度要高些，一般为50～60℃，最好再按规定加入一定量的抗氧化剂。

所有调和油在包装前最好经过安全过滤机，以除去调和过程中偶然混入的不溶性杂质。

三、人造奶油

各国对人造奶油的定义和标准存在一些差别，我国专业标准对其定义是：人造奶油系精制食用油添加水及其他辅料，经乳化、急冷捏合成的具有天然奶油特色的可塑性制品。

人造奶油可分成两大类，即家庭用人造奶油和食品工业用人造奶油。家庭用人造奶油主要在饭店或家庭就餐时直接涂抹在面包上食用，少量用于烹调。市场上销售的多为小包装。食品工业用人造奶油是以乳化液型出现的起酥油，它除具备起酥油所具有的加工性能外，还能够利用水溶性的食盐、乳制品和其他水溶性增香剂改善食品的风味，还能使制品带上具有魅力的橙黄色。

人造奶油的加工工艺包括原辅料的调和、乳化、急冷捏合、包装、熟成5个阶段。

四、起酥油

起酥油是指精炼的动植物油脂、氢化油或上述油脂的混合物，经急冷捏合制造的固态油脂或不经急冷捏合加工出来的固态或流动态的油脂产品。起酥油一般不宜直接食用，而是用来加工糕点、面包或煎炸食品，所以必须具有良好的加工性能，如可塑性、起酥性、乳化性、吸水性、氧化稳定性和煎炸性，对这些加工特性的要求因起酥油的用途不同而重点各异，其中，可塑性是其最基本的特性。

起酥油的种类很多，可以从以下多种角度对其进行分类。

从原料种类分，可分为植物性起酥油、动物性起酥油和动植物混合型起酥油。

从制造方法分，可分为全氢化型起酥油、混合型起酥油或酯交换型起酥油。

从使用添加剂的不同分，可分为非乳化型起酥油和乳化型起酥油。非乳化型起酥油中不添加乳化剂；乳化型起酥油中添加乳化剂。

从性能分，可分为通用型起酥油、乳化型起酥油和高稳定型起酥油。

从性状分，可分为可塑性起酥油、液体起酥油和粉末起酥油。

起酥油的性状不同，生产工艺也有所不同。

可塑性起酥油的生产工艺包括原辅料的调和、急冷捏合、包装、熟成4个阶段。

液体起酥油的生产：液体起酥油的品种很多，制法不完全一样，大致有以下几种：

①最普通的方法是把原料油脂及辅料掺和后用急冷机进行急冷，然后在储存罐中存放16h以上，搅拌使之流动化，然后装入容器。

②将配好的原料加热到65℃使之熔化，慢慢搅拌，徐徐冷却形成结晶，直到温度下降到装罐温度(约26℃)。

粉末起酥油的生产：生产粉末起酥油的方法有很多，目前大部分用喷雾干燥法生产。

项目二

加工用水及处理

水质对人体健康有一定的影响，同时对粮油的加工质量有相当大的影响。掌握水质的好坏对加工品的影响，同时对水质进行处理及水的硬度测定是学习粮油加工的最基本的能力。

1. 掌握水质的理化指标

食品加工厂用水要符合饮用水标准，即符合 GB 5749—2006 生活饮用水卫生标准。

2. 掌握水质的处理方法

掌握过滤法、软化法、除盐法和消毒法等。

3. 掌握水的硬度测定方法

掌握总硬度测定、钙硬度测定。

任务一 加工用水处理

来源于井水和自来水的加工用水，可直接使用。来源于江、河、湖、水库的水必须经过净化处理才能使用，具体处理方法有以下几种：过滤法、软化法、除盐法和消毒法等。

一、过滤法

（一）砂石过滤法

砂石过滤法是以砂石、木炭作滤层，一般滤层的构建方法，从上至下的填充料顺序为小石、粗砂、木炭、细砂、中砂等。水源从上而下自流，杂质则被阻隔在不同的滤层中，过滤后的水由滤层底部流出。

（二）砂棒过滤法

砂棒过滤器采用细微颗粒的硅藻土和动物骨灰做原料，经成型后在高温下焙烧而形成一种带有极多毛细孔隙的中空滤筒。工作时具有一定压力的水由砂棒毛细孔进入滤筒内腔，由砂棒内腔流出，而杂质则被阻隔在砂棒外表面，从而完成过滤操作。砂滤棒使用前应用75%的酒精或10%漂白粉液消毒处理，安装时凡是与净水接触的部位都应消毒。砂棒过滤比砂石过滤要求的水质更高。无论是砂石过滤还是砂棒过滤，随着阻隔的杂质量增加而使过滤的效能降低，因此，过滤一定时间后必须对砂石层或砂棒进行再生处理。砂石过滤用新材料进行填充，砂棒过滤器用细砂纸擦洗滤棒即可。

二、软化法

（一）暂时硬水软化法

水的硬度有暂时硬度和永久硬度之分。暂时硬度是指水中含有钙、镁的酸式碳酸盐，可加热过滤或加入适量的氢氧化钙、碳酸钠使水的钙、镁盐沉淀而除去。永久硬度是指水中含有钙、镁的酸式硫酸盐、氯化物、硝酸盐，加热亦不沉淀。但是，加热方法对永久性硬水不能软化，只能采用化学软化方式使其硬度降低。

（二）离子交换法

当硬水通过离子交换器内的离子交换树脂时，水中离子和树脂上的同性离子相互交换，使水得以软化。如钠离子交换树脂、氢离子交换树脂常用于水的软化处理。阳离子交换树脂中 Na^+ 或 H^+ 将水中的 Ca^{2+}、Mg^{2+} 等阳离子置换出来，使水得以软化；阴离子交换树脂中的 OH^- 可将水中 Cl^-、HCO_3^-、SO_4^{2-}、CO_3^{2-} 等阴离子置换出来，除去水中离子而成离子水。其反应如下：

$$CaSO_4 + 2R-Na \rightarrow Na_2SO_4 + R_2Ca$$

$$Ca(HCO_3)_2 + 2R-Na \rightarrow 2NaHCO_3 + R_2Ca$$

$$MgSO_4 + 2R-Na \rightarrow Na_2SO_4 + R_2Mg$$

$$Mg(HCO_3)_2 + 2R-Na \rightarrow 2NaHCO_3 + R_2Mg$$

上式中 R－Na 为钠离子交换剂分子式简写，R 代表残基。硬水中的 Ca^{2+}、Mg^{2+} 等阳离子被 Na^+ 置换出来，并残留在交换剂中，水被软化。当交换剂中的 Na^+ 全部被置换后将失效，可用5%～8%食盐溶液再生处理，Na^+ 可将 Ca^{2+}、Mg^{2+} 交换出来再用水将置换出来的钙盐、镁盐冲洗掉，这样就恢复了离子交换剂软化水的能力，可以继续使用。氢离子交换剂可用稀硫酸进行再生。离子交换法软化率高，也比较经济。但是，对离子交换剂的再生需要消耗大量的食盐或硫酸，排出的酸碱废液对环境会造成一定污染，应进行无害化处理。

三、电渗析法和反渗透法

电渗析法是利用选择透过性和良好导电性的离子交换膜，在外加电场作用下根据异性相吸、同性相斥的原理，使水分别通过阴、阳离子交换膜而净化。

该法的技术关键是新型离子交换膜。离子交换膜是 0.5～1.0 mm 厚度的功能性膜片，按其选择透过性区分为正离子交换膜(阳膜)与负离子交换膜(阴膜)。阳离子交换膜带负电吸附阳离子并使其通过。阴离子交换膜带正电吸附阴离子并使其通过。它是将具有选择透过性的阳膜与阴膜交替排列，组成多个相互独立的隔室使水得以净化。此外电渗析法还可以淡化海水。这种方法也越来越多地应用于化工、医药、食品等行业的浓缩、分离与提纯。其特点是不需要化学药剂，无污染，对盐类去除量易控制，投资少，操作简单，耗能少，检修方便，占地少。

反渗透法是溶液在一定压力下，通过反渗透膜，将其中溶剂(纯水)分离出来，从而使水分离或溶液浓缩。

反渗透法使用半透膜，如醋酸纤维素膜、芳香聚酰胺纤维膜。由于膜的孔径非常小(仅为 10Å 左右)，因此能够有效地去除水中的溶解盐类、胶体、微生物、有机物等(去除率高达 97%～98%)。可用于海水和咸水淡化，硬水软化，果汁、牛乳、咖啡浓缩，细菌、病毒的分离等。其特点是应用范围较广泛，无污染，脱盐率高，水利用率高，自动化程度高，能耗低等优点，缺点是投资较大。

四、消毒法

水中除了含有大量的悬浮物和胶体物质外还含有大量的微生物，甚至是致病和有害微生物，对人的身体健康是有害的，因此，必须对水进行消毒。水的消毒技术主要有物理方法和化学方法两大类。物理方法是采用热、紫外线照射，超声波高频辐射等方法使细菌内蛋白质在物理能的作用下发生凝聚或使遗传因子发生突变而改变细菌的遗传特征，从而达到消毒的目的；化学方法则是利用无机或有机化学药剂灭活微生物特殊的酶，或通过剧烈的氧化反应使细菌的细胞质发生破坏性的降解而达到杀菌的作用。但是，这里所说的消毒并不是将全部微生物杀灭。目前常用的方法主要有以下几种。

(一)氯消毒法

这种方法可以说是目前最简单、有效又广泛使用的方法。常用的有氯气及其化合物，如漂白粉、次氯酸钠、氯胺等。其原理是药剂在水中生成次氯酸，次氯酸体积小，电荷中性，易于穿过细胞壁；同时，它又是一种强氧化剂，能损害细胞膜，使蛋白质、RNA 和 DNA 等物质释出，并影响多种酶系统(主要是磷酸葡萄糖去氢酶的巯基被氧化破坏)，从而使细菌死亡。氯对病毒的作用，在于对核酸的致死性损害。药剂使用量以输水管末端放出水的余氯量应在 0.1～0.3 mg/L 为宜。小于 0.1 mg/L 不安全，大于 0.3 mg/L 水中有明显的氯臭味。

(二)臭氧消毒法

臭氧(O_3)由3个氧原子组成,很不稳定,在水中极易分解成氧气和氧原子。氧原子性质极为活泼,有强烈的氧化性,能瞬间分解水中的有机物质、细菌和微生物。它能使水中的微生物失去活性,同时,可以除去水中的铁和锰等。单原子氧(O)也具有强氧化能力,对顽强的微生物如病毒、芽孢等有强大的杀伤力。臭氧杀灭细菌和病毒的作用,通常是物理的、化学的及生物的等几个方面的综合作用。

臭氧的作用机制:

①作用于细胞膜导致细胞膜的通透性增加,细胞内物质外流,使细胞失去活力。

②使细胞活动必需的酶失去活性,这些酶是合成细胞的重要成分。

③破坏细胞质内的遗传物质,直接破坏其RNA(核糖核酸)和DNA(脱氧核糖核酸)物质,导致新陈代谢障碍,直至死亡,这一过程是不可逆的反应,极为迅速。

臭氧由臭氧发生器通过高频、高压电极放电产生,将臭氧泵入氧化塔,在塔内与水充分接触、混合,达到一定浓度后,即可起到消毒的作用。

(三)紫外线消毒法

紫外线是指波长为136~390 nm的不可见光,以波长265~266 nm杀菌力最强。其作用原理是微生物受紫外线照射后,其蛋白质和核酸发生变性,导致微生物死亡,从而在不使用任何化学药物的情况下消灭水中所有的细菌、病毒。紫外线消毒不产生任何二次污染物,属于国际上最新一代的消毒技术。它具有高效率、广谱性、低成本、长寿命、大水量、无污染等优点,目前已在西方发达国家逐渐成为一种主流消毒手段。

紫外线杀菌装置多为低压汞灯。汞灯的瓦数及数量应根据杀菌装置的种类和目的来选择,考虑其对环境温度、水处理量及照射时间的影响,才能获得最佳效果。紫外线杀菌器成本较低,投资也少,但对被处理水质的要求较高,处理前应无色、无混浊、微生物数量较少,且尽量少带气体。

任务二 水的硬度测定

在具体操作之前需配制以下溶液:0.02 mol/L EDTA标准溶液,NH_3-NH_4Cl缓冲溶液(pH≈10),10%NaOH溶液,钙指示剂,铬黑T指示剂。

一、总硬度测定

量取澄清的水样50 mL放入250 mL或500 mL锥形瓶中,加入5 mL NH_3-NH_4Cl缓

冲溶液，摇匀，再加入3～4滴铬黑T指示剂。此时溶液呈淡红色，用0.02 mol/L EDTA标准溶液滴定至呈纯蓝色，即为终点。

若水样不是澄清的必须过滤，过滤所用的仪器和滤纸必须是干燥的，最初和最后的滤液宜弃去，一般不用纯水稀释水样。

如果水中有铜、锌等离子存在，则会影响测定结果，铜离子存在时会使滴定终点不明显。锌离子参与反应使结果偏高，锰离子存在时加入指示剂后马上变成灰色，影响滴定。遇此情况，可在水样中加入1 mL 2% Na_2S溶液，使铜离子生成CuS沉淀，再过滤；锰的影响可加盐酸羟胺溶液消除，若有Fe^{3+}、Al^{3+}存在，可用三乙醇胺掩蔽。

二、钙硬度测定

量取澄清的水样100 mL，放入250 mL锥形瓶中，加4 mL 10%NaOH溶液，摇匀，再加入0.01 mol/L的EDTA标准溶液滴定至呈纯蓝色，即为终点。

三、镁硬度测定

从总硬度中减去钙硬度就是镁硬度。

【师徒共研】

1.加工用水对产品质量有何影响？

加工用水标准掌握不够严格，会导致产品质量下降。

在加工过程中要根据不同加工品对水的不同要求而选用不同硬度的水。

2.加工用水软化剂需要定期更换吗？

水的软化中由于软化剂使用时间过久，软化剂易失效。

必须定时检查，及时更换软化剂以免失效。

【知识链接】

一、加工用水的种类

加工用水有自来水、水库水、井水、江、河、湖水等。

二、加工对水质要求的重要性

加工用水只有符合饮用水标准才能不污染食品，才能符合加工品的质量要求。

三、加工对水质的要求

农产品加工用水量相当大，包括原料的洗涤，容器和设备的清洗，原料的烫煮、冷却和漂洗等都需要大量水。

粮油加工用水要符合饮用水标准，即符合 GB 5749—2006 生活饮用水卫生标准。应澄清透明，无悬浮物质，无色，无臭，无味，静置时无沉淀物，不应含有重金属盐类。如果含有硫化氢、氨、硝酸盐和亚硝酸盐等物质就证明水中有腐败性微生物的存在。加工用水中的微生物指标要求是不允许有任何致病菌及耐热性细菌的存在。一般要求，水中菌落总数不得超过 100 CFU/mL，大肠菌群不得检出。

四、水质对加工品质量的影响

普通水中由于含有氯化物、硫酸盐、硝酸盐及碳酸盐，对加工品的质量有影响。

（一）硬度过大的水对加工品质量的影响

水的硬度是以 1 L 水中含钙、镁离子多少来衡量的。其单位为 mg/L，也有用德国度(°)来表示，硬度 1°相当于 1 L 水中含 CaO 10 mg。

（二）水硬度具体分类

软水是 8°以下，中等硬水是 8°～16°，硬水是 16°以上。

水的硬度大小对加工品最终品质有影响，如果水的硬度过大，水中含有较多的钙、镁离子，会与有机酸结合，产生沉淀物，影响最终品质，严重的会产生苦味，影响风味。

五、农产品加工厂厂址选择与水源的关系

为了保证加工用水的清洁卫生，必须注意水源的卫生条件，一般说来，以深井水和上游未受到污染的河水或溪水最为理想。如果河水上游污染严重，虽经净化处理，也不适合于食品加工。因此，农产品加工厂厂址的选择必须认真考虑水源卫生条件。同时加工厂也要考虑生产过程中废水排放处理，以免污染环境。

项目三

常用食品添加剂

一、食盐

食盐是制作粮油食品的基本配料之一，虽然用量不大，但对改良制品品质作用明显。食盐按其来源可分为：海盐、湖盐及井盐、矿盐。食盐在烘烤食品中的作用如下。

(一)风味的产生

首先，食盐能为制品带来咸味，刺激人的味觉神经，引起食欲，使其更加可口。其次，咸味与其他风味之间有协调作用，如少量盐可增强酸味，而大量盐则会减弱酸味，少量盐能使甜味更加柔美。

(二)细菌的抑制

食盐对大部分的酵母菌和野生菌都有抑制作用。盐在面包中所引起的渗透压能延迟细菌的生长，甚至有时可毁灭其生命。

(三)面筋的安定

食盐可抑制蛋白酶的活性，减少其对面筋蛋白的分解破坏作用，具有调理和增强面筋的效应。由于食盐增强了面筋强度，面包品质也因此得到改善，气孔组织均匀细致，面包心的颜色也更白。筋力弱的面粉可使用较多量的食盐，强筋度的面粉宜用较少量的盐。

(四)发酵的调节

因为食盐有抑制酵母发酵的作用，所以可用来调整发酵的时间。完全没有加盐的面团发酵较快速，但发酵情形却极不稳定。尤其在天气炎热时，更难控制正常的发酵时间，容易发生发酵过度的情形，面团因而变酸。因此，盐可以说是一种“稳定发酵”作用的材料。

粮油制品用食盐要求色泽洁白，结晶小，疏松，不结块，咸味纯正，无苦涩味，无可见杂质，氯化钠含量不低于97%。

二、化学疏松剂

化学疏松剂是指可以使面团在适当的温度和湿度条件下产生气体而使制品疏松的化合

物。化学疏松剂根据其所含的材料成分可分为碱性疏松剂和复合型疏松剂两大类。前者只含有一种化学物质,通常是碱性物质,后者则包含两种以上的化学物质,通常有碱性材料、酸性材料及填充物。目前我国常用的碱性疏松剂有碳酸氢钠和碳酸氢铵等品种,复合型疏松剂种类很多,如泡打粉、发酵粉等。

(一)碱性化学疏松剂

1.小苏打

小苏打学名碳酸氢钠,呈白色结晶性粉末,无臭、味咸,由于反应中生成的物质是碳酸钠,使产品呈碱性,影响口味,多量使用时,产品的口味变劣,还会使产品表面产生黄色斑点,因此使用时应先溶于冷水中再添加,这样便于分散均匀。

2.碳酸氢铵

碳酸氢铵俗称食臭粉、臭碱,为白色结晶,对热不稳定,在常温下易分解产生氨气、二氧化碳和水。碳酸氢铵分解后产生气体的量比碳酸氢钠多,起发能力大,但容易造成产品过松,使产品内部或表面出现大的孔洞。此外,加热时产生带强烈刺激性的氨气,虽然很容易挥发,但成品中还会残留一些,从而带来不良气味,所以使用时要适当控制用量。

在饼干烘烤过程中,碳酸氢铵几乎全部分解,其膨松能力要比小苏打大2～3倍。但由于其分解温度过低,在烘烤初期即产生极大的气压而分解完毕,不能持续有效地在制品凝固定型之前连续膨松,因而不能单独使用。一般将小苏打与碳酸氢铵混合使用,这样可以减弱各自的缺陷,获得良好的效果。

(二)复合型化学疏松剂

复合型化学疏松剂是指由碳酸盐与酸性物质等成分按配方配制而成的一类化学疏松剂,亦即通常所说的发酵粉、发粉或泡打粉。复合型化学疏松剂一般由三种成分组成,即碳酸盐、酸性物质和填充物质。常用的碳酸盐是碳酸氢钠,用量占20%～40%。常用的酸性物质是有机酸或酸性盐类,酸性物质的用量占35%～50%,酸性物质与碳酸盐发生中和或复分解反应而产生气体。填充剂则有淀粉、脂肪酸等,用量占10%～40%,其作用在于增加疏松剂的保存性,防止吸潮结块,也有调节气体产生速度或使气泡均匀产生等作用。复合型化学疏松剂根据气体发生速度的不同可分为快速型发酵粉、慢速型发酵粉和快慢混合型发酵粉三类。不同的酸剂有不同的化学性质和不同的反应速度。因此,选用不同的酸剂,就能配制出功能不同的发粉。至于具体选择、使用何种发粉,则应按生产实际来确定。如蛋糕类常用发粉为小苏打。

三、面团改良剂

在制造面包、饼干等食品时,为了改善面团的性质、加工性能和产品质量,需要添加一些化学物质,此类化学物质称为面团改良剂,其主要包括氧化剂和还原剂。

(一)氧化剂

氧化剂是指能够增强面团筋力,提高面团弹性、韧性和持气性,增大产品体积的一类化学合成物质。常用的氧化剂有抗坏血酸、偶氮甲酰胺等。氧化剂一般很少单独添加使用，用量极少无法与面粉混合均匀，因此都是配成复合型的添加剂来使用。氧化剂的添加量可根据不同情况调整，高筋面粉需要较少的氧化剂，低筋面粉需要较多的氧化剂。保管不好的酵母或死酵母细胞中含有谷胱甘肽，未经高温处理的乳制品中含有巯基基团，它们都具有还原性，所以需要较多的氧化剂来消除。

(二)还原剂

还原剂是指能够降低面团筋力，使面团具有良好可塑性和延伸性的一类化学合成物质。生产中常用的面团还原剂有 *L*-半胱氨酸(维生素 C)、抗坏血酸、焦亚硫酸钠、亚硫酸氢钠、亚硫酸氢钙等。抗坏血酸既是氧化剂又是还原剂。

(三)小麦活性面筋

小麦活性面筋亦称活性面筋、谷朊粉。它是从小麦中提取出来的天然面筋蛋白，含75%～80%的蛋白质。面筋蛋白中麦谷蛋白具有良好的弹性和韧性，但延伸性较差；而麦胶蛋白具有良好的延伸性，但弹性和韧性较差。这两种蛋白质共同形成面筋，弥补了各自的缺陷。

活性面筋是一种优良的面团改良剂，广泛用于面包、面条的生产中。其主要用于筋力较弱的面粉中，以提高面筋含量和面团结构强度，改善面团的加工性能，增强面团的持气性和增大面包体积，改善面包的组织形态，使之均匀、洁白、富有弹性。在面包中通常添加量为0.5%～1.5%。

(四)增白剂

增白剂主要用于增强面粉白度，改善面粉色泽，提高面粉等级。增白剂应重点用于工业化生产的面包、糕点、饼干、馒头、饺子、包子等高等级专用面粉。而低等级面粉则不必使用增白剂进行增白处理，低等级面粉中含有丰富的维生素，添加增白剂会破坏这些维生素，降低面粉的营养价值。另外，低等级面粉中还含有较多的麸皮，而增白剂对麸皮是不起任何增白作用的。因此，在低等级面粉中是没有任何必要使用增白剂的。

已开发应用的增白剂有：过氧化苯甲酰(BPO)、活性大豆粉(脂肪氧合酶)、二氧化氯、氯气、二氧化氮、四氧化二氮、亚硝酰氯。

(五)营养强化剂

维生素 B_1、维生素 B_2、烟酸、铁、钙、小麦胚芽粉、膳食纤维及其他复合型添加剂。粮油食品中使用营养强化剂时，可考虑加铁、锌、硒、碘等无机盐类，由于在安全方面有争议，影响食品的原味，只有补充钙质的添加剂多用于粮油制品。含钙的添加剂品种较多，以碳酸钙的价格低廉，含钙质约 40%，应用最多；其次为骨粉、磷酸钙、生物制品及乳酸钙等。

(六)增稠剂

增稠剂主要用于增强面团的黏稠度，提高面团强度和面筋网络稳定性，能提高面团持气和膨胀能力，增大产品比容和体积。常用的有海藻酸钠、黄原胶、CMC、瓜尔豆胶、沙蒿籽胶等。

(七)抗氧化剂

在含油量较高的食品中一般还要用抗氧化剂,主要用于保存期长、含水分较低的粮油食品中,用以延缓其中的油脂的氧化,延长制品的保存期,主要应用于粮油制品中植物油脂的抗氧化。比较能耐高热的抗氧化剂有油溶性的丁基羟基茴香醚(BHA)、二丁基羟基甲苯(BHT),用量皆为油脂含量的0.01%~0.02%,二者合用总量也为0.01%~0.02%。在使用抗氧化剂的同时,应加入等量的柠檬酸(以螯合食品中的金属离子),起增加抗氧化作用的效果。过去常用没食子酸丙酯(PG)作为粮油食品的抗氧化剂,因在烘烤时耐高温稳定性较差,故目前已较少应用。近来出现的新的抗氧化剂如特丁基对苯二酚(TBHQ)和迷迭香(Rosmary)等,据报道其效果优于BHA和BHT。此外,水溶性的抗坏血酸及其盐类、异抗坏血酸及其盐类等抗氧化剂在粮油食品中也有应用。

(八)防腐剂

目前,国内外常用于食品的防霉剂主要有苯甲酸及其盐类、山梨酸及其盐类、脱氢醋酸及其盐、尼泊金酯、丙酸盐类等。防霉剂可分为酸性防霉剂和酯型防霉剂等,主要应用于面包、蛋糕、饼干等焙烤食品的防霉保鲜。在使用防腐剂时要遵守使用标准,不能过量。

(九)香精香料

在粮油食品中还使用一些香精香料。如焙烤食品常用较耐高热的油质香油精和粉末香料,大都偏重于乳制品的香味,还有特殊的椰子、葱油等香精及人工合成的乙基麦芽酚和乙基香兰素等。粮油食品中使用的天然香料有椰子粉、苔菜粉、脱水葱片以及青葱、洋葱汁或酱等。目前使用鲜味剂时,先将其配制成各种风味的粉末,喷洒在出炉的糕点表层,特别是一些休闲小吃粮油食品的表层。在粗杂粮食品中,香料的使用也较多。

【师徒共研】

1.植物油料是怎么定义的?

凡是油脂含量达10%以上,具有制油价值的植物种子和果肉等均称为油料。

2.植物油料是如何分类的?

根据植物油料的含油率高低,可将植物油料分成两类。

(1)高含油率油料:菜籽、棉籽、花生、芝麻等含油率大于30%的油料。

(2)低含油率油料:大豆、米糠等含油率在20%左右的油料。

3.通常在制油前对油料进行哪些预处理,为什么?

植物油料制油对油料的工艺性质具有一定的要求,因此制油前应对油料进行一系列的处理,使油料具有最佳的制油性能,以满足不同制油工艺的要求。通常在制油前对油料进行清理除杂、剥壳、破碎、软化、轧坯、膨化、蒸炒等工作统称为油料的预处理。

4. 何为压榨法取油？

借助于机械外力的作用，将油脂从油料中挤压出来的取油方法称为压榨法取油。压榨时，受榨料坯的粒子受到强大的压力作用，油脂从榨料空隙中被挤压出来，榨料粒子经弹性变形形成坚硬的油饼。

5. 浸出法取油有何优点？

浸出法取油是应用固—液萃取的原理，选用某种能够溶解油脂的有机溶剂，经过对油料的喷淋和浸泡的作用，使油料中的油脂被萃取出来的一种取油方法。浸出法取油具有粕中残油率低（出油率高）、劳动强度低、工作环境佳、粕的质量好等优点，是一种先进的制油方法，目前已普遍使用。

6. 何为水代法？

水代法是“以水代油法”的简称。该法是利用油料中非油物质对油和水的亲和力不同，以及油水之间的相对密度不同，在准备好的油料中加入适量的水，经过一系列的工艺程序，将油脂和亲水物质（如部分蛋白质、碳水化合物等）分开。

7. 油脂精炼的目的是什么？

毛油中某些杂质的存在，不仅影响油脂的食用价值和安全储藏，而且给深加工带来困难，但精炼的目的又不是将油中所有的杂质都除去，而是将其中对食用、储藏、工业生产等有害无益的杂质除去，如棉酚、蛋白质、磷脂、黏液物、水分等除去，而有益的“杂质”，如生育酚等要保留。因此，油脂精炼的目的是根据不同的要求和用途，将不需要的和有害的杂质从油脂中除去，并尽量减少中性油和有益成分的损失，以得到符合一定质量标准的成品油。

8. 为什么要进行毛油脱杂？

毛油中悬浮杂质的存在，对毛油的输送、暂存及油脂精炼效果均将产生不良影响，因此，必须在制油工艺之后及时将其从毛油中除去。

9. 油脂脱胶是指什么？

脱除油中胶溶性杂质的工艺过程称为脱胶。

油脂中的胶溶性杂质不仅影响油脂的稳定性，而且影响油脂精炼和深度加工的工艺效果，因此，毛油精炼必须首先脱除胶溶性杂质，而毛油中的胶溶性杂质以磷脂为主，故油厂常将脱胶称为脱磷。

10. 油脂脱臭是指什么？

纯粹的甘油三酯是没有气味的，但用不同方法制得的天然油脂都具有程度不等的各种气味，人们把这些气味统称为臭味。除去油脂中臭味的工艺过程称为油脂的“脱臭”。随着人们生活水平的提高，食用优质、多品种的油脂的需要越来越迫切。例如：用于制取人造奶油、代可可脂的植物油，就不允许有任何气味。因此，脱臭在油脂加工中的地位日趋重要。

11. 什么是油脂的脱蜡，为什么要脱蜡？

植物油脂中大多含有一些蜡。蜡的主要成分是高级脂肪酸和高级脂肪醇形成的酯，通常称作蜡质。蜡主要来自油料种子的皮壳。料坯中皮壳含量高，制得的毛油含蜡量就高。

蜡在40℃以上溶解于油脂，因此，无论压榨法还是浸出法制得的毛油中，一般都含有一定量的蜡质。各种毛油的含蜡量有很大的差异，大多数含量极微，制油和加工过程中可不必考虑，有些则较高，如米糠油、葵花籽油。蜡可使油呈浑浊状，使油透明度和消化吸收率降低，并使油的滋味和适口性变差，从而降低了食用油的营养价值。为了提高食用油脂的质量并充分利用植物油蜡源，应对油脂进行脱蜡。

12.什么是油脂氢化，为什么要进行油脂氢化？

在金属催化剂的作用下，把氢加到甘油三酸酯的不饱和脂肪双键上，这种化学反应称为油脂的氢化反应，简称油脂氢化。氢化是使不饱和的液态脂肪酸加氢成为饱和固态的过程。反应后的油脂，碘值下降、熔点上升，固体脂数量增加，被称为氢化油或硬化油。对食用油脂的加工，氢化是变液态油为半固态酯、塑性酯以适应人造奶油、起酥油、煎炸油及代可可脂等生产需要的加工油脂。氢化还可以提高油脂的抗氧化稳定性及改善油脂色泽等。

13.什么是调和油，分为哪几类？

调和油是用两种或两种以上的优质食用油脂，按科学的比例调配成的具有某些功能特性的高级食用油。按使用功能调和油可以分为风味调和油、营养调和油和煎炸调和油三类，按品质分类可分为调和色拉油、调和高级烹饪油和调和一级油三类。

14.什么是人造奶油，分为哪几类？

各国对人造奶油的定义和标准存在一些差别，我国专业标准对其定义是：人造奶油系精制食用油添加水及其他辅料，经乳化、急冷捏合成的具有天然奶油特色的可塑性制品。

人造奶油可分成两大类，即家庭用人造奶油和食品工业用人造奶油。家庭用人造奶油主要在饭店或家庭就餐时直接涂抹在面包上食用，少量用于烹调。市场上销售的多为小包装。食品工业用人造奶油是以乳化液型出现的起酥油，它除具备起酥油所具有的加工性能外，还能够利用水溶性的食盐、乳制品和其他水溶性增香剂改善食品的风味，还能使制品带上具有魅力的橙黄色。

人造奶油的加工工艺包括原辅料的调和、乳化、急冷捏合、包装、熟成5个阶段。

15.何谓起酥油，是如何分类的？

起酥油是指精炼的动植物油脂、氢化油或上述油脂的混合物，经急冷捏合制造的固态油脂或不经急冷捏合加工出来的固态或流动态的油脂产品。起酥油一般不宜直接食用，而是用来加工糕点、面包或煎炸食品，所以必须具有良好的加工性能，如可塑性、起酥性、乳化性、吸水性、氧化稳定性和煎炸性，对这些加工特性的要求因起酥油的用途不同而重点各异，其中，可塑性是其最基本的特性。

起酥油的种类很多，可以从以下多种角度对其进行分类。

(1)从原料种类分，可分为植物性起酥油、动物性起酥油和动植物混合型起酥油。

(2)从制造方法分，可分为全氢化型起酥油、混合型起酥油或酯交换型起酥油。

(3)从使用添加剂的不同分，可分为非乳化型起酥油和乳化型起酥油。非乳化型起酥油中不添加乳化剂；乳化型起酥油中添加乳化剂。

(4)从性能分,可分为通用型起酥油、乳化型起酥油和高稳定型起酥油。

(5)从性状分,可分为可塑性起酥油、液体起酥油和粉末起酥油。

起酥油的性状不同,生产工艺也有所不同。

16. 粮油制品用食盐有哪些要求?

要求色泽洁白,结晶小,疏松,不结块,咸味醇正,无苦涩味,无可见杂质,氯化钠含量不低于97%。

17. 何为化学疏松剂,目前我国常用的化学疏松剂有哪些?

化学疏松剂是指可以使面团在适当的温度和湿度条件下产生气体而使制品疏松的化合物。化学疏松剂根据其所含的材料成分可分为碱性疏松剂和复合型疏松剂两大类,目前我国常用的碱性疏松剂有碳酸氢钠和碳酸氢铵等品种。复合型化学疏松剂是指由碳酸盐与酸性物质等成分按配方配制而成的一类化学疏松剂,亦即通常所说的发酵粉、发粉或泡打粉。

18. 何谓面团改良剂?

在制造面包、饼干等食品时,为了改善面团的性质、加工性能和产品质量,需要添加一些化学物质,此类化学物质称为面团改良剂。其主要包括氧化剂和还原剂。

19. 营养强化剂是什么?

维生素B_1、维生素B_2、烟酸、铁、钙、小麦胚芽粉、膳食纤维及其他复合型添加剂。

20. 增稠剂的作用是什么?

主要增强面团的黏稠度,提高面团强度和面筋网络稳定性,能提高面团持气和膨胀能力,增大产品比容和体积。常用的有海藻酸钠、黄原胶、CMC、瓜尔豆胶、沙蒿籽胶等。

21. 抗氧化剂的作用是什么?

在含油量较高的食品中一般还要用抗氧化剂,主要用于保存期长、含水分较低的粮油食品中,用以延缓其中的油脂的氧化,延长制品的保存期。主要应用于粮油制品中植物油脂的抗氧化。

【案例:植物油脂酸价的测定】

一、实训目的

熟悉植物油脂酸价的测定意义和测定原理。

1. 测定意义

油脂酸价是检验油脂中游离脂肪酸含量多少的一项指标,以中和1 g油脂中的游离脂肪酸所需氢氧化钾的量(mg)来表示。

通过油脂酸价的测定,可以评定油脂品质的优劣,为油脂精炼提供所需的加碱量以及判断油脂储藏期间的品质变化情况。

2.测定原理

用中性乙醇-乙醚混合溶剂溶解油样，再用碱标准溶液滴定其中的游离脂肪酸，根据油样质量和消耗碱液的量计算油脂酸价。

3.技能要求

学会滴定法测定植物油脂酸价的基本操作技能。

二、仪器和试剂

1.仪器

25 mL 滴定管；250 mL 锥形瓶；天平(感量 0.001 g)；容量瓶；移液管；试剂瓶；量筒；烧杯等。

2.试剂

0.1 mol/L 氢氧化钾(或氢氧化钠)标准溶液；中性乙醚-乙醇(2∶1)混合溶剂：临用前用 0.1 mol/L 碱液滴定至中性；1 g/100 mL 酚酞乙醇溶液指示剂：1.0 g 酚酞溶于乙醇 100 mL。

3.操作方法

称取混匀试样 3～5 g(准确至 0.001 g)注入锥形瓶中，加入混合溶剂 50 mL，摇动使试样溶解，再加三滴酚酞指示剂，用 0.1 mol/L 碱液滴定至出现微红色，在 30 s 内不消失，记下消耗的碱液体积(mL)。

4.结果计算

$$\text{酸价}=\frac{V\times c\times 56.1}{m}$$

式中：V—滴定消耗的氢氧化钾标准溶液体积，mL；

c—氢氧化钾标准溶液浓度，mol/L；

m—试样质量，g；

56.1—氢氧化钾的摩尔质量，g/mol。

双试验结果允许误差不超过每克油 0.2 mg KOH，求其平均数，即为测定结果，测定结果取小数点后一位。

5.注意事项

(1)测定深色油的酸价，可减少试样用量，或适当增加混合溶剂的用量，以酚酞为指示剂，终点变色明显。

(2)蓖麻油不溶于乙醚，因此测定蓖麻油的酸价时，只用中性乙醇作溶剂即可。

(3)滴定过程中如出现浑浊或分层，表明由碱液带进的水量过多(水/乙醇超过 1∶4)，或生成的皂化物水解所致。此时应补加混合溶剂以消除浑浊，或改用碱乙醇溶液进行滴定。

第三单元 3

面制食品加工

知识目标

1. 熟悉普通挂面生产的基本工序。
2. 熟悉馒头加工流程。
3. 熟悉方便面生产的基本工艺流程。
4. 熟悉速冻水饺加工流程。

技能目标

1. 能在实验室条件下,制作普通面条。
2. 能在实验室条件下,制作馒头。
3. 能够根据所学知识解答方便面的常见问题。
4. 能在实验室条件下,制作手工水饺。

德育目标

通过对小麦加工各项工艺的环节的实践操作,培养学生有效组织,合理分工,相互协作,团队合作的能力和培养学生吃苦耐劳的精神。

项目一

方便面生产技术

任务一 方便面生产概述

一、方便面概述及特点

方便面是近30年来，在传统面条生产的基础上应用现代科学技术生产的一种主食方便食品。方便面以面粉为主要原料，经和面、熟化、复合压延、切条折花得到生面条，经过温度为90℃左右的隧道蒸煮机，使其充分糊化，然后用油炸或热风干燥脱水，经冷却后包装就得到产品。

很多人把方便面与炸薯条、汉堡包一起归结为垃圾食品。据专家指出，方便面不仅不是垃圾食品，而且营养成分比较全面，人体所需要的6大营养素全都具备。

方便面常为人们所诟病，认为多吃不利于健康，主要有以下几个原因：

(1)油脂含量高　因为大部分方便面都采用油炸的方法对面块进行干燥。但应该指出的是，与炸薯条、汉堡包等相比，方便面中的油脂含量并非很高，平均每份所含油脂在16%～18%，其中11%都是棕榈油，也就是对人体健康有利的植物油。而一份汉堡包中的油脂含量则平均在30%左右，比方便面高出近一倍。

(2)含有一定的添加剂　一说到添加剂大家就谈虎色变，觉得它是不利于健康的物质。这是观念上的一个误区。食品工业离不开增稠剂、稳定剂等添加剂，目前国家允许使用的，都是经严格检测，证明对人体无害的，大家可以放心食用。

(3)最近被很多人所关注的丙烯酰胺问题　专家指出，所有淀粉类食品在高温烹调(超过 120℃)中都会产生这种致癌物。因此,炸薯条中有,方便面中肯定也有。但是,实验证明,方便面中的丙烯酰胺含量很低,平均为 78 μg/kg,远远低于世界卫生组织每千克食物中不得超过 1 mg 的标准。

二、方便面的发展历史

我国是面条制品的故乡。据史料记载,面条制品始于东汉时期,距今已有 1 000 多年的历史。东汉时称为“煮饼”“水溲饼”。汉代刘熙的《释名·释饮食》中有汤饼的记载。汉代崔实《四民月令》中有“先后日至各十日,薄荷味,毋多肥浓,距立秋毋食煮饼及水溲饼”。其中的“煮饼”“水溲面”“汤饼”即是面条。

魏晋南北朝时期称汤饼、棋子面等。《齐民要术》中有棋子面制作的记载。晋代束皙《饼赋》中一段美好的描写,至今仍在民间流传:“清晨之会,涕冻鼻中,霜凝口外。充虚解战,汤饼为最”。隋·谢讽《食经》载:“汤饼”“浮萍面”。南北朝时称“水引”“馎饦”,其中“汤饼”与今日方便食品之“热汤面”近似。

唐、宋是面条真正成“条”时期,称为“冷淘”“热淘”,与今日之过水面近似。唐代诗人刘禹锡曾有“举筋食汤饼”之句,说明面条在唐朝时,其制作技术已进入一个新的阶段。北宋汴梁城内北食店有“淹生软羊面”,南食店有“三鲜面”、南味“鹅面”、山东风味“百合面”。苏东坡有“汤饼一杯银线乱,蒌蒿如箸玉簪横”“冷淘槐叶冰上齿,汤饼羊羹火入腹”的诗句。陆游有“村店卖荞面,人家烧豆秸”的诗句。可见面条不但在唐、宋时已经形成,而且品种已具有地方特色。

元、明代面条制作又向前进了一大步,不但品种很多,而且有挂面问世。明代刘基《多能鄙事》中详细记载了“水滑面”“索面”“经带面”“托掌面”“红丝面”“米心其子”“萝卜面”的制法。

历史记载的“汤饼”“索面”等实际是方便面条的“雏形”,方便食品里的方便面形成工业生产始于日本。中国制面技术在隋唐时代传入日本,并于 1883 年由真崎照乡氏研制成辊压制面机。1958 年日清公司首创方便面生产,发明者是安藤百福,由于其具备食用方便、价格低廉等优点,迅速占领了日本市场,并发展到了中国、美国、韩国、澳大利亚等许多国家和地区。

三、方便面生产现状和发展趋势

中国是全球最大的方便面产销国。自 20 世纪 90 年代以来,中国方便面营业额连续 18 年递增。2013 年,中国内地和香港方便面总销量达 462.2 亿包,平均每秒打开 1 465 包方便面。然而,从 2013 年起,中国方便面行业开始走下坡路。到了 2016 年,内地和香港方便面年销量已下滑至 385 亿包。

未来的发展又将如何呢?

趋势一：传承经典风味，地域特色凸显差异化创新

将“地方小吃”实现传统食品工业化，成为方便食品行业创新发展的又一方向。各种尽显异域风情和地方特色的经典风味，在方便面、冷冻食品和咸味香精调味料等领域纷纷呈现。如日清一风堂杯面，使人仿佛置身于日本一风堂面馆；老郑州原汤羊肉烩面料使人足不出户即可享用一碗香气四溢的羊肉烩面。科技创新突破时空界限，不同地域特色的创新产品，避开同质化竞争，形成差异化创新。

趋势二：对接现代餐饮，跨界融合拓展市场空间

在餐饮行业收入跨入 4 万亿元的新时代，“互联网＋餐饮”迫切需求兼具“营养、安全、快捷、标准化”的方便食品，以解决市场急速发展引发的“燃眉之急”。冷冻食品行业率先抓住机遇，比对消费需求，研发出一系列与厨师手工制作相媲美的家庭美食。如南方家家逢年过节必备的黄金蛋饺，已由工业化生产替代了厨房繁琐的制作过程，如今分分钟即可呈现于眼前。方便食品行业提升加工技术水平，正式开启与现代餐饮业深入对接之路。

趋势三：营养健康为本，产品回归传统与天然

在全面推进“健康中国”国家战略的关键时期，方便食品行业顺势而为，不断推出兼具营养与美味的创新产品，最大程度减少“工业味儿”，使产品回归传统与天然。如方便面行业以工艺革新创制蒸煮面，最大程度保留了中国传统煮面条的营养和口感。挂面行业在相对简单的载体上努力创新，通过新工艺向面体中添加新鲜蔬菜、杂粮以及天然营养物质，以满足人们对营养健康的诉求。如“营养 5＋3 彩蝶面”以五彩小蝴蝶的精致诠释了挂面行业营养的全新升级。

趋势四：素食渐成风尚，产品定位紧跟时尚潮流

消费升级加速了方便食品市场的细分，为满足不同消费群体对产品的个性化需求，方便食品行业开始专注于特定人群的产品研发。当前美国、英国、韩国以及中国等多个国家都开始流行素食，为迎合素食潮流，方便食品企业及时抓住商机，推出以“素”为亮点的创新产品。不论是素拌面还是素香精，均以精准的定位聚焦多元化市场中的特定群体。

趋势五：创意奇思妙想，科技创新满足多元化需求

为迎合消费群体的多元化需求，方便食品行业在产品创新中多方位多角度不断融入时尚元素，丰富产品品类，助推行业转型升级。如只要一杯水就能吃上的自加热火锅和凉拌即食面，无水冲泡就可享用咖啡和茶的压片糖果，即冲即饮的铁棍山药粉等新型方便食品，为人们忙碌的生活增添了饮食的乐趣。再如用豌豆粉制得的螺旋状干脆面，添加黑色食材的调味料，使“吃”变成了一种快乐的享受。亦如“曹操饿了”“单身狗”等别出心裁的产品名称，营造街边美食场景的包装图案，具有贴心设计的独特倒水口等，均为方便食品市场注入激情与活力。

趋势六:专用装备加速创新

尚需从自动化迈向智能化机械设备的自主创新是中国食品工业整体持续创新的重要原动力。当前中国方便食品机械装备业的创新重点聚焦于增效、环保、高速和稳定,整体突破了诸多关键技术瓶颈,开始向高速、高效、大批量和精准化方向发展,并初步形成自有的核心技术体系,为中国方便食品机械装备业提升自动化水平,进一步向智能化方向发展奠定了重要基础。

四、方便面生产基本原理

方便面的主要成分是淀粉,首先是控制好水分和温度,使淀粉充分糊化,从生的变成熟的,然后在不易"回生"的温度条件下,快速脱水,通过易"回生"的含水区域,在水分含量较低的情况下,冷却降温,从而保证了淀粉不易"回生",其复水性能好。所以说方便面生产原理是"充分糊化,快速干燥"。

方便面生产过程:首先在小麦面粉中加入一定量的水和其他添加剂,通过搅拌得到具有一定弹性、韧性、延伸性的面团,将该面团通过多道轧辊得到薄厚均匀的面片,再通过成型器形成波纹面层,并把这种波浪形面层随网带连续不断地通过温度为 95～105℃的隧道蒸面机,经 60～90 s 后,使面条中的淀粉糊化,蛋白质发生变性,即由生面条变成熟面条。已蒸熟的面层离开蒸面机时,通过冷风吹掉表面部分水蒸气使之定型,然后再经过自动切割分排机,将面层定量切断并折为两层,再通过自动油炸机或热风干燥机,将以上湿面块迅速脱水,经过这样处理的面条,表面形成有很多微孔,不但不易"回生",而且复水性好,沸水泡 3～5 min 后即可食用了。若加上各种不同风味的调味汤料,口味更佳。配上不同汤料,通过碗装、杯装或袋装便是市面上见到的各种方便面。

五、方便面的分类及其特点

(一)按照方便面干燥工艺

分为油炸方便面和热风干燥方便面。

(1)油炸方便面　干燥速度快(大约 70 s 完成干燥),糊化度高(α-化＞85%)。面条由于在短时间内快速蒸发脱水使其内部具有多孔性,因而该产品复水性良好,沸水中浸泡 3 min 即可食用,方便性较高,而且具有宜人的油炸香味。但由于产品含有 20%～24%的油脂,因而成本高。另外,尽管使用饱和脂肪酸含量较高的棕榈油,但经一段时期贮存,仍然会产生氧化酸败现象,产生油腻味,使产品口感和滋味明显下降,所以油炸方便面贮存期较短。

(2)热风干燥方便面　是将蒸煮糊化的湿面条在 70～90℃温度下进行脱水干燥,由于不使用油脂,因而造价低,不易氧化酸败,保存时间长。由于干燥温度低,因而干燥时间长,糊化度低(α-化＞80%),面条内部多孔性差,食用时复水时间长,方便性较差。

(二)按包装方式

可分为袋装、杯装、碗装三种。我国目前以袋装为主,袋装成本低,易于贮存和运输,食用时需另有餐具,因而其方便性不如碗装、杯装的产品。碗装、杯装方便面由于其本身有餐具,具有更好的方便性,而且这类产品一般都有两包以上的汤料,营养丰富。但由于包装容器较贵,所以这种产品成本较高,而且由于包装材料回收率低,会给环境造成污染。

(三)按照产品风味

可分若干种,如中国风味的酱油炒面、葱油虾味面,日本风味的酱味粗面、咖喱荞麦面等。

六、方便面的基本配方

各种方便面的配方大同小异,如表 3-1 所示。

表 3-1　方便面的基本配方

名称	质量/kg	百分比/% (添加物占小麦粉的百分比)
小麦粉	25.00	100
精制盐	0.35	1.4
碱	0.035	0.14
增黏剂	0.05	0.2
水	8.25	33

任务二　方便面生产中的切条与折花工序

一、折花的作用

折花的作用是折花成型的波纹,其波峰竖起、彼此紧靠,形状美观;条状波纹之间的空隙大,使面条脱水及成熟速度快,不易黏结;油炸固化后面块结构结实,在贮藏和运输中不易破裂;食用时复水速度快。

二、折花成型的基本原理与工艺要求

(一)折花的基本原理

当切条成的面条进入导箱后,与导箱的前后壁发生碰撞,所遇到的抵抗阻力,使面条卷曲起来。同时,由于变速网带的速度大大低于未折花面条的速度,限制了面条的伸展,于是在导箱这一区域,形成了一个阻碍面条质点作直线运动的阻力,使面条不得以发生弯曲,折叠而成为细小波浪形花纹状,连续移动变速网带,就连续形成花纹。

(二)切条成型的工艺要求

面条光滑、无并条,波纹整齐、密度适当、分行相等,行行之间不粘连。

三、切条折花成型设备的结构和技术规格

(一)切条折花成型设备的结构

切条折花成型设备的结构主要是由面刀、导箱、压力门和变速网带所组成,如图 3-1 切条折花自动成型装置。

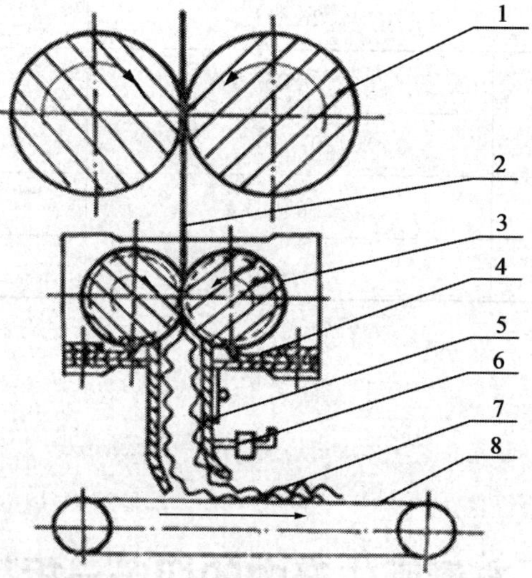

1.末道轧辊　2.面带　3.面刀　4.铜梳　5.成型导箱　6.调整压力的重锤

7.已成波纹的面块　8.可调速的不锈钢丝成型网带

图 3-1　切条折花自动成型装置

方便面切条折花成型器是一个经长期研究、反复改进的结构简单而作用十分巧妙的装置。导箱前壁用铰链装着可活动的压力门,在压力门上装有钩子可以悬挂螺帽,以螺帽的多少和大小来调节压力门的大小,也可在压力门上焊接一根螺杆,上加螺帽,以螺帽的进退来调节压力的大小。导箱下部是变速网带,其速度可调。

(二)切条折花成型设备的技术规格

面刀规格：D60×300(mm)、60×360(m)、60×450(m)、60×600(m)。面排数：三排面齿距：根据面刀型号，齿距分别为0.8～1.2 m。24面刀在应用中效果最好。导箱尺寸：长度×宽度×轨道宽度＝300(mm)×100(m)×100(m)。面刀转速：100～120 r/min。面刀与成型网带速比为1∶(4～10)(无级调速)，成型网带线速度：5～6 m/min(无级调速)。

四、影响切条折花成型的主要因素

(一)面片质量

面片质量对切条成型效果有重要影响。若水分含量太高，切条成型的面条无支撑能力，导致花纹塌陷；若水分偏少，导致花纹稀疏。面片若有破边或孔洞，会使成型后的面条断条增加。面片最后形成的厚度必须符合标准，若面片的厚度超过了面刀两齿辊啮合深度，会造成切条成型的面条表面有皱纹。

(二)面刀的质量

面刀是成型器的主要组成部分，若两齿辊啮合深度不够，可能引起并条现象，若篦齿压紧度不够，面刀齿槽中会积累杂质，引起面条的光洁度变差。

(三)面条线速度与成型网带线速度之比值的大小

面条线速度与成型网带速度是影响切条成型效果的主要因素之一。它是利用面条线速度大于成型网带线速度的关系，促使面条在成型箱内弯曲扭转堆集成波浪形花纹的面层。速比大的波纹小，反之则波纹大，通常速比范围是$V_1:V_2=6:10$。

(四)成型导箱前壁压力门上压力的大小

成型导箱前壁压力门上压力的大小，是影响成型效果的另一主要因素。压力大则波纹密，压力小则波纹稀。压力与速比是相辅相成的。在生产中需要精心调整速比与压力直至形成均匀一致的花纹，调整后则不能随意改动，否则，花纹成型不均匀，既影响蒸面又影响定量工序的准确性。

五、切条折花成型操作方法

(1)新面刀啮合深度的调节和调试。

(2)调节铜梳的压紧度。如铜梳的凸齿对面刀的凹槽压得过紧，铜梳会很快磨损；压得太松，则切割出来的面条会铲除不下来，成型器出来的面条花纹不整齐。要把铜梳的压紧度调节到适中，需多次调试。

(3)开车前，应清除面刀与导箱中的面屑及其他杂质，检查安装是否正确。

(4)把面刀及成型导箱装入刀架，拧紧定位压板上的螺栓，在压力门的钩子上挂上重锤。

(5)导箱上部的压盖必须保持轻松灵活，否则会出现面条花纹不均匀或出现堵塞现象。

(6)成型器下方的成型输送网带线速度的大小是调整波纹的关键,在开机时应按工艺要求调整速比。速比的大小是通过调整网带下方的调速手轮来实现的,但停机时严禁调整。

(7)成型导箱必须畅通无阻,否则会影响波纹形成,因而要随时清理导箱内的面渣、面屑等。

(8)用两只手的拇指和食指轻轻捏住连续轧片机末道轧辊前轧出的面带,平整地导入末道轧辊,并使面片通过滑板自动进入面刀及导箱,即成为具有波纹的面层。

(9)检查波纹是否整齐,分流是否均匀,密度是否适当。如发现不均匀状况,可随时进行调整,但也要注意面带是否偏离中心。如发现波纹太稀则增加重锤;波纹太密则减少重锤(在成型导箱上一般附带几块大小不等的重锤,可根据工艺需要任意增减重量以调节压力大小)。

(10)若通过调整压力还达不到理想的波纹,则可调节成型网带的线速度的快慢(用无级变速器手轮进行调整),网带线速度快,则面条与网带的速比小,波纹稀;反之则密。调节重锤与调节网带的线速度可相互配合,通过波纹密度的调节,可以对面块的重量起微调作用。

(11)每天下班时,应清除面刀上及成型器导箱中的面屑,将其涂上食用油或浸入油中,防止面刀及成型器其他零件生锈,以延长使用寿命。

任务三 方便面生产中的蒸面工序

一、蒸面的基本原理与工艺要求

蒸面就是使波纹面层在一定温度下适当加热,在一定时间内使生面条中的淀粉糊化,蛋白质产生热变性。蒸面后面条外观发生变化,如体膨胀110%~130%;颜色变深成微黄色,表面产生光泽;黏弹性增强。所谓淀粉糊化,就是把β-化状态的淀粉变成α-化状态的淀粉。β-化淀粉即是生淀粉,它的分子是按一定规律排列的结晶状态,淀粉吃起来口感不好,而且由于消化酶不易进入分子之间,因而也不易消化。β-化淀粉吸水加热后即变成α-化淀粉,这种淀粉分子排列是混乱的,消化酶容易进入分子之中,易于消化分解。糊化淀粉吃起来口感也好。

糊化后的淀粉是可以逆转的,它可以在储存过程中使α-化淀粉又变成β-化淀粉,这就是淀粉的“回生”或“老化”现象。减少方便面在贮藏过程中的“回生”速度,保证产品具有良好的复水性,首先就要尽量提高蒸面时的糊化率,然后迅速脱水使糊化后的淀粉结构固定下来。

在一定范围内，脱水速度越快，糊化的淀粉“回生”速度越低。固定“糊化”状态的面条具有较好的复水性，用沸水浸泡一段时间，能够恢复到原来蒸熟时的状态，即可食用蒸面工序要求尽量提高产品的糊化度，油炸方便面要求 α 化度＞85％，非油炸方便面要求 α 化度＞80％。

二、蒸面设备及技术特性

（一）蒸面机基本构造和工作原理

蒸面机主要由输送带、蒸汽管道、排气筒、底槽（加隔热层）、上盖（加隔热层）和机架几部分组成（图 3-2）。连续输送带有两种形式：一种是过去使用的钢带，带上钻许多小孔以便透气。这种输送带制造方便，但由于小孔不可钻得太多，所以透气性不好，蒸面效果较差，这种钢带一般是用 0.4～0.5 m 厚的不锈钢制成，接头处不可能铆接十分准确，以致钢带运行时易走偏，使用寿命短。另一种是用不锈钢丝编织的网带，用不锈钢链条传动，透气性好，不跑偏，蒸面效果好，使用寿命长，但其造价较第一种高一些。目前蒸面机绝大多数都是采用网带式。蒸汽喷管是用不锈钢制造的，两端是堵死的，管上钻有许多小孔，小孔的直径和数量必须合理，首先打孔要均匀，而且一般以不降低蒸汽压力作为确定孔径、孔数的依据。

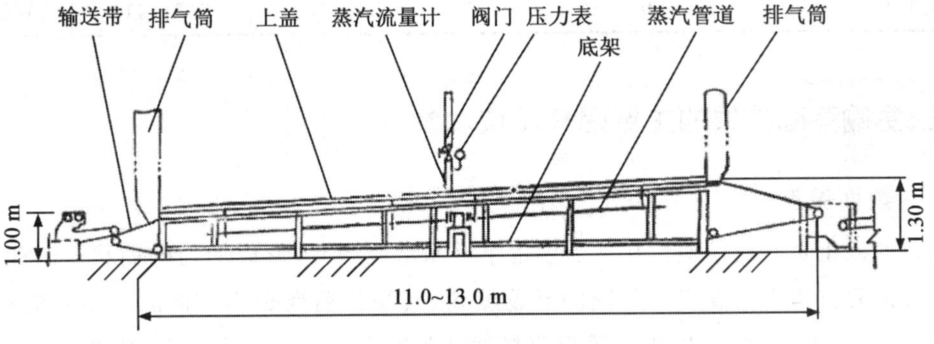

图 3-2　连续式蒸面机

蒸面机主体是一条长 12～15 m 的方形隧道。工作时，网带在隧道中运行，面条在网带上面随网带一起运行，由蒸汽喷管喷出的蒸汽通过网带对面条加热从而使面条成熟。这种蒸面机进口较低，出口较高，其工作原理是利用热气向上升的特点，当隧道内的蒸汽喷管向底槽喷入直接蒸汽时，蒸汽将沿着倾斜面从低向高在蒸槽中分布，冷凝水向低处流，这样，必然是低的一端蒸汽量较少，湿度较大，进入槽内的湿面条温度较低，遇蒸汽易使部分蒸汽冷凝结露，结果使面条多吸收水分，有利于淀粉的糊化。在蒸面机高的一端，蒸汽量大，温度较高，湿度较低，有利于面条吸收热量，进一步提高糊化度。这种倾斜式连续蒸面机不但内部温度从低到高，湿度从高到低，符合淀粉糊化的要求，而且机身倾斜后，蒸槽的有效长度有所增加，蒸面时间相对延长，蒸汽利用率有所提高，有利于淀粉糊化。

可通过无级变速箱调节蒸面网带线速来控制蒸面时间。也可任意调节蒸汽压力来控制隧道内的温度，或通过排气闸门来调整温度和湿度，以满足生产工艺的需要。连续式蒸面机除了倾斜式的外，还有一种水平式的。水平式蒸面机槽内盛有自来水，直接蒸汽喷入水中，使水沸腾而产生大量水蒸气，其基本原理就是靠水沸腾产生的蒸汽对面条加热而使面条中的淀粉糊化。

（二）蒸面机主要技术参数（表 3-2）

表 3-2　蒸面机主要技术参数

机　型	ZZT-5（单层）	BF505（单层）	BF12A6（单层）	C/W800（直线式）	C/W800（直线式）
长度/m	12	14.6	7	20	7
蒸箱宽度/mm	475	540	920	1100	1100
蒸面网带宽度/mm	300	380	600	870	870
倾斜度	1∶60	1∶60	1∶60	0	0
使用蒸汽压力/MPa	0.05～0.1	0.05～0.1	0.05～0.1	0.05～0.1	0.05～0.1
蒸面温度/℃	95～100	95～100	95～100	95～100	95～100
蒸面时间/s	90～100	90～100	90～100	100～110	100～110

三、影响蒸面效果的主要因素及技术参数

（一）蒸面温度

淀粉的糊化是使淀粉颗粒在适当温度下吸水溶胀裂开，形成均匀的糊状。因此，糊化的首要条件是要有适当的温度。不同的谷物淀粉，其糊化温度是不一样的。小麦淀粉的糊化温度是 59.5～64℃。要使以小麦粉为原料的面条糊化，蒸面的温度一定要在 64℃以上。尤其方便面是由多层面条扭曲折叠而成的面块，因而要使具有一定厚度和密度的面块能在较短时间内蒸熟，需要的温度比糊化温度高。在方便面生产中，蒸面机进口温度为 90～95℃，出口温度为 100～105℃，进口温度低于出口温度，使面条进入蒸面机内有一个逐步升温过程。出口温度高除了可提高面条的糊化度外，由于面条温度较高，出口后还会失去些水分，起到一定的干燥作用。

（二）面条含水量

影响淀粉糊化效果的第二重要因素是水，面条含水量与糊化程度成正比。在同样的蒸面温度和蒸面时间条件下湿面条的含水量越高，面条的糊化程度也越高。所以就要掌握在不影响压片的前提下，和面时尽可能多加些水。另外，在蒸面过程中，也要使面条尽量多吸收些水分，以促进淀粉的糊化。实践证明，蒸面时利用直接蒸汽进行所谓湿蒸，是一种让面条多吸收水分的有效方法，这样蒸出的面条起光、有透明感、外观好。

(三)蒸面时间

蒸面后生面条变成熟面条，其中淀粉糊化程度高低除了与温度、含水量有关外，还与蒸煮时间有关。蒸面时间与糊化程度成正比，延长加热时间，可以提高产品糊化率，因为淀粉糊化需要一定过程，缩短加热时间，会降低产品糊化率。根据许多厂家的实践，蒸面时间一般控制在 60～90 s，在此条件下面条糊化度可达到 80%左右。在蒸面时，有时产品品种不同，蒸面时间也不同。如热风干燥方便面，由于其脱水速度慢，糊化的淀粉易“回生”。因而热风干燥方便面在贮存过程中比油炸方便面易老化回生，加之其不具备油炸方便面的多孔性，因而复水性较差。为了改善其复水性，除了采取其他措施外，提高蒸面时的糊化度也是个重要措施。所以，热风干燥方便面生产中，蒸面时间比油炸方便面长。但蒸面时间过长，不仅增加能耗，而且会造成蒸面过度，破坏面条的韧性及食用口感。

(四)面条的粗细和面块的疏密厚度

面条越细，在蒸面过程中，面条中心升温快，糊化度高。面条越粗，在蒸面过程中，面条中心升温慢，中心部分难糊化，因而整体糊化度低。面块密度松一些、厚度薄些，与蒸汽的接触效果好，易于糊化，反之，面条花纹稠密且厚，与蒸汽的接触效果不好，当然面条不易糊化。为了将产品的糊化度提高，将面片的厚度减小是一个重要途径。

四、蒸面机操作方法

(1)开机前，应检查输送网带有无障碍物堵塞，检查蒸汽压力表、温度表是否灵敏可靠，排气管的碟阀是否调节灵活，上罩与底槽是否压紧。

(2)开动输送网带的无级变速器，使网带空转 5 min 左右，如无异常情况，证明设备可进行连续生产。

(3)面条进入蒸面机之前，应提前 5～10 min 打开蒸汽阀门进行预热，并排放蒸汽管中的冷凝水，然后把放水阀门关闭。在预热过程中，传动网带是运行的，这样可以清洗槽内和网带上的脏物。经预热，使面块进入槽内之时即达到所需温度。预热时应检查排气管是否畅通。

(4)正常生产时，应观察安装在蒸面机上方的温度表显示的温度情况，调节蒸汽阀门，使蒸汽压力符合工艺要求，主干管压力表压力为 0.12～0.15MPa，靠出口一端的压力表压力为 0.07 MPa，使蒸槽进口一端温度达到 90～95℃，出口端的温度达到 100～105℃，开始生产时，当生面条进入蒸槽时，由于吸收一部分热量会导致温度略有降低，这时，可适当加大进口端的蒸汽阀门，以增加蒸汽量，提高温度。

(5)蒸面机蒸汽阀门开启后，严禁打开上盖。

(6)在蒸面过程中，要不断观察与检查面条的糊化情况，调节进汽阀和排汽碟阀，调节蒸汽压力和流量，使面条通过蒸槽后达到产品质量要求的糊化度。检查面条成熟度最简单的方法是取面条数根，切断后观察其横截面，如果面条中心部位略带白色芯子，为正常程度，芯子过大，超过截面1/4以上，则为过生的表现。

(7)定时检查蒸槽体的保温情况，关闭蒸面机上盖时，操作手轮不要关闭太紧，不漏气即可。

(8)正常生产过程中，严禁有面条脱离网带进入蒸槽。

(9)蒸面网带及传动网链要保持清洁，定时洗刷，每班工作完毕，将网带、槽体及内部的碎面冲洗干净。

任务四 方便面生产中的定量切断与分排输出

一、定量切断与分排输出的作用与工艺要求

定量切断工艺的作用有两个方面：首先将从蒸面机出来的波纹面连续切断以便包装，并以面块长度定量，这样可将复杂的质量定量系统变成长度定量系统，有利于设备的简化；其次将面块折叠为两层，有利于分排输出。定量切断的工艺要求是定量基本准确，折叠整齐，进入热风干燥机或自动油炸机时落盒基本准确。

二、定量切断设备(图3-3)

(一)定量切断设备的工作过程

当蒸面机的网带把蒸熟的面带传送到定量切断的输送网带上时，调整无级变速手轮使进给网带的线速度略快于蒸面机网带的线速度，并使进给网带线速度与切刀的切断次数协调。当面带进入切刀托辊与切刀之间时进行切割，面刀每转1周进行1次切割，而且能切出同样重量和规格的面块。

切断后的单层面块由一个与折叠导辊紧密配合的折叠板将其送入导辊与分排输送带之间。切刀托辊的线速度由无级变速器调节与折叠板配合协调，使被切断的面带由旋转着的托辊推落时，折叠板正好插在面带长度的一半处，保证其折叠整齐。折叠板行程速度由调速箱齿轮带动凸轮进行，折叠板行程调整时，可调整凸轮固定折叠板。分排机构是若干块分排胶片套在输送链之间的管子上移动，由于分导轨的作用，分排胶片不但向前可以移动，而且还能沿导轨的轨迹分别向左、向右作横向移动，把折叠好的两(三)行分左右排

为四(六)行,与油炸机面盒行数相等面块行进到分排网带尽头时,通过滑溜板自动进油炸机面盒或热风干燥机面盒。

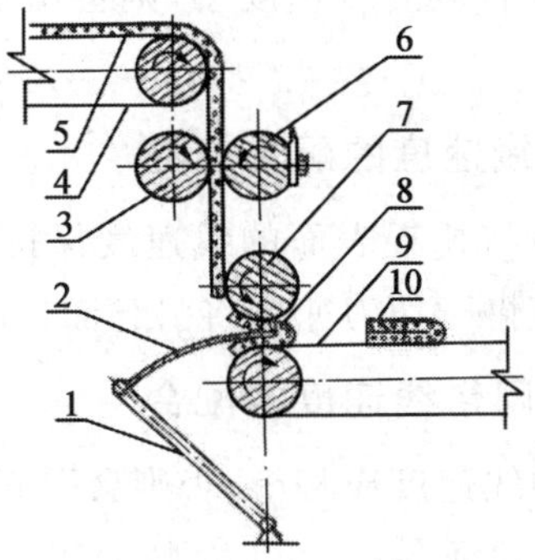

1.连杆　2.折叠板　3.切刀托辊　4.进给输送带　5.已蒸熟的面带　6.切刀
7.折叠导辊　8.正在折叠中的面块　9.分排输送网带　10.已折叠成形的面块

图 3-3　定量切断折叠装置

(二)定量切断设备主要技术特性

定量切断设备主要技术特性见表 3-3 所示。

表 3-3　定量切断设备主要技术特性

机　型	QFJ-6	BF5-06	BFI12A-7	C/W500	C/W800
蒸面网带线速度/(m/min)	6.11	10.7	13.06	0～13.5	0～13.5
托辊速度/(m/min)	6.15	17.54	23.38	30～60	30～60
切刀折叠次数/(次/min)	34	37	54	2.2+1.5	2.2+1.5
动力配备/kW	2.05	1.5	105		

三、影响定量切断效果的主要因素

(一)面条的性质

面条本身的性质对定量是否准确及折叠效果有明显影响。方便面的定量是按切割长度定量的,若其他条件不变,面条本身的含水量、面片的厚度、花纹的疏密程度发生变化,最后每块的重量也必然发生变化,因而面条本身的性质会影响定量的准确性。同时面条含水低到一定程度时,定量切断折叠后面块松散,影响油炸或热风干燥时落盒的准确性。从蒸锅出来的面条温度较高,表面黏度大,对切断和折叠也有影响,因而在蒸锅和定量切断设备之间应安装风机强制降温。

(二)各传动单元之间线速度的配合

整个定量切断设备有五种线速度,即连续蒸面机网带线速度 v;面带供给网带线速度 y;

旋转切刀与托辊的线速度 vy；折叠板往复线速度 v_2；折叠托辊与分排输送的网带线速度 v_3。如何使这五种线速度均衡配合，是定量切断机构能否正常工作的关键，它们之间的配合应是后道的线速度大于前道。若后道的线速度小，则会出现面带堆积堵塞使切断折叠部分不能正常工作。

(三)旋转切刀与旋转托辊线速度的配合

切刀刀刃的旋转线速度应该与托辊表面的线速度保持相等，或者使托辊线速度略快于切刀的线速度。如托辊的线速度慢于切刀速度将引起面带的阻塞而不能正常工作。

(四)折叠托辊与分排输送网带线速度的配合

折叠托辊与分排输送网带的线速度应相等，否则会引起二者之间的相对运动，由于摩擦力的作用会使折叠的面块两层长度不等。

四、定量切断操作方法

(1)正常生产前，应进行空车运转实验，检查各部件传动有无异常声音，转动是否正常。

(2)各部位的变速调整，应根据工艺情况进行现场调整。

(3)方便面自动生产线首次启动时，首先启动连续蒸面机，接着启动链盒式自动干燥机或自动油炸机的模盒输送带，带动本机的切断折叠机构和分排机构，然后再启动切刀和托辊以及进给网带。冷却风机可与蒸面机同时启动。在生产过程中，如因故紧急停车再启动时，一定要先启动自动油炸机或热风干燥机，带动定量切断机的切割、折叠分排机构，再启动切刀托辊、进给网带，然后再启动蒸面机网带。若启动顺序搞错，先启动蒸面机和进给网带，后启动切割折叠和分排机构，必然发生堵塞。

(4)面块重量的调节方法：当面块重量偏重或偏轻时，需打开调速器下边小门，调整变速机手轮。要求面块重量增加时，将调速手轮向左转减速。要求面块重量减少时，将调速手轮向右转加速。速度越高，面块就越轻。速度越低，面块就越重。调整变速手轮，必须在机械运行中进行，停机状态下严禁调整。面块重量受多种因素的影响，长度与重量的关系，开始生产时要经多次调试才能确定。长度确定后，则要求面条的厚度、成块的波纹密度、和面加水率也要基本固定，保持定量的稳定。连续蒸面机网带和进给网带线速度不变，在单位时间内的切断次数增加，则切出面块的长度减少，重量变轻。

若单位时间内的切断次数减少，则切出面块的长度增加，重量也相应增加。若连续蒸面机的网带和进给网带的速度减慢，则切断后面块长度变短，重量也相应减少。若单位时间内的切断次数、面条厚度等可变因数都不变，而改变面条的波纹密度，密度增加，则面块重量增加，密度减少，则面块重量相应减少。若单位时间内的切断次数、蒸面机网带和进给网带的线速度不变，面条厚度增加，面块的重量也增加，反之，面条厚度减少，面块重量也减少。所以，方便面面块重量的调节可以从切断次数、蒸面机线速度、进给网带线速度、面条厚度、波纹密度等几方面去调节。

(5)蒸煮后的面条本身还含有35%～45%的水分，面条的花纹结构还没有固定下来，只

有通过油炸或热风干燥脱水后才能把面块的形状固定下来，所以定量切断工序应严格控制，尽量保持成型的花纹基本不变

(6)必须经常保持折叠板的表面光滑度，以免粘带面块，造成面块不能顺利进入分排网链位置。

任务五 方便面生产中的干燥工序

一、干燥的作用及原理

干燥的目的是除去水分、固定组织和形状，便于保存。对于方便面来说，干燥的首要作用是通过快速脱水，固定α-化淀粉结构，防止面条回生，有利于提高其复水性。蒸熟的面条如不迅速脱水干燥，让其逐渐冷却，它就会产生“回生”现象。面条“回生”后，食用时不易复水，失去了“方便”意义。方便面干燥与挂面干燥的主要区别是它们的干燥机理不同。方便面经过蒸面后面条中的淀粉已糊化，蛋白质已变性，为使方便面能够有很好的复水性和良好的口感，应尽快固定面条的α-化度，所以方便面在干燥时的干燥参数与挂面干燥时的参数不同，方便面的干燥温度高、干燥时间短，而挂面的干燥温度低、干燥时间长。其干燥方法有两种：油炸和热风干燥。

二、油炸干燥

(一)油炸干燥的基本原理与工艺要求

油炸干燥就是把定量切断的面块放入自动油炸机的链盒中，使之连续通过高温的油槽，面块被高温的油包围起来，本身温度迅速上升，其中所含水分迅速汽化。原来在面条中存在的水迅速逸出，使面条中形成了多孔性结构，同时也进一步增加了面条中淀粉的糊化率。另外，由于油炸的快速干燥，固定了蒸熟后淀粉的糊化状态，大大降低了方便面在贮运期间的老化速度。在面块浸泡时，热水很容易进入这些微孔，所以油炸方便面的复水性能好。油炸方便面的水分含量低，有利于贮存。油炸的工艺要求是：油炸均匀、色泽一致、面块不焦不枯，含油少、复水性良好，其他指标符合有关质量标准。

(二)油炸设备及其技术特性

(1)油炸设备的结构由主机、油加热系统、循环用油泵、粗滤器和贮油罐等部分组成(图3-4)。油炸主机由支架、底槽、上盖、传动链条型模盒、型模盖、驱动电机等部分组成。型模传送链是用一个电机传动,另有一个间歇运动装置,自动定时将分配器里的面送出,面块在切下的同时就自动落在型模中,型模传送链作间歇运行。当装入面块的模型被送至油锅,接触油之前,模盖传送链同步供给模盖,将模型盖好,以确保油炸过程中面块不会脱出,当型模离开油锅时,模盖便自动与型模分开。当模盒转到盒口朝下时,面块即脱盒进入下一道工序。由于模盒与模盖上面有许多小孔,保证了面块与油的良好接触状态。盒中的面块随链条一起运行时被热油加热,使其中的水分达到蒸发状态成为水蒸气从烟筒中排出,从而达到脱水干燥的目的。油的加热方式采用循环间接加热式,油锅底部设有三个口,两端的为进油口,经外加热器加热的油经管路、泵输送到油锅,对方便面进行加热。中间为出油口,为了防止面渣、油污及其他杂质进入油泵或热交换器,在油锅出口处附加一台过滤器,过滤杂质后的油由循环泵送至热交换器中加热,而后返回油锅中。

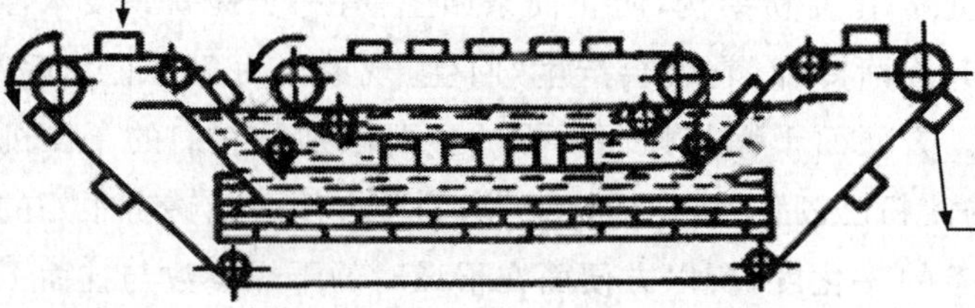

图 3-4 连续油炸机

(2)油炸设备系列化主要技术参数(表 3-4)

表 3-4 油炸设备主要技术参数

机型	BF3Y 07	BF5Y 07	BF12A. 8	C/W800
油炸温度/℃	140～155	140～155	140～155	140～155
油炸时间/s	70	110	120	120
蒸汽压力 MPa	0.6～1.0	0.6～1.0	0.6～1.2	0.6～0.8
油盒规格/m	4 列 100×124×26	6 列 100×124×26	10 列 100×124×26	8 列 100×124×26
油锅容量/m^3	1.9	1.9	3.0	3.5
热交换器型号	116T40-1.0/1200-18	116T40-1.0/1200-18	116T40-1.0/1200-18	波纹管薄管
循环油泵型号	GDRY100-20	GDRY100-28	GDRY125-20	板列管式 125 m^2
外形尺寸/mm	11951×1190×1640	11951×1405×1840	11951×1385×1500	

(三)影响油炸效果的主要因素

(1)油炸温度和时间 油炸的温度和时间是相关联的技术参数。经测试,油炸温度140℃时,时间约为78 s,145℃时则下降到75 s,150℃时进一步减到70 s。140～150℃即是一般方便面的可调范围,油炸时间以70～80 s为宜。油炸温度如低于140℃时,油炸时间过长,会使膨松后的面条收缩,膨松性下降。超过150℃的高温油炸也不理想,面条升温太快,促使蛋白质和淀粉等胶体性能变化过速,影响油炸时淀粉 α-化程度的提高。高温油炸对面片较厚的面条更为不适,由于高温油炸时间偏短,方便面炸不透,面块水分含量往往较高,甚至中心部位有软块,容易发霉变质。150℃左右的高温又是糖类和氨基酸进行美拉德反应和糖类进行焦糖化作用的最佳条件,易使面块带棕红色,影响外观和风味。

油炸时油温过高或时间过长,均会加深蛋白质的不可逆变性,发生此种情况时面条颜色偏暗,透明度降低,极易裂碎,复水性能变差,有小硬块感觉。复水后的面条体积膨胀度差,如果浸泡或水煮时间稍长,将会完全丧失黏弹性,胀成结构松散的烂面。油炸温度可通过油炸锅前后端的温度指示仪表来监视,前端称为"入浴温度",后端称为"出浴温度"。面块刚进入油锅时,热油与半制成品进行快速的热量交换,加之油锅前端为补充新鲜油的部位,因此前端油温较低。后部因面块水分大部分已经挥发掉,热量交换的容量不大,油温常高于前端部位。常称的油炸温度是指"出浴温度"一般油炸锅控制入浴温度为120～125℃,出浴温度为145～150℃。

(2)煎炸油质量 因高温加热的关系,使煎炸用油容易"老化",从而影响面条在保存期内的稳定性。老化了的油脂如不及时采取有效措施,继续使用会引起油质的"恶化",表现为黏度上升、颜色变深、有苦味、油炸时容易发烟及产生连续泡沫,这种"恶化"油脂对人体健康极为有害。因此,生产中应严格控制油质的恶化,如发现接近或达到老化标准,就应将油部分或全部换掉。按照方便面的质量标准,方便面的酸价不超过1.8,但这是指产品销售过程中的检测数据,包括贮存期中酸价的升高在内,因此对油锅中的油脂的酸价应控制得更低一些。

由于各地区常年平均气温所形成的保存条件不同,对油脂更新的标准也有所不同,在产品需要长期贮藏和运输的条件下,生产优质面条的煎炸油酸价如果超过1.2时,就应当全部更换新油。

油脂"老化"的标准除酸价以外,还有过氧化值、色泽及黏度等指标。因酸价检测方法比较快速简便,一般以它作为全面衡量油脂质量的代表性指标。但从理论上讲,酸价升高不大,而过氧化值变化较快、黏度增加的情况是可能的,其原因是煎炸油在不利于发生自动氧化的特殊条件下,过氧化物的生成比酸价增高的速度快得多。因此,在管理比较严格的工厂里,也定时测定过氧化值,如果低于6时,认为正常,同时应经常观察颜色及黏度的变化,作为综合考虑是否需要更新煎炸油的依据。

(3)油脂液位控制及新油的补充 为了保持油锅中油的新鲜度,油炸操作中应注意油脂液位的控制和新油的补充。连续油炸操作中,煎炸用油不是一次全部投入锅中,而是先加入一部分油脂,以后随着锅内油脂的消耗,不断添加一定比例的新油,这样就可以有效地防止或延缓油脂的老化。为了控制好油锅中老油的比例,要求添加新油时保持油锅中油位稳定。油脂的液位是根据每分钟内面块吸收油脂的数量,采用匀速流加补充新油的方法保持稳定。油锅中的液面不能高出模盒太多,一般以高出模盒 15~20 mm 为宜,目的是尽可能地减少锅内的油量,降低老油在锅中的比例,使新老油脂的交替周期缩短。

新油添加时,应先预热到一定温度,采用自动油位控制装置或人工控制阀门的小流量添加,新油的补充应连续不断,要绝对避免定时或不定时一次性地大量添加。在保持一定液位的情况下,单位时间内新鲜油的补充数量越大,新老油的交替速度也越快,锅内油脂的新鲜度就越高,油脂越不易老化。

一般情况下,新油补充率应不低于 7.5%。新油补充率越高,油炸工艺状况越佳。

新油补充的数量也可通过油脂的周转时间计算。油脂周转时间是指补充新鲜油的数量使之等于油炸系统内油脂总量所需要的时间,即新油完全更新油炸锅中的油所需要的时间。

油脂的周转时间越短,油质越稳定,通常以不超过 16h 为佳,此即为标准周转时间。在标准时间之内的油脂“老化”极慢,可以不必隔一段时间全部更换新油。这样,既可保证产品质量稳定,防止产品在保存期内酸败变质,又可避免浪费大量食用油脂。如果周转时间超过 20h,则油脂“老化”极其迅速,经较短的使用周期后即可能产生“老化”现象,需要全部更换新鲜油脂,使新油更换频率增加,造成大量浪费。由计算公式可知油炸系统(包括油炸锅、热交换器、输油管路和滤油器)的一次投油量越小,每班油脂耗用量越大,则油脂周转时间就越短。表 3-5 所列为以方便面的平均耗油量为 22%时计算出生产不同质量规格方便面的煎炸油的周转时间。由表 3-5 可知,一种设备生产不同规格的方便面时,油脂的周转时间和新油添加率是不同的。

(4)煎炸油的配比　目前大多数国家用于方便面的煎炸油是棕榈油,但因棕榈油的风味欠佳,有些工厂以猪板油与棕榈油配合使用。搭配油脂通常在每年的九月份至次年的二月份采用,其余月份因为经历夏天或保存期的大部分时间在炎热季节而不宜采用。植物性的氢化油和棉籽油、米糠油也常用作煎炸油,动物性的氢化猪油、氢化鲸鱼油、牛油等也可用作搭配油。在搭配时,应根据不同季节测定混合油脂的固体脂肪指数(Solid Fat Index)来确定不同油脂的使用比例(表 3-6)。理想的固体脂肪指数椰子油与棕榈油都是 12 碳的月桂酸系饱和油脂,亚油酸含量低,几乎不含亚麻酸,是稳定性较高的油脂,但与其他油脂搭配使用时,组成的混合油脂碳链长短差异过大,油脂的沸点不同,油炸极易产生泡沫,影响油炸时水分蒸发。

表 3-5　方便面煎炸油的周转时间

油炸系统的一次投油量/t	面块质量/g	班产 5 万包方便面的耗油量/t	油脂周转时间/d	每小时新油添加率/%
6 桶（1.14 t）	90	1.012	9.00	11.00
	80	0.88	10.36	9.65
	70	0.77	11.84	8.44
	60	0.66	13.82	7.24
7 桶（1.33 t）	92	1.012	10.5	9.51
	80	0.88	12.1	8.27
	70	0.77	13.82	7.24
	60	0.66	16.12	6.2
8 桶（1.52 t）	92	1.012	12.00	8.33
	80	0.88	13.82	7.24
	70	0.77	15.79	6.33
	60	0.66	18.42	5.43
9 桶（1.71t）	92	1.012	13.52	7.4
	80	0.88	15.55	6.43
	70	0.77	17.77	5.63
	60	0.66	20.73	4.8

注：每桶棕榈油的净重为 190 kg。

表 3-6　油炸用油脂的固体脂肪指数

温度	夏季 SFI	冬季 SFI
50F（10℃）	40	36
70T 下（21.1℃）	29	25
80T 下（26.7℃	22	18
92F（33.3℃）	15	11
100F（37.8℃）	10.5	7.5

（5）面块的性质　面块的性质也是影响油炸效果的因素之一。若前段工序生产的面条中有生粉，或表面不光滑，会导致产品含油升高。若面块水分发生变化，而整个油炸操作工艺条件不变，则最后产品含水也将发生变化。若面块的花纹疏密度增加，会影响油炸过程中水分的蒸发，尤其当面块花纹出现局部过于紧密时，会导致产品局部含水过高，最终成为次品。

(四)油炸工艺技术的管理

(1)酸价的测定　油脂在连续高温状况下，与水蒸气接触后极易产生水解作用，生成游离脂肪酸，所产生的脂肪酸并非完全属于挥发性，因此油炸过程中酸价会不断升高。酸价升高是油脂整体变劣的重要标志。在生产过程中，应当每隔 2h 从油锅边上的小管中采样检测。油脂酸价接近标准或达到标准，就应部分或全部更换。按香港制面商制定的标准，油脂酸价升到 0.75 时，即视为油脂变劣的危险点，此时应当抽出部分炸油，更换相同数量的新鲜油，保证油脂的酸价在 0.5 以下的正常情况下作业。抽出的高酸价油脂，可小批量分批掺入即将补充到油炸锅中的新鲜油脂中。

(2)抗氧化剂使用的管理　添加新油时，要同时将抗氧化剂溶液混入油脂中。如有些原料油中已经加有抗氧化剂，则应在使用前预先测定它经过贮存以后的抗氧化剂残存量，根据测得的数据，补充应当添加的部分。如果原料油中未曾使用过抗氧化剂，则应按规定比例添加。

(3)油脂新鲜程度的管理　原料油进厂时和在使用前都必须检测其酸价、过氧化值、碘价等。根据检测结果，可以判断出原料油的新鲜程度，如果新鲜度很差的油脂，即使添加抗氧化剂亦无济于事，不应当再使用。

(4)补充油的预热　生产过程中需要补充的新油，一般都进行预热，以使油脂黏度较低，保证滴加时的流畅，同时也可防止因加入冷油引起油炸锅中油脂温度的下降。补充油的预热在预热器中进行，通常是利用油炸锅或燃烧室的余热来加热的。预热器的容积要小，可设置两只交替使用，避免油脂长时间处在高温下加速氧化作用。油温不能过高，以 60～70℃为宜。容器不能敞口，整个油脂的循环系统，如移位、过滤、冷却、补充油预热等都要在封闭条件下进行，以减少油脂与空气的接触。

(5)油脂冷却设施及管理　当天生产结束后，因燃烧室温度仍然很高，会继续使油锅中油脂受热，油温迅速升高，必须立即采取冷却措施。首先打开燃烧室烟道闸门，排除高热空气，使燃烧室急剧降温。与此同时，应将油锅上方吸热罩连同模盒吊起，脱离油面。待燃烧室降到一定温度时，将煎炸油用泵抽出，在循环系统中滤去焦屑残渣，送入贮油柜中迅速冷却。贮油柜应当密闭，并设有可通冷、热水的蛇形管。油锅中油脂全部抽完以后，应清理残屑，并趁燃烧室尚有余热时放水，将其清洗干净。生产过程中如发生故障又无法立即排除时，也应按照上述程序使油脂迅速脱离热源。油脂全部循环系统均不能使用铜质金属构件，防止热油与铜离子接触后加速氧化变质。

(五)油炸操作方法

(1)开机前首先打开配电盘，检查各控制开关是否正常。

(2)打开主蒸汽管道阀门后，开启电控阀开关，使蒸汽进入加热器进行预热(这个环节应缓慢进行)，打开排汽阀开关，放出热交换器中的冷凝水，以免影响加热器的效率。然后关闭旁路阀门，把蒸汽压力逐渐调整至 0.6～0.7 MPa。

(3)打开油路阀门，使来自储油库的油经加热器进入油锅。

(4)当油锅中的油面到达工艺要求时,关闭油路阀门,打开冷却水阀门,使冷却水进入循环泵。

(5)若是当班开始进入油锅中的油是中转油箱中前天的存油,应首先打开循环泵,使中转油箱中的油经过滤器后进入油锅。

(6)启动循环泵,使油锅中的油在整个回路中依靠泵的压力循环,当油温逐渐升至140℃上下时,即可进行下步操作。

(7)在油锅上油时,应掌握新旧油的搭配比例,最好新油占2/3左右,以确保产品某些理化指标符合标准要求。

(8)开启油锅传动按钮,让油锅空转,观察有无异常响声。

(9)油炸前面块落盒要整齐,摆放要平正,应全部进入油盒之中。

(10)日常生产中要严格控制好各温区的油温和温差,若温差出现异常时应及时调整各进油口的流量。

(11)根据产品水分要求和温度要求,随时调整传动速度以调整油炸时间。

(12)生产过程中,应随时清理过滤器中的面渣、油污等,以保证油脂清洁。

(13)随着生产的进行,由于面块对油的吸收,锅中的油量会逐渐减少,油位逐渐降低。为保持油锅中的油位,必须补充新油,可打开进油阀门,用阀门来控制流量大小以补充油的损耗。

(14)工作完毕后,应将油锅、油管、热交换器中的油全部用泵送回油库或中转油箱中去,以免油温降低转变为固体,影响下班生产。关闭循环油泵和阀门,切断电控的电源和蒸汽,最后将全部阀门复位到关闭状态。

(15)油锅中的面渣、油污应每星期进行一次清理,以防污染,酸败。

三、热风干燥

(一)热风干燥的基本原理与工艺要求

热风干燥是生产非油炸方便面的干燥方法。由于方便面已经过90℃以上的高温糊化,其中所含淀粉已大部分糊化,由蛋白质所组成的面筋已变性凝固,组织结构已基本固定,面条已是一种凝胶体,已具有良好的烹调性能。炸过的面条不像挂面那样产生"酥面"现象,因而不必采取"保湿干燥",能够在较高温度、较低湿度下在较短时内进行烘干。

熟后面条中水分的存在形式主要有化学结合水、物理化学结合水、机械结合水,其中后两种水分在一般加热条件下易于除去,而化学结合水在一般条件下是很难去除的。使用相对湿度低的热空气反复循环通过面块,由于面块表面水蒸气分压大于热空气中的水蒸气分压,面块的水蒸发速度大于吸附速度,因而面块是脱水的。面块中蒸发出来的水分被干燥介质带走,最后达到规定的水分。

热风干燥的工艺要求是达到产品质量标准规定的水分以下,以便于保存、包装、运输和销售,尽量使面块形状一致,干燥速度尽量提高,较快地固定α-化状态,以防止方便面在储藏和运输中α-化的淀粉再回到β-化的淀粉，保证面条具有良好的复水性。要达到这些，要求干燥介质的温度尽可能高一些，干燥时间尽可能短一些。干燥后的方便面要求水分含量＜12.0％。

(二)热风干燥设备和技术特性

(1)热风干燥设备如图3-5、图3-6。该机适用于非油炸方便面等块状食品的干燥。

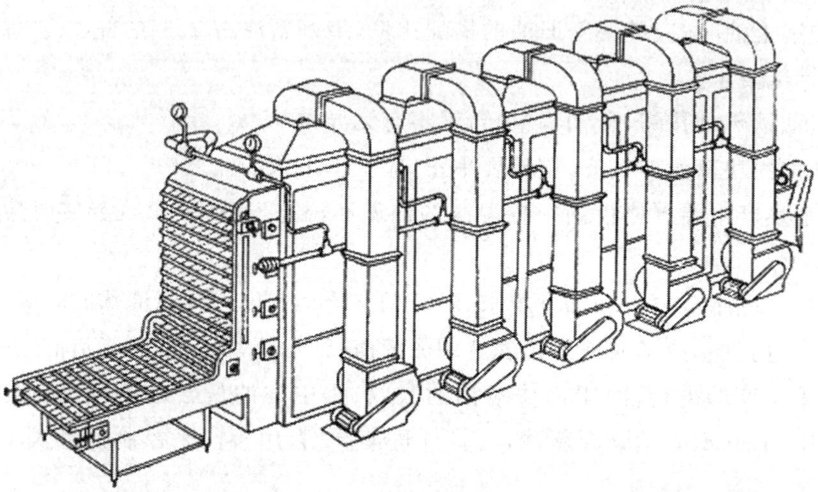

图3-5　链盒式连续干燥机外形图

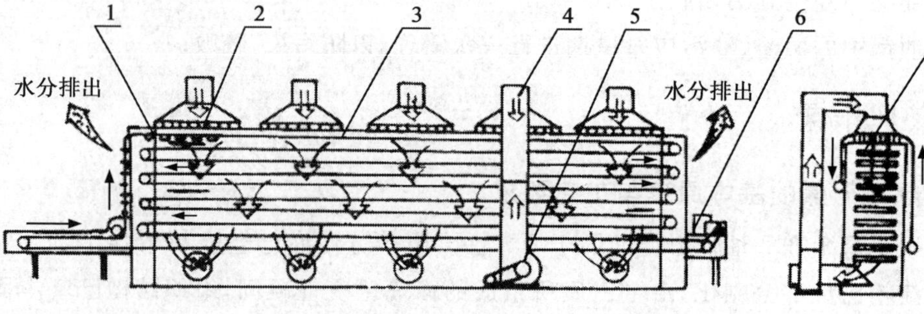

1.机架　2.热交换器　3.链条　4.风管　5.热风循环鼓风机
6.无级变速传动装置　7.不锈钢面盒(固定在链条上)

图3-6　链盒式连续干燥机示意图

该干燥机由机架及保温层、链条、面盒、鼓风机、散热器、无级变速传动装置等部分所组成。其外形尺寸因干燥能力的大小而异，但层数相同，一般为5层，往复为10层。链盒式干燥机的主要特点是往复都满载着面块，层与层之间面块始终在盒内，而网带式干燥机前进时满载面块，返回是空载的，层与层之间的面块需靠重力落下来，因而链盒式干燥机的碎面很少，产品形状完整。但其传动链盒制造、安装复杂，其加热装置是用4～10台鼓风机和4～

10组散热器相配合，分段循环干燥，气流与物料移动方向成垂直交叉流动，散热器装在顶部，自上而下进行热风循环，在鼓风机进口处装有碟阀，可以调节补充新鲜空气流量的大小。链条的线速度可以通过无级变速器调速，面盒用不锈钢板制造。

(2)技术特性　热风干燥设备系列化主要技术参数见表3-7。

表3-7　热风干燥设备主要技术参数

处理能力/(袋/8h)	35 000	50 000	50 000
加热段数	4	5	6
面盒数/个	500	700	900
面盒尺寸/mm	130×110×30	130×110×30	130×110×30
每段风机静压/kPa	0.5	0.5	0.5
每段风量/(m/min)	250	250	250
链盒速度/(m/min)	3	3	3
蒸汽压力/MPa	0.5	0.5	0.5
机内温度/℃	70～80	70～80	70～80
面盒链条输送层数	5层	5层	5层

(三)影响热风干燥效果的主要因素

(1)温度　干燥介质的温度高，干燥速度快，反之则干燥速度慢。温度高能增加水分的蒸发速度，增加面条表面的水汽分压，实际上是增加了水分朝空气中迁移的速度，这是高温干燥速度增加的原因。在方便面生产中，一般要求热风温度为70～80℃。若能在蒸熟的面块进入干燥机时，先用200℃的高温热风吹10～20 s，面条中间水分快速迁移会使其膨化而产生许多小孔，就会大大改善方便面的复水性。但膨化的面条黏性、韧性降低，没有咬劲，口感也较差。而且高温干燥需要高压蒸汽与传热面积大的热交换器，要增加设备投资和提高生产成本，此技术有待研究提高。

(2)相对湿度　干燥介质的相对湿度是影响干燥速度的主要因素。相对湿度大，蒸汽分压高，面条的蒸汽分压与干燥介质中水蒸气分压之差是面条干燥脱水的动力，因而要使面条干燥必须使干燥介质中水蒸气分压降低，即使空气中的相对湿度尽量降低。在鼓风机进口处安装碟阀就是为了排除湿度较大的空气，达到降低相对湿度、增加干燥速度的目的。在热风干燥方便面生产中，一般要求干燥介质的相对湿度<70％。

(3)鼓风机静压力　由于链盒式干燥机内从上到下有9层装满面块的面盒，因而对上下流动的气流有比较大的阻力。热风循环是自上而下地反复进行，要使热风穿过9层面块，需要一定的风压。若风压太低，热风就很难穿过9层面块，干燥效果就差；若风压太高，会大大增加动力消耗。根据生产实践，比较适宜的鼓风机静压为0.5 kPa。

(4)面块的性质　面块的性质也是影响热风干燥效果的重要因素。面条的粗细、花纹的疏密度、面条中水分含量的多少都会影响面条的干燥速度和产品水分含量。另外面块的形状也会对产品外观有影响。

(四)热风干燥操作方法

(1)首先打开蒸汽管道中的回汽阀门,然后打开进汽阀门,排除管道中的冷凝水后,再关闭回汽阀门。每只热交换器上都有进汽和回汽阀门,要逐只启闭排放冷凝水。

(2)启动鼓风机,开始热风循环,对干燥机进行预热处理。启动链盒的传动装置,把从切割分排机下来的面块导入面盒,要求入盒整齐,入盒不准的要手工调整。

(3)调节鼓风机循环系统中补充新鲜空气的进气阀门与干燥机上的排潮阀门,使干燥介质达到比较理想的温度与相对湿度。

(4)检查面块的干燥程度,调节蒸汽压力的大小,使其达到预定的要求。

(5)要经常注意最下层中已干燥的面块,在通过面盒倾复装置脱离面盒及面盒复位的情况是否正常,以防止轧坏面盒。

(6)风机需要加油之处每班都要加润滑油。

(7)每逢停机,都要关闭进汽阀门及打开回汽阀门,并切断电源开关。

任务六 方便面生产中的冷却工序

一、冷却的基本原理与工艺要求

油炸方便面经过油炸后有较高的温度,输送至冷却机时,温度一般还在80～100℃。热风干燥方便面从干燥机出来的面条达到冷却机时,其温度还在50～60℃,这些面块若不冷却直接包装会导致面块及汤料不耐贮存,若冷却达不到预定的标准,也会使包装内产生水汽而造成吸湿发霉,因而对产品进行冷却是必要的。冷却方法有自然冷却和强制冷却。

自然冷却就是利用面块温度高于室温的特点,把被冷却的面块放在室内,使周围空气吸收其热量,借助时间的推移而缓缓地进行冷却。这种冷却方法不适用于连续生产。强制冷却的原理与自然冷却的原理一样,是利用被冷却物体与冷却介质的温差致冷。但具体方法不同,强制冷却是借助于鼓风机,促使空气加强流动,使被冷却物体通过冷却隧道,在冷风的作用下,迅速降温散热。冷却工艺的要求是冷却后的面块温度接近室温或高于室温5℃左右。

二、冷却机的结构及其技术特性

冷却机一般有两种类型:①机械风冷,就是采用若干直冷式风扇,通过电风扇吹到冷却室的冷风,起到面块被冷却的目的;②强制风冷,就是采用两个大型冷风机,其中一个当吹风机,另一个当引风机,在冷却室内形成冷风对流。这两种冷却机均属机械强制冷却,后种冷却机成本偏高。

(一)冷却机的结构

冷却机主要由机架、冷却隧道、不锈钢网链、传动电机、调速箱和若干个直冷式风扇组成,由干燥机来的高温面块进入冷却机隧道,由传动网带使面块输送到另一端,在输送过程中与冷风进行能量交换而降低温度,如图 3-7 所示。

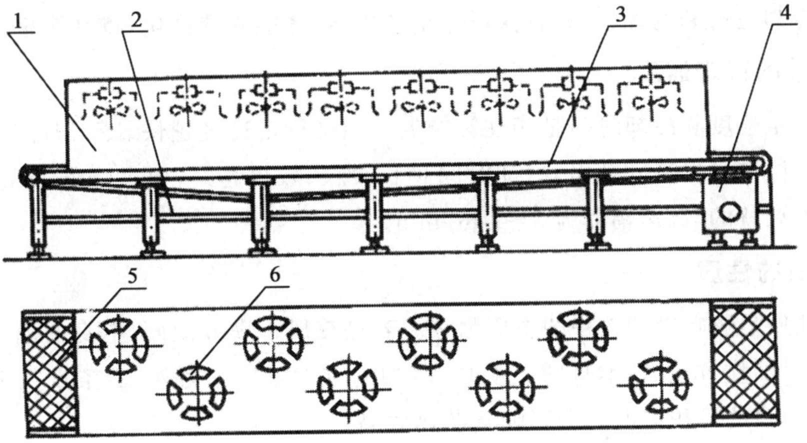

1.冷却隧道 2.碎面接槽 3.机架 4.无级变速机构

5.不锈钢丝网输送带 6.电扇

图 3-7 冷却机示意图

(二)冷却机的主要技术特征(表 3-8)

表 3-8 冷却机主要技术参数

机型	FLJ-535	BF5-08	BF12A-10	C/W800
网贷线速度/(m/min)	2	2.8	3.26	7.90
冷却时间/min	3	3	3	1.8
动力配置/kW	1.1	1.1	1.5	1.5
风扇功率/kW	0.125	0.3	0.125/0.3	0.20
风扇台数/台	4	8	8/8	20
外形尺寸/mm	5500×670×1150	8500×880×1600		1400×1200×1385

三、影响冷却效果的因素

(一)冷却时间

其他参数一定,冷却时间越长,冷却效果越好;反之,冷却时间越短,冷却效果就越差。一般冷却时间 3～5 min。随着冷却的进行,面块与冷却介质的温度差逐步缩小,降温速度也逐步变小。无限制的延长冷却时间会使冷却设备庞大,或者生产能力降低,因为延长冷却时间的办法有两种:一是降低传动速度;二是延长冷却隧道的长度。

(二)冷却风速和风量

冷却风速和风量是影响冷却效果的主要因素之一。风量大则冷却机内外能量交换量大,有利于快速降温,因为冷却介质和面块的温差增大了。风速大则要求风压也要大,风压大对面块的冷却是有利的,因为只有保证一定的风压,才能吹透面块,将其能量带走。

(三)网带的行走速度

网带的行走速度和冷却时间是相互影响的。网带行走速度越快,冷却时间越短,冷却效果越差;反之,网带行走速度越慢,冷却时间越长,冷却效果越好,但会降低产量。网带的行走速度是可以调整的,调速幅度为 3～9 m/min。

(四)面块的性质

面块的性质是影响冷却效果的主要因素。若是热风干燥方便面,本身的温度低,冷却就容易进行;若是油炸方便面,本身的温度高,冷却的难度就大。另外,面条直径大小、面块花纹紧密程度、面块的堆积情况均会影响其散热效果。

四、冷却操作方法

(1)首先启动传动网链,等其运转 2～3 min 后,再启动顶部均布的直冷风扇。正常后方可进行冷却工作。

(2)冷却时间应保持在 3～5 min,若冷却效果不好,可改变传动速度以延长冷却时间。

(3)随时检查面块的降温情况,若面块温度高于室温 10℃以上,应及时甩出,严禁包装。

(4)在冷却过程中,要经常检查连续油炸机的卸料装置,使油炸后的面块准确地落在本机的输送带上,防止面块落在链条上而被碾碎。

(5)根据面块温度的变化,调节无级变速器,使网带的线速度既能保证面块的充分冷却,又能供应自动包装机包装。调整网带速度时,应在开机中进行,停机时严禁调整。

(6)经常注意网带运行是否正常,网带的张紧度不能过松或过紧,可通过调整前端的调节螺栓来调节张紧度。

(7)定期清理冷却机中的面渣和油污等。

任务七 方便面生产中的包装工序

一、包装的基本原理与工艺要求

包装就是把冷却后的方便面块，通过面块供给输送装置送在包装薄膜之上，借助于薄膜传送装置和成型装置，把印有彩色商标的带状复合塑料薄膜从两侧折叠起来成为筒状，通过纵向密封装置把方便面块间隔地卷包在内，再通过上下两条装有条状海绵的输送带，将卷在薄膜内的面块夹住送往横向终端密封装置，在面块两端定长横向密封切断。这种自动袋式包装设备有机械装置和电子监控两大部分组成，面块和包装薄膜供给速度要保持一致，成型后包含面块的筒状薄膜的进给速度与横向终端密封切断装置的转速也要保持一致。包装薄膜的可塑性和延伸性由于受温度的影响其长度会发生变化，从而引起包装误差。包装机上所配备的光电跟踪装置和同步轮系配合动作，能使包装薄膜的长度误差自动调整。

包装的工艺要求是包装整齐，纵向、横向密封不漏，两端切口平直，包装不漏放汤料。

对于碗装、杯装形式，由于这种包装容器的基本外形呈圆形，所以可在定量切断时将面块搓成圆形，这样有利于包装。但由于搓圆将在一定程度上破坏面块原来的花纹，使其疏密不均匀，给干燥脱水造成了困难。目前生产的碗装、杯装方便面也有不少是长方形面块。首先将面块用人工或机械的办法放入碗中，然后在碗中放入汤料、小勺等，碗与传送链一起运行。封盖机械或人工将盖放在碗上，电加热将碗（杯）盖与碗（杯）热合在一起，最后在外层包上层塑料透明薄膜，封口后放在远红外收缩包装机内，使外层塑料受热收缩，将碗紧紧地包封起来。碗包装的工艺要求是，盖与碗（杯）密封不漏气，不漏放汤料及其他内包装物，印刷图案要清晰，外层透明塑料膜收缩不皱，不破，松紧合适。

二、袋式包装机的结构(图 3-8)

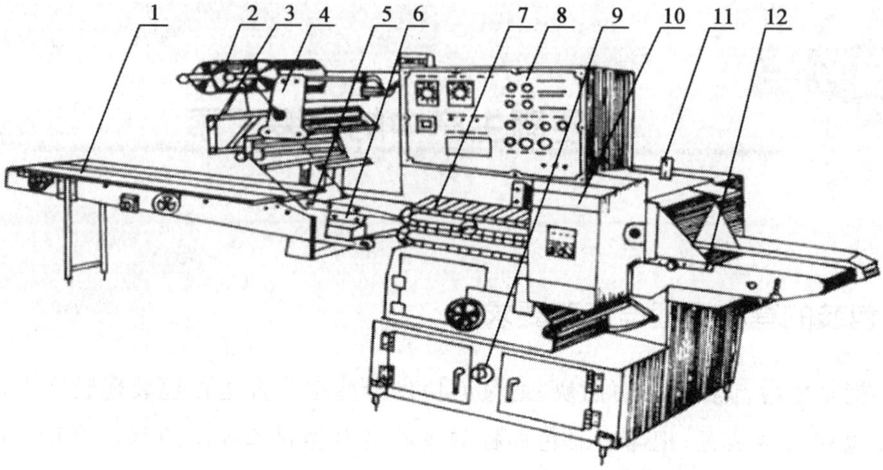

1.面块进给装置　2.薄膜支承装置　3.薄膜导向张紧装置　4.薄膜传送装置　5.成型装置
6.纵向密封装置　7.管形输送装置　8.控制装置　9.变速机机构和同步轮系
10.横向密封装置　11.偏心调节装置　12.成品输送装置

图 3-8　方便面自动包装机

三、影响自动包装机效果的主要因素

(一)方便面面块

方便面面块的形状翘曲不平会影响包装质量,因此要求方便面湿面块在进入油炸机或链盒式干燥机时必须排放平整,使干燥后的面块整齐。最易引起面块变形的是分排机到油炸机的落盒工序,面块含水太低、落盒不准、人工操作不准确等都易引起面块变形。

(二)包装薄膜的品质和印刷质量

包装用的复合塑料薄膜,若其延伸性过大或彩色印刷的精度不高,同步色点的间距误差较大,会使包装袋长度发生较大误差,光电跟踪动作的频率高,从而影响正常工作。因而要求复合薄膜的韧性好、延伸性好、印刷精度高。

(三)密封温度

如果纵向和横向密封温度不够,则薄膜密封不牢;如果密封温度过高,则容易烧穿薄膜。正确的密封温度要根据薄膜原材料及气候经试验确定。

(四)密封压纹

加热密封器在薄膜上所压出的花纹过深或过浅,或左右两个压纹深浅不一致,都要引起密封不牢或破漏,因此要求压纹深浅适当,均匀一致。

(五)切刀安装

如果切刀的刀刃凸出过度,在旋转切割时就会发生强烈响声,并容易损坏切刀。如果切刀安装不平行,则不能将膜全部切断。因此,要求切刀安装调试要正确。

任务八　方便面汤料的生产

一、汤料的分类及作用

为了使方便面食用方便,故在包装时加入调味汤料包。方便面的调味种类很多,但按其形状可分为粉末状、酱状、液体、颗粒状四种;按其风味特点可分为中式、日式、欧式三种 。

二、汤料配方基本原理

设计一个方便面汤料配方必须要做到以下几点:

(1)了解各种原料的性质、使用方法、质量好坏;

(2)弄清各种原料混合后的效果;

(3)根据工艺要求对原料进行加工;

(4)根据传统汤料配方和现代风味化学知识对配方加以改进完善;

(5)配方进行小试,小试样品经多人品尝,根据大家的意见改进,直到大家满意即可;

(6)在进行配方设计的同时,必须考虑到可操作性,如原料是否能混合均匀、产品是否易于包装、是否易于保存。

【工艺流程】

一、汤料生产过程

(一)粉末汤料生产工艺

粉末汤料是方便面汤料中用途广泛的汤料,国内生产的绝大部分方便面中一般都配有这种汤料。这种汤料一般将购买的原料进行处理、配方、混合、筛分、包装即得到粉末汤料产品。

生产工艺流程：

原料→原料处理→粉碎→称量→混合→筛分→包装→成品

(1)确定配方生产方便面的汤料　首先要确定汤料的配方，根据对色、香、味、形和原料成本综合情况，根据前面所述的汤料配方基本理论以及人群口味、产品销售情况，经合理调配、反复实验和筛选，最后确定汤料配方。

(2)原料　选择原料的优劣直接关系到汤料产品质量的优劣，所以在选择原料时，不仅着重于突出本身的风味品质，而且更着重于卫生指标的检验。同时，对于某些原料，还要注意其含量(如味精等)，以确保配料成分足够。因而有条件的厂应对重要原辅料进行纯度检测。

(3)原料处理　原料处理包括内容很多，配方不同，原料不同，原料处理的内容和方法也不同。这里主要讲干燥。干燥是方便面汤料生产中普遍用到的重要工序之一，不但直接关系到粉碎工序，而且关系到汤料的质量。尤其在干燥肉干、虾米、虾皮、香辛料时，更为至关重要。必须严格控制干燥温度、时间，切忌高温、快速干燥，否则，肉类、虾类等原料中的蛋白质会变性，甚至产生枯焦味和苦味，香辛料也会失去调味作用，甚至还会产生有害物质。用这种原料制作的方便汤料色黑、味苦、香味差。

烘干设备可以用烘干箱、烘烤炉。根据生产量的大、小选择烘干设备。在生产中还应注意，生产汤料的原料水分不一样，可将各种原料干燥到水分含量保持一致，这样可以使得好的汤料不易吸潮。否则，若各种原料水分不一致，混包装后易结块，影响产品质量。另外，为了易于控制烘干时间与温度，最好不要采用电烘干装置。因为电加热不控制温度，易出现焦糊现象。采用蒸汽烘干较好，因为汽烘干温度稳定，不会出现焦糊现象。

(4)粉碎　烘干后的肉干、虾米、香辛料等要粉碎成粉状，以利于混合、包装和冲泡时的溶解性。颗粒汤料具有加工时无粉末飞扬、流动性好、不易结块等优点，而粉末汤料成本低，冲泡时易于溶解等优点。粉碎机械比较简单，可以选用爪式粉碎机，也可选用锤片式粉碎机。

(5)称量　称量员必须按配方要求，准确称取原料。在生产过程中，要保证配料严格控制比例，当缺少个别原料时，要科学地调整配方，而不能在缺少原料种类时仍然按原配方生产。因为任何一个成熟的配方，都是经科学设计、消费者接受的，缺少任何一种原料都会影响原有的色、香、味、形。尤其是受到消费者普遍接受的名牌产品更不能随便改变。

(6)混合　混合就是将以上按配方比例准确称量的各种原料加入混合机中混合均匀。这是粉末汤料或颗粒汤料生产中的一个重要工序，要求各种原料掺和均匀，不得出现混合不一致的现象，否则将会影响方便面产品在食用时的色、香、味及外观的质量。要做到这一点不但要选性能良好的混合设备，而且还要控制适当的搅拌时间。特别应注意，混合机缸体四周死角处混合不到的情况。混合温度一般不超过 35℃，若温度过高，有些原料吸湿能力不一样，进而引起变质现象。为了把原料混合均匀，混合时间应掌握在 10～40 min，混合操作时还应注意：小分量的原料应首先预混合后，再与其他原料一起混合，易挥发或易吸潮的原料后加，混合后的汤料在包装前应先密封在大塑料袋中，以防止吸潮。

(7)筛分　为有利于包装，混合后的汤料还要进行过筛。所采用的设备是振动筛。

(8)包装　为了使汤料与每块方便面配合，必须将混合好的粉末或颗粒状汤料包装成4～8 g重的小包。

(二)液体汤料生产工艺

一般液体汤料生产中首先对原料进行预处理，然后将各种调味料按一定比例分先后加入、拌和、加热浓缩及灭菌，待冷却后加入增味剂、防腐剂，拌匀后进行包装即可。

工艺流程：

各种原料→预处理→拌和→均质→包装

辣椒油泥的制作：

辣椒粉(2～3份)、熟植物油(1份)→搅拌→冷却→过滤→辣椒油泥

↓

辣椒渣

葱油的制作：

鲜葱→切成小段→油炸(文火)→葱油

1.粉碎

一些原料必须粉碎才能有利于加工。如葱、蒜、肉类、原酱等，若不进行粉碎易引起包装堵塞，而且一些风味也不易释放出来，常用的粉碎设备是砂轮磨。

2.煎炒

不少物质只有经过煎炒才能产生令人满意的风味。煎炒设备可以用夹层锅，以蒸汽间接加热，这样既安全卫生又易于控制温度，能够保证产品质量。也可以用土灶直接以火加热，但不易控制温度，易出现过热、焦糊现象。在煎炒时要注意加料顺序，从事这方面操作的人不但要熟悉配料，而且还必须有一定烹调知识。

3.拌和均匀

将前面各种材料放入不锈钢容器中拌和，并加入其他原料，拌和均匀后加热杀菌，然后用间接水冷却。

4.包装

包装是将以上加工的液体汤料包装成小袋，以便与每块方便面配用。关键是杀菌后这种汤料必须放入一个不锈钢容器内，以防止引起霉变。由于液体汤料比粉末汤料容易变质，所以调配好的汤料应及时包装。液体包装机的外形和基本结构与粉末汤料包装机相近，但其输料系统不同，该包装机配有小型齿轮泵，经泵压输送。定量的汤料进入袋内后加热密封。包装材料强度要求大于颗粒粉末汤料的包装材料，并要求其具有防潮、保香、耐热、耐油、易于印刷等特点。以上工艺只适用于含油高、含盐高的汤料生产，不适用于蛋白质含量高、含水高的汤料生产。

(三)软罐头方便面汤料的生产

提高方便面汤料的质量,把传统的面条调料工业化生产,并使其具有一定的储存期,这是提高汤料质量的措施之一。传统面条调料品种多、原料复杂,有肉类、蛋白类,而且水分含量高,因而用简单包装是不行的,其生产工艺如下。

生产工艺流程:

原料→预处理→烹调→搅拌→加热灭菌→真空包装→杀菌→脱水→包装汤料

↑

其他调料

(1)原料预处理　是将肉类洗净,并按要求粉碎到一定程度。将蔬菜除去烂叶、枯叶洗净待用。

(2)烹调　按照传统加工工艺烹调,在操作过程中,不但要按正确的加料顺序进行烹调,而且要掌握温度高低适合。温度太高,易引起焦糊现象,影响产品风味;温度太低,则不会产生传统汤料的风味。为了保证产品质量,所用设备最好为不锈钢制造,炒锅可以使用夹层锅,以压力较高的蒸汽间接加热。

(3)搅拌　将烹调后的主料和其他料搅拌均匀以便包装。由于与方便面配套的小包装汤料重量较小,所以要求把各种原料混合均匀,同时搅拌后不得贮存要尽快包装,最好这种搅拌装置设有加热装置,以便需要时加热杀菌。

(4)真空密封　将搅拌后的汤料包装装袋,以便杀菌。这种汤料包装难度大,包装机本身必须具备能自动完成供袋、开口、充料、加水、脱气、密封等功能。而且包装质量、封口温度、真空度、封口压力要能够自动调整。要求包装袋内尽量除去空气,因为有空气存在,汤料中的油脂易氧化,同时空气本身导热效果差,不利于加热杀菌的操作,而且空气受热体积膨胀,易导致料包在杀菌锅中破袋。包装时袋的封口位置不得污染油迹,否则会封口不严,引起破口现象。选用的复合包装材料要耐热、耐油、耐寒、耐腐蚀、气密性好、易封口、无毒、无味、化学性质稳定等特点。

(5)蒸煮杀菌　原料在加工过程中难免受到微生物的污染,因而包装后进行杀菌是完全必要的。杀菌锅的性能不同于玻璃瓶、金属罐。食品的杀菌锅,在开始杀菌时袋中心温度低于表面温度,结束杀菌冷却时中心温度高于表面温度,因而袋中压力大于杀菌锅内腔中的压力,严重时会引起破袋,所以要求杀菌锅要有反压装置,使整个杀菌过程中袋内、外压力接近。

(6)袋表面脱水　杀菌后蒸煮袋表面水分须进行脱除,脱除方法可以用人工,也可以用机械,最好在与方便面一起包装之前烘干一下。在脱水操作中,要进行认真检查,发现有破袋的要及时拣出。

项目二
其他面制品生产技术

任务一 挂面加工

配料→和面→熟化→压片→成条→挂条→烘干→包装

一、配料

玉米粉 30 kg，小麦粉 70 kg，精盐 1.2 kg，食碱 0.1～0.2 kg。精盐、食碱用温水化开，再加水至和面所需的水量，一般用水量为面粉总重量的 30%～32%。春、夏、秋季用常温水和面即可，冬季用 25～30℃的温水。食盐的用量为面粉重量的 1%～2%，冬季少加，夏季多加。

二、和面、熟化

在挂面生产中加入食盐(氯化钠)，可以增强湿面筋的弹性和延展性，改善面团的工艺性能，减少挂面的湿断条，提高正品率。由于盐水有较强的渗透作用，所以在和面时可使面粉吸水快而均匀，容易使面头成熟。食盐有一定的保湿作用，在烘干时，湿面条不会过快干燥，容易控制干燥条件。食盐还有抑制杂菌生长和抑制酶活性的作用，能防止面团在热天酸败，而且食盐还有一定的调味作用。

和面的时间不少于 20 min。在开机过程中，控制好每次进料量，保证均匀一致地掌握适宜的加水量。干面头和半干面头必须经过浸泡才能加入和面机内，而且要把加入量和用水量与总用水量统一起来，以免和出的面团过软或过硬。

由于面粉吸水速度比较慢，和面时间又短，和面过程中加入的水，大部分尚未渗透到面粉的内部组织被蛋白质和淀粉所充分吸收，仍然呈游离状态；同时由于在和面过程中，面团受和面机搅拌齿杆的打击和面团之间及与机壳的相互碰撞，使团中初步形成的面筋质受到挤压和拉伸作用而产生内应力,因此刚从和面机中卸出的面团其内部结构尚未稳定,需要经过熟化过程,才能进入下一道压片工序。

熟化应在熟化缸或熟化机内进行。在熟化缸内进行熟化时,应在熟化缸上苫一层湿布,以免面团表面结块;用熟化机进行熟化时,机器主轴的转速应控制在 5～10 r/min。熟化时的温度最好控制在 25℃左右,时间不少于 15 min。

三、压片

压片的道数不少于 5 道。压片的厚度由第一道的 4 mm 至最后一道的 1 mm。注意面团的喂入情况,保持喂料均匀不断。

四、成条、挂条、烘干

将湿面条挂到小竹竿上,把竹竿架移到温度为 25～30℃的烘干室内,烘干 10～15 h,直至面条的水分降至 13%以下。

任务二 魔芋挂面加工

魔芋挂面以小麦粉、优质魔芋粉作原料。小麦粉的质量对面筋的质量影响很大。面筋蛋白主要由麦胶蛋白和麦谷蛋白构成,面粉加水后它们吸水膨胀形成面筋网络,并与周围的淀粉互相黏结,形成具有弹性和延伸性的面团。新面粉中还原性物质含量高,酶活性强,影响面筋的形成,所以新加工的面粉必须存放 7～22 d,待其自然成熟后再用。魔芋粉要优质的,水要符合卫生标准,无气味,硬度小于 10,pH 7.5～8.5,铁含量不超过 1 mg/kg。

和面→熟化→压延→辊轧→干燥→切断→计量包装

一、和面、熟化

配置魔芋精粉溶液及和面,以面粉量为准,取 3%～5%的魔芋粉,26%～30%的水,置搅器中搅拌匀,静置 2h;再将该溶液代替水加入和面机中,与面粉一起搅拌 1～2 min,待其呈豆腐渣状的疏松颗粒,大、小、干、湿颜色均匀,手握成团轻揉搓后能呈松散小颗粒状时,静置熟化 10 min,使消除内应力,进一步形成面筋茧的网络组织。应注意的是,和面时应全部用精粉溶液代替水,不可同时加水和溶液和面。魔芋精粉的比例要控制在面粉总量的 3%～8%范围内,低于 3%时效果不明显,超过 8%时搅拌困难。

二、压延、辊轧、干燥

将面压成厚薄均匀、平整光滑、无破边、无洞孔、无气泡的面片，切成条，然后烘干，再切成一定长度的挂面。应注意的是干燥条件对挂面质量的影响。魔芋精粉的持水性较强，干燥过程中水分扩散速度慢，采用通用的三段式热风干燥技术，产品表面粗糙，易断条。采用高温高湿干燥、低温低湿保潮、交替进行的干燥方法，可获得品质好的魔芋面条产品，有利于降低产品的蒸煮吸水率和干物质的失粉。

任务三　馒头加工

原料→和面(30℃的温水)→发酵(30℃左右的温度下，时间 3h)→揉制面团(30℃左右的温度下，时间 30 min)→揉制(再用压面机对面团压制，要求无气泡，面团感观好，然后卷成条状，刀切)→成型→面团(30℃左右的温度下，时间 30 min)气蒸→冷却→成品。

一、基本配方(表 3-9)

表 3-9　蒸馒头配料表

原料名称	原料用量
中筋面粉	50 kg
鲜酵母	500 g
馒头改良剂	500 g
泡打粉	300 g
水	22.5～25 kg
蛋、白糖和盐	各少许

二、各流程及技术要点

(1)和面　用 30℃的温水和面，和成的面团表面光滑不粘手，有弹性，要求面团光滑。和面时可将酵母与面粉混合，而其他原料与水事先混匀后再与面团混合。

(2)发酵　室温 27℃左右为佳，相对湿度 75%左右，发酵约 3 h，待面团体积增至原来一倍，内部蜂窝组织均匀手拍有海绵的感觉，发酵的好坏直接影响后来馒头的大小和口味。

(3)揉制　发酵完毕用压面机对面团压制，要求无气泡、面团感观好。

(4)成型　用馒头机对面团定量和分割，搓圆。然后再用手稍加搓圆，至馒头剂子表面光滑无气泡(馒头剂子光滑，表面无气泡出来的馒头外观才好看、发亮，否则会有塌陷)。

(5)醒发　温度40℃，相对湿度80%左右，醒发时间20 min左右(看醒发的程度)。

(6)汽蒸　先中汽，再大汽，时间25～30 min。

(7)冷却5 min后打开蒸箱门，冷却一段时间后再装箱。

三、酵母发面步骤

(1)用温水，发酵粉溶解和面。

(2)将面盆用盖子盖好，放在阳光直射处，或比较热的地方醒发2～3 h。

(3)面发好后，加面粉揉好，再醒30 min左右，醒的时候一定要用盆子盖起来，或者用湿布盖好。

(4)醒好后就可以用来成型做包子或馒头了，做好后再放置30 min后(醒面)才可以上锅蒸。水开后15 min，中、大火都无所谓。

(5)发面最适宜的温度是27～30℃。面团在这个温度下2～3 h便可发酵成功。为了达到这个温度根据气候的变化，发面用水的温度可作适当调整：夏季用冷水，春秋季用40℃左右的温水，冬季可用60～70℃热水和面，盖上湿布，放置在比较暖和的地方。

想要蒸出来的面食光亮一定注意(3)和(4)步骤中醒面的步骤，缺了这两步蒸出来的面食就像没发好面一样。

任务四　速冻水饺的加工技术

速冻水饺是以鸡肉、猪肉、羊肉或牛肉为主要原料，添加新鲜蔬菜、香辛料，经手工或饺子机成型、速冻后包装的产品。是将需速冻的水饺，经过适当的处理，急速冷冻，低温储存，于−20～−18℃下的连贯低温条件下送抵消费地点的低温产品。其最大优点完全以低温来保存水饺原有品质(使水饺内部的热或支持各种化学活动的能量降低，同时将细胞的部分游离水冻结及降低水分活度)，不借助任何防腐剂和添加剂，同时使水饺营养最大限度的保存下来。速冻水饺最大特点是新鲜、营养、卫生、方便。饺子馅的色、香、味、形直接影响饺子的质量。

速冻水饺生产工艺技术及要求：

(1)原料验收　原料冻肉色泽、组织、滋气味正，有检疫合格证。面粉、白砂糖、味精、食盐、食用油、料必须有三证。蔬菜应色泽鲜艳、组织及滋气味正常，没变质。

(2)和面 称取需要量的面粉投入和面机中,进行搅拌。

(3)解冻绞肉 冻肉解冻后将肉投入绞肉机绞碎,肉颗粒为 2 mm 的小颗粒,备用。

(4)蔬菜处理 将蔬菜经挑选、清洗干净后用切菜机切碎备用。

(5)配料 按产品配方称取肉和蔬菜等原辅材料备用。食品添加剂的使用符合 GB 2760—2011 标准。

(6)搅拌制馅 按产品配方中的肉、蔬菜等原辅材料投入搅拌机中打成馅料。

(7)成形 用水饺成形机或手工成形。

(8)速冻 将成形后的产品投入双螺旋速冻机中(－40～－30℃)速冻,要求 30 min 内产品中心温度达－18℃。

(9)内包装 按产品规格要求装袋、称重、封口。要求净重准确、封口牢固。

(10)检验 封口后的产品通过金属探测仪检验,有杂质的产品挑选出另行处理,不得进入下道工序。

(11)外包装 按产品规格要求装箱。

(12)成品入库 将包装完整的产品及时送至成品冻库。要求冻库温度在－18℃以下。

【师徒共研】

1.在挂面生产中加入食盐的作用是什么?

在挂面生产中加入食盐(氯化钠),可以增强湿面筋的弹性和延展性,改善面团的工艺性能,减少挂面的湿断条,提高正品率。由于盐水有较强的渗透作用,所以在和面时可使面粉吸水快而均匀,容易使面头成熟。食盐有一定的保湿作用,在烘干时,湿面条不会过快干燥,容易控制干燥条件。食盐还有抑制杂菌生长和抑制酶活性的作用,能防止面团在热天酸败,而且食盐还有一定调味作用。

2.刚从和面机中卸出的面团,为什么要进行熟化?

由于在和面过程中,面团受和面机搅拌齿杆的打击和面团之间及与机壳的相互碰撞,使面团中初步形成的面筋质受到挤压和拉伸作用而产生内应力,因此刚从和面机中卸下的面团其内部结构尚未稳定,需要经过熟化过程,才能进入下一道压片工序。熟化应在熟化缸或熟化机内进行。

3.和面的时间不少于 20 min,为什么?

和面过程也是面筋形成的过程,时间短就不能保证面筋的充分形成,但和面时间过长也不行,会搅断已经形成的面筋,使面团发黏,所以一般 20 min 左右为好。

4.新加工的面粉必须存放 7～22 d,再使用为什么?

新面粉中还原性物质含量高,酶活性强,影响面筋的形成,所以新加工的面粉必须存放 7～22 d,待其自然成熟后再用。

5. 魔芋挂面的优点有哪些？

魔芋的保健作用，开始为越来越多的人所认识，而且具有口感独特、久煮不烂的优点，所以近年来在面条市场上，魔芋面条的竞争力高于普通面条。有代餐减肥作用，通过调整和均衡身体中的蛋白质、脂肪、碳水化合物、膳食纤维、维生素、矿物质和微量元素的摄入，保证在减肥过程中，不饥饿、不乏力、不腹泻、不反弹、不改变饮食习惯，符合世界卫生组织推荐的健康减肥理念。

6. 油炸方便面时出口温度为什么高于进口温度？

油炸时油温过高或时间过长，均会加深蛋白质的不可逆变性，发生此种情况时面条颜色偏暗，透明度降低，极易裂碎，复水性能变差，有小硬块感觉，复水后的面条体积膨胀度差，如果浸泡或水煮时间稍长，将会完全丧失黏弹性，胀成结构松散的烂面。油炸温度可通过油炸锅前后端的温度指示仪表来监视，前端称为"入浴温度"，后端称为"出浴温度"。面块刚进入油锅时，热油与半制成品进行快速的热量交换，加之油锅前端为补充新鲜油的部位，因此前端油温较低。后部因面块水分大部分已经挥发掉，热量交换的容量不大，油温常高于前端部位。常称的油炸温度是指"出浴温度"，一般油炸锅控制入浴温度为120～125℃，出浴温度为145～150℃。

7. 煎炸方便面的油质为什么要时时更新？

煎炸油因高温加热的关系，容易"老化"，从而影响面条在保存期内的稳定性。老化了的油脂如不及时采取有效措施，继续使用会引起油质的"恶化"，表现为黏度上升、颜色变深、有苦味、油炸时容易发烟及产生连续泡沫，这种"恶化"油脂对人体健康极为有害。因此，生产中应严格控制油质的恶化，如发现接近或达到老化标准，就应将油部分或全部换掉。按照方便面的质量标准，方便面的酸价不超过1.8，但这是指产品销售过程中的检测数据，包括贮存期中酸价的升高在内，因此对油锅中的油脂的酸价应控制得更低一些，由于各地区常年平均气温所形成的保存条件不同，对油脂更新的标准也有所不同，在产品需要长期贮藏和运输的条件下，生产优质面条的煎炸油酸价如果超过1.2时，就应当全部更换新油。

8. 油炸方便面的原理及优点是什么？

油炸干燥就是把定量切断的面块放入自动油炸机的链盒中，使之连续通过高温的油槽，面块被高温的油包围起来，本身温度迅速上升，其中所含水分迅速汽化。原来在面条中存在的水迅速逸出，使面条中形成了多孔性结构，同时也进一步增加了面条中淀粉的糊化率。另外，由于油炸的快速干燥，固定了蒸熟后淀粉的糊化状态，大大降低了方便面在贮运期间的老化速度，在面块浸泡时，热水很容易进入这些微孔，所以油炸方便面的复水性能好。油炸方便面的水分含量低，有利于贮存。油炸的工艺要求是：油炸均匀、色泽一致、面块不焦不枯，含油少、复水性良好，其他指标符合有关质量标准。

9. 在油炸方便面时，工厂里常使用的一般都是椰子油与棕榈油居多，为什么？使用混合油脂有何不利？

椰子油与棕榈油都是12碳的月桂酸系饱和油脂，亚油酸含量低，几乎不含亚麻酸，是稳定性较高的油脂，但与其他油脂搭配使用时，组成的混合油脂碳链长短差异过大，油脂的沸点不同，油炸极易产生泡沫，影响油炸时水分蒸发。

10. 速冻水饺为什么要求急速低温法保藏？

于－20～－18℃的连贯低温条件下送抵消费地点的低温产品，其最大优点是完全以低温来保存水饺原有品质(使水饺内部的热或支持各种化学活动的能量降低，同时将细胞的部分游离水冻结，降低水分活度)，而不借助任何防腐剂和添加剂，同时使水饺营养最大限度的保存下来。速冻水饺最大特点是新鲜、营养、卫生、方便。

第四单元 4

焙烤食品加工技术

知识目标

1. 熟悉面包制作的流程。
2. 熟悉饼干制作的流程。
3. 熟悉蛋糕制作的流程。

技能目标

1. 能够用简单的设备加工一次发酵法面包和二次发酵法面包。
2. 能够利用简单设备加工饼干。
3. 能够在实验室条件下制作蛋糕。

德育目标

通过对糕点加工，培养学生细致耐心、勤于思考的优良品质。

项目一
面包加工

任务一 面包基本知识

一、面包的特点

(一)易于机械化和大规模生产

生产面包有定型的成套设备,可以大规模机械化、自动化生产,生产效率高,便于节省大量的能源以及人力和时间。

(二)耐储存

面包是经200℃以上高温烘烤而成,杀菌比较彻底,甚至连中心部位的微生物也能杀灭,一般可储存几天不变质,比米饭、馒头耐储存。

(三)食用方便

面包作为谷类食品的一种,在同属中出类拔萃,优于馒头、大米饭等主食品。其包装简单,携带方便,可以随吃随取,不像馒头、米饭还需配菜,特别适应旅游和野外工作的需要。

(四)易于消化吸收、营养价值高

制作面包的面团经过发酵,使部分淀粉分解成简单的和易于消化的糖,面包内部形成大量蜂窝状结构,扩大了人体消化器官中各种酶与面包接触的面积。而且,面包表皮的碳水化

合物经糊化后，都有利于消化吸收。一般来说面包在人体中的消化率高于馒头10%，高于米饭20%左右。

二、面包的分类

目前，国际上尚无统一的面包分类标准。特别是随着面包工业的发展，面包的种类不断翻新，面包的分类也各不相同。

我国对面包的分类大致有两种方法：一种按面包原料及食用目的分为8类：风味多样的主食面包；花式各样的甜面包；口味各异的加馅面包；层次分明的嵌油面包；食疗兼备的保健面包；免用烤箱的油面包；快速简便的三明治；形态逼真的象形面包。

另一种是常用的面包分类方法，把面包分为5种：

1.硬质面包

硬质面包其实就是一种内部结构接近结实的面包。它的特点是面包越吃越香，经久耐嚼且具有浓郁的醇香。这种面包一般成分较低，配方中使用的糖、油脂皆为面粉用量的4%以下，所采用的面粉介于高筋和中筋面粉之间，并相应地减少加水量，其目的是控制面筋的扩展程度和体积的膨胀，缩短发酵所需时间，从而使烘焙后的食品具有整体的结实感。如法国面包，其特点是具有吐司面包所不及的浓馥麦香味道，表皮或硬或脆，内部组织有韧性，但并不太强，有嚼劲。硬质面包的保质期较一般面包长，比较经济实惠。

2.软质面包

体形较大，柔软细致，须具吐司烤模烤焙，此类面包讲求式样美观，组织细腻，需要有良好的烤焙弹性。面筋须充分搅拌出来，基本发酵必须适当，才能得到良好形态和组织，其特性为表皮颜色呈金黄色，且薄而柔软，内部组织颜色洁白或浅如白色并有丝状光泽，组织细腻均匀，咀嚼时容易嚼碎且不黏牙。

3.脆皮面包

其特性为产品面团中裹入很多有规则层次油脂，加热汽化成一层层又松又软的酥皮，外观呈金黄色，内部组织为一层层松脆层次。

4.松质面包

可添加各种口味馅料，一般为较高成分面包，配方中使用的糖、油脂皆为面粉量的10%以上，馅料应为面团质量20%以上，组织较为柔软，可应用各式馅料来做成最终的烘焙品。其特性为成分较高，配方中含糖、蛋、油脂量较多，外表形状及馅料变化多，外观漂亮美观，内部组织细致均匀，风味香甜柔软。

5.杂粮面包

凡在软式或硬式面包中添加合法的谷物或核果，且添加量不得低于面粉量20%，多谷物、高纤维含量、低糖、低油、低热量产品均为此类，如杂粮葡萄面包、葵花子面包等。其特性为低成分，高纤维面包配方中油、糖、蛋含量极微，甚至有些不添加。有些产品配方中含麸皮、稞麦、黄豆、葵花子等多谷类原料，其目的是通过杂粮的加入增加各种蛋白质、脂肪、氨基酸等营养成分，易于被人体吸收。此种面包外观呈光亮状，内部组织较为紧密，外皮酥脆。杂粮面包中杂粮的亲水率较面粉低，其内部结构松软富有弹性。也有将松质面包、杂粮面包等保健面包和三明治面包以及各种花样面包合并为一起。

任务二　面包加工工艺流程

面包的制作，无论是手工操作，还是机械化生产，都包括三大基本工序，即面团搅拌、面团发酵和成品焙烤。在这三大基本工序的基础上，根据面包品种特点和发酵过程常将面包的生产工艺分为一次发酵法（直接法）、二次发酵法（中种法）和快速发酵法。

（1）一次发酵法　一次发酵法的优点是发酵时间短，提高了设备和车间的利用率，提高了生产效率且产品的咀嚼性、风味较好。缺点是面包的体积较小，且易于老化；批量生产时，工艺控制相对较难，一旦搅拌或发酵过程出现失误，无弥补措施。

（2）二次发酵法　二次发酵法的优点是面包的体积大，表皮柔软，组织细腻，具有浓郁的芳香风味，且成品老化慢。缺点是投资大，生产周期长，效率低。

（3）快速发酵法　快速发酵法是指发酵时间很短（20～30 min）或根本无发酵的一种面包加工方法。整个生产周期只需2～3 h。其优点是生产周期短、生产效率高，投资少，可用于特殊情况或应急情况下的面包供应。缺点是成本高，风味相对较差，保质期较短。

面包的制法最普遍、最大量、最基本的制作方法还是直接法和中种法。

一、面包的配方

面包配方中基本原料有面粉、酵母、水和食盐，辅料有砂糖、油脂、乳粉、改良剂以及其他乳品、蛋、果仁等。面包配方一般用烘焙比来表示，即面粉的用量为100，其他配料占面粉用量的百分之几。

1.一次发酵法配方

配方1:面包专用粉100 kg、水58 kg、白砂糖6 kg、油脂3kg、酵母1.4 kg、食盐1.0 kg。

配方2:面包专用粉100 kg、水58 kg，鲜酵母2 kg、面粉改良剂0.25 kg、盐2 kg、糖2 kg、黄油2 kg。

2.二次发酵法配方

种子面团:专用粉75kg、水45kg、鲜酵母2 kg。

主面团:专用粉25 kg、糖20 kg、人造奶油12 kg、蛋5 kg、奶粉4 kg、盐1.5 kg、水12 kg。

3.快速发酵法配方

配方1(起酥面包配方):专用粉100 kg、奶油20 kg、鸡蛋12 kg、牛奶5 kg、鲜酵母10 kg、冷冻鲜奶油15 kg、馅料奶油35 kg。

配方2:面包专用粉100 kg、水58 kg、白砂糖18 kg、鸡蛋12 kg、奶粉15 kg、酵母1.4 kg、食盐0.8 kg。

二、面团的调制

面团调制也称调粉或搅拌，它是指在机械力的作用下，各种原辅料充分混合，面筋蛋白和淀粉吸水润胀，最后得到一个具有良好黏弹性、延伸性、柔软、光滑面团的过程。面包制作最重要的两个工序就是面团的调制和发酵。面包生产成功与否，面团的调制占25%的因素，发酵的好坏占70%的因素，其他操作工序占5%，由此可见面团调制的重要。如果面团搅拌达到最佳程度，以后的工序易于进行，并能保证产品质量。

(一)面团搅拌的投料顺序

调制面团时的投料顺序因制作工艺的不同略有差异。一次发酵法的投料顺序为:先将所有的干性原料(面粉、奶粉、砂糖、酵母等)放入搅拌机中，慢速搅拌2 min左右，然后边搅拌边缓慢加入湿性原料(水、蛋、奶等)，继续慢速搅拌3～4 min，最后在面团即将形成时加入油脂和食盐，快速搅拌(4～5 min)，使面团最终形成。二次发酵法是将部分面粉和全部酵母、改良剂、适量水和少量糖先搅成面团，一次发酵后再将其余原料全部放入和面机中，最后放入油脂和盐。由此可知，不论采用何种发酵工艺，油脂和食盐都是在面团基本形成时加入，原因是食盐和糖有抑制面粉水化的作用。

(二)面团搅拌时间的确定

面团最佳搅拌时间应根据搅拌机的类型和原辅料的性质来确定。目前,国产搅拌机绝大多数不能够变速,搅拌时间一般需 15～20 min。如果使用变速搅拌机,只需 10～12 min。变速搅拌机一般慢速(15～30 r/min)搅拌 5 min,快速(60～80 r/min)搅拌 5～7 min,面团的最佳搅拌时间还应根据面粉筋力、面团温度、是否添加氧化剂等多种因素在实践中摸索。

(三)加水量

加水量越少,会使面团的卷起时间缩短。而卷起后在扩展阶段中应延长搅拌时间,以使面筋充分扩展。但水分过少时,会使面粉的颗粒难以充分水化,形成面筋的性质较脆,稳定性较差。故水分过少,做出的面包品质较差。相反面中用水分多,则会延长卷起的时间,但一般搅拌稳定性好。当面团达到卷起阶段后,就会很快地使面筋扩展,完成搅拌的工作。在无奶粉使用的情况下,加水率在 60%左右。

(四)面团温度的控制

适宜的面团温度是面团发酵的必要条件。实际上,在面团搅拌的后期,发酵过程已经开始。为了防止面团过度发酵,得到最好的面包品质,面团形成时温度应控制在 26～28℃。在生产实践中,面团温度在没有自动温控调粉机的情况下,主要靠加水的温度来调节。因为水在所有材料中不仅热容量大,而且容易加温和冷却。水的温度不仅与面团调制的温度有关,而且与调粉机的构造、速度(一般情况下,低速搅拌升温 2～3℃;中速搅拌升温 7～15℃;高速搅拌升温 10～15℃;手工搅拌升温 3～5℃)、室温、材料配合、粉质、面团的硬软、重量有关。所需水温可由经验公式计算得出:

所需水温=(3×面团理想温度)-(室温+粉温-机器摩擦升温)

(五)搅拌机的速度

搅拌机的速度对搅拌和面筋的扩展时间影响较大。一般稍快速度搅拌面团,卷起时间较快,完成时间短,面团搅拌后的性质也佳。对面筋特强的面粉如用慢速搅拌,很难使面筋充分扩展,变得柔软而具有良好的伸展性和弹性。面筋稍差的面粉,在搅拌时应用慢速搅拌,以免使面筋折断。

三、面团的发酵

(一)面团发酵的作用

面团的发酵是指以酵母为主，面粉中其他微生物参加的复杂发酵过程。在酵母的转化酶、麦芽糖酶等多种酶的作用下，面团中的糖被分解为酒精和二氧化碳，在各种氨基酸、有机酸、酯类等共同作用下，面团具有芳香气味，以上复杂过程称为面团发酵。面团在发酵的同时也进行着一个熟成过程。面团的成熟是指经过发酵过程的一系列变化，使面团达到制作面包的最佳状态。即不仅产生大量的二氧化碳气体和各类风味物质，而且经过一系列的生物化学变化，使得面团的物理性质如伸展性、保气性等均达到最良好的状态。面团发酵的基本作用是：在面团中积蓄发酵生成物，给面包带来浓郁的风味和芳香，使面团变得柔软而易于伸展，在烘烤时得到极薄的膜；促进面团的氧化，强化面团的持气能力；产生使面团胀发的二氧化碳气体；有利于烘烤时上色。

(二)酵母的发酵

发酵是使面包获得气体、实现膨松、增大体积、改善风味的基本手段。酵母的发酵作用是指酵母利用糖(主要是葡萄糖)经过复杂的生物化学反应最终生成 CO_2 气体的过程。

发酵过程包括有氧呼吸和无氧呼吸。在面团的发酵初期，酵母的有氧呼吸占优势，并进行迅速繁殖，产生很多新芽孢。随着发酵的进行，无氧呼吸逐渐占优势，越到发酵后期，无氧呼吸进行得越旺盛。整个发酵过程中以无氧呼吸为主对面包的生产和质量是有利的。因为无氧呼吸产生酒精，可使面包具有醇香味；另外，有氧呼吸会产生大量的气体和热量。过快地产生气体不利于面团中气泡的均匀分散，大气泡较多，过多的热量使面团的温度不易控制，过高的面团温度会引起杂菌如乳酸菌、醋酸菌的大量繁殖，从而影响面包质量。采用二次发酵工艺制作的面包质量较好的原因在于第一次发酵使酵母繁殖，面团中含有足够的酵母数量，增强发酵后劲。通过对一次发酵后面团的搅拌，一方面可使大气泡变成小气泡；另一方面可使面团中的热量散失，并使可发酵糖再次和酵母接触，使酵母进行无氧呼吸。

影响酵母产气因素：

(1)温度　温度高，酵母的产气量增加，发酵速度快。但温度过高，产气过快，不利于面团的持气和气泡的均匀分布。面团的发酵温度一般控制在26～28℃。

(2)pH　酵母发酵的最适pH为5～6，在此pH下酵母产气能力强。

(3)渗透压　面团发酵过程中，影响酵母活性的渗透压主要由糖和盐引起。糖用量为5%～7%时产气能力大，超出此范围，糖用量越多，发酵能力越受到抑制。食盐能够抑制酶的活性，食盐的用量越多，酵母的产气能力越低。食盐用量超过1%时，对酵母活性就有明显抑制作用。

(三)影响面团持气的因素

(1)面粉　面粉中蛋白质的数量和质量是面团持气能力的决定性因素。面粉成熟不足或过度都使面团的持气能力下降。成熟不足应使用改良剂，成熟过度时应减少面团改良剂的用量。

(2)乳粉和蛋品　乳粉和蛋品均含有较多的蛋白质，对面团发酵的酸碱度有缓冲作用，均能提高面团的发酵耐力和持气性。

(3)戊聚糖的作用　戊聚糖是一种植物胶，对面粉的焙烤特性有显著影响。有实验证实，在弱筋粉中添加2%的水溶性戊聚糖，能使面包的体积增加30%～45%。在面团中加入汉生胶或槐豆胶，也可增加面团的持气性。

(4)面团搅拌　面团搅拌到面筋网络充分形成而又不过度，此时面闭的持气性最好。

(四)面团成熟

面团发酵时，经过一系列复杂的变化，达到制作面包的最佳状态，称作成熟。也就是调制好的面团，经过适当时间的发酵，蛋白质和淀粉的水化作用已经完成，面筋的结合扩张已经充分，薄膜状组织的伸展性也达到一定程度，氧化也进行到适当程度，使面团具有最大的气体保持力和最佳风味条件。还未达到这一目标的状态，称为不熟；如果超过这一时期则称为过熟。这两种状态的气体保持力都较弱。在面包制作中，发酵面团是否成熟是成品品质的关键。因此，如何判断发酵面团是否成熟十分重要。

鉴别面团发酵成熟的方法有以下几种：

(1)回落法　面团发酵一定时间后，在面团中央部位开始向下回落，即为发酵成熟。但要掌握在面团刚开始回落时，如果回落幅度太大则发酵过度。

(2)手触法　用手指轻轻按下面团，手指离开后，面团既不弹回，也不继续下落，表示发酵成熟；如果很快恢复原状，表示发酵不足；如果面团很快凹下去，表示发酵过度。

(3)温度法　面团发酵成熟后一般温度上升4～6℃。

(4)pH法　面团发酵前pH为6.0左右，发酵成熟后pH 5.0，如果低于5.0，则说明发酵过度。

四、面包的整形

将发酵好的面团做成一定形状的面包坯称作整形。整形包括分块、称量、搓圆、中间醒发、压片、成型。在整形期间，面团仍进行着发酵过程，整形室所要求的条件是温度26～28℃，相对湿度85%。

(一)分块

分块应在尽量短的时间内完成，主食面包的分块最好在15～20 min内完成，点心面包最好在 30～40 min 内完成，否则因发酵过度影响面包质量。由于面包在烘烤中有 10%～12%的质量损耗，故在称量时将这一质量损耗计算在内。

(二)搓圆

搓圆就是使不整齐的小面块变成完整的球形，恢复在分割中被破坏的面筋网络结构。手工搓圆的要领是手心向下，用五指握住面团，向下轻压，在面板上顺一个方向迅速旋转，将面团搓成球状。

(三)中间醒发

中间醒发也称静置。面团经分块、搓圆后，一部分气体被排除，内部处于紧张状态，面团缺乏柔软性，如立即进行压片或成型，面团的外皮易被撕裂，不易保持气体。因此需一段时间的中间醒发。中间醒发的工艺参数为温度 27～29℃，湿度 80%～85%，时间 12～18 min。

(四)压片

压片是提高面包质量、改善面包纹理结构的重要手段。其主要目的是将面团中原来不均匀的大气泡排除掉，使中间醒发产生的新气泡在面团中均匀分布。压片分手工压片和机械压片，机械压片效果好于手工压片。压片机的技术要求是转速 140～160 r/min，辊长 220～240 mm，压辊间距 0.8～1.2 cm。如果生产夹馅面包，压辊间距应为 0.4～0.6 cm，面片不能太厚。

(五)成型

成型是将压片的小面团做成所需要的形状，使面包的外观一致。一般花色面包多用手工成型，主食面包多用机械成型。

五、最终发酵

成型后还需要一个醒发过程，称为最后发酵。经过整形的面团几乎已失去了面团应有的充气性质。面团经过整形时的辊轧、卷压等过程，大部分气体已被压出，同时面筋失去原有的柔软而变得脆硬和发黏，如立即送入炉内烘烤，则烘烤的面包体积小，组织颗粒非常粗糙，同时顶上或侧面会出现空洞和边裂现象。为得到形态好、组织好的面包必须使整形好的面团重新再产生气体，使面筋柔软，增强面筋伸展性和成熟度。

醒发的工艺条件为温度 38～40℃、湿度 80%～90%。最后发酵时间要根据酵母用量、发酵温度、面团成熟度、面团的柔软性和整型时的跑气程度而定，一般为 30～60 min。对于同一种面包来说，最后发酵时间应是越短越好，时间越短做出的面包组织越好。

最终发酵程度的常用判断方法有：

(1)根据成品体积判断　一般最后发酵结束时面团的体积应是成品体积的 80%，其余

20%留在炉内胀发。对于面包，由于烤模带盖，所以好掌握，一般醒发到80%即可。

(2)用整型后面团的胀发程度来判断　要求胀发到装盘时的3～4倍。

(3)根据外形、透明度和触感判断　发酵开始时，面团不透明和发硬，随着膨胀，面团变柔软，表面有半透明的感觉。最后，随时用手指轻摸面团表面，感到面团越来越有种膨胀起发的轻柔感，根据经验利用以上感觉判断最佳发酵时期。

六、面包的焙烤与冷却

焙烤是面包制作的三大基本工序之一，是指醒发好的面包坯在烤炉中成熟的过程。面团在入炉后的最初几分钟内，体积迅速膨胀。其主要原因有两方面：一方面，面团中已存留的气体受热膨胀；另一方面，由于温度的升高，在面团内部温度低于45℃时，酵母变得相当活跃，产生大量气体。一般面团的快速膨胀期不超过10 min。随后的焙烤过程主要是使面团中心温度达到100℃，水分挥发，面包成熟，表面上色。

(一)面包焙烤的温度和时间

面包焙烤的温度和时间取决于面包辅料成分多少、面包的形状、大小等因素。焙烤条件的范围大致为180～220℃。时间15～50 min。焙烤的最佳温度、时间组合必须在实践中摸索，根据烤炉不同、配料不同、面包大小不同具体确定，不能生搬硬套。若使用的烤炉能控制面火和底火，在焙烤的初始阶段，底火应高于面火．以利于水分挥发，体积最大限度地膨胀。面火160℃，底火180～185℃。在焙烤的后期，面火应上升至210～220℃上色，底火仍在180～185℃。如果不能控制底火和面火，可用分阶段升温法。初始温度180～185℃，中间温度190～200℃，最后温度210～220℃。

(二)面包焙烤的湿度

有些面包烤炉上有加温器，通过加湿可以控制面包皮的厚薄。面包皮的形成是面团表面迅速干燥的结果。由于面团表面与干燥的高温空气接触，其水分汽化非常快。如果需要较厚的面包皮，一般需向烤炉内加湿，使面包表面水分汽化速率减慢，表面受到较大程度的焙烤，从而形成较厚的面包皮。

(三)面包的冷却、包装

由于刚出炉的面包表面温度高(一般大于180℃)，面包的表皮硬而脆，面包内部含水量高，瓤心很软，经不起外界压力，稍微受力就会使面包压扁。压扁的面包回弹性差，失去面包固有的形态和风味。出炉后经过冷却，面包内部的水分随热量的散发而蒸发，表皮冷却到一定程度就能承受压力，此时再进行挪动和包装。

任务三 面包加工中常见问题及处理措施

一、面包体积过小

面包体积过小主要是发酵未完全造成的，具体原因及解决方法如下：

(1)酵母添加量不足或者是酵母活性受到抑制。针对前者我们可以适当地添加酵母用量。酵母活力受到抑制可能有以下几个原因：盐或糖的用量过多致使渗透压过高；面团的温度过低，不适合酵母的生长。故我们应根据配方适当降低糖、盐的用量，控制发酵所需温度。

(2)普通面粉的品质不适合做面包。一般是由于面粉筋力不足，可以改用高筋粉或者添加0.3%～0.5%的改良剂来增加筋力，改善面团的保气性。

(3)搅拌不足或者搅拌过度。当搅拌不足时面团发酵未完全，搅拌过度会破坏面团的网络结构使持气力降低。因此应该严格控制面团的搅拌时间。

二、面包内部组织粗糙

面包内部组织粗糙的原因主要有以下几方面：①普通面粉的品质不佳，应该用面包粉(高筋力的面粉)。②水的量添加不足或者水质不好，适当添加用水量并控制用水的硬度为2.9～4.3 mmol/L。③油脂的添加量不足，应适当添加油脂的用量使之不少于6%。④发酵时间过长，面包内的气孔无法保持均匀细密，影响口感，控制发酵时间不要超过4 h。⑤搅拌不足，面包未完全发酵，延长搅拌时间。⑥搓圆不够，必须使造型紧密，不能太松。⑦撒手粉用量过多，减少用量。

三、面包表皮颜色过深

面包表皮的颜色是糖在高温下通过美拉德反应生成的。颜色过深是由于以下几个原因：①糖的用量过多，减少用量。②炉温过高，我们应根据具体情况(如面包的体积、形状、大小等)来确定最终的炉温。③炉内的湿度太低，可以在中途喷洒一些水，最好用可以调节湿度的烤炉。④烘烤过度，没有控制好烘烤时间，致使表面烤焦，颜色过深。

四、面包表皮过厚

导致面包表皮过后的原因主要是：①烘烤过度，适当减少烘烤时间。②炉温过低，适当提高炉温。③炉内湿度过低，应中途洒些水，最好用可调节湿度的烤炉。④油脂、糖、奶用量不足，适当增加用量。⑤面团发酵过度，减少发酵时间。⑥最后醒发不当，一般最后的醒发温度为32～38℃，相对湿度为75%～85%。

五、面包在入炉时下陷

面包下陷主要是面包发酵过程中的气体泄露，原因及解决方法如下：①面粉筋力不足，可添加一些改良剂或者增加高筋粉用量。②油脂与糖和水的用量过多，减少其用量。③搅拌不足，增加搅拌时间。④最后发酵过度，减少最后发酵时间，最后发酵体积达到80%～90%时即该入炉。⑤盐的用量不够，适当增加用量。

六、面包易老化

导致面包的老化的原因主要有以下几个方面：①面粉筋力太差，应选用高筋粉。②砂糖用量不足，添加适量砂糖。③水分不足，和面时加水量适当增加。④油脂品质不良或者用量不足，适当增加油脂的用量。⑤搅拌不足，增加搅拌时间。⑥面团发酵时间不够，延长发酵时间。⑦发酵湿度过低，增加醒发箱的湿度。⑧烘烤温度过低，根据产品大小、配方、品质要求确定适当的温度。

七、面包口感不佳

面包口感不好，有各方面的原因，其中主要原因可能是以下几个方面：①原材料不佳，应选用品质好的新鲜原材料。②发酵所需的时间不足或过长，根据不同制品的要求正确掌握发酵所需的时间。③最后醒发过度，严格控制最后醒发的时间及面坯胀发的程度，一般面坯胀发后的体积以是原体积的2～3倍为宜。④生产用具不清洁，经常清洗生产用具。⑤面包变质，注意面包的贮藏温度及存放时间。

项目二
饼干加工

任务一 饼干基本知识

饼干的主要原料是小麦面粉，再添加糖类、油脂、蛋品、乳品等辅料。饼干花色品种繁多，常用的分类方法有两种：①按原料的配比分类；②按成型的方法与油糖用量的范围来分类。

一、按原料配比分类

按原料的配比分类，将饼干分为以下五类（表 4-1）。

表 4-1 按原料的配比分类

种类	油糖比	油糖与面粉比	品种
粗饼干类	0∶10	1∶5	硬饼干、发酵硬饼干
韧性饼干类	1∶2.5	1∶2.5	低档甜饼干，如动物饼干、什锦饼干等
酥性饼干类	1∶2	1∶2	一般甜饼干，如椰子饼干、橘子饼干等
甜酥性饼干类	1∶1.35	1∶1.35	高档酥饼类甜饼干，如桃酥等
发酵饼干类	10∶0	1∶5	中、高档苏打饼干

二、按成型方法与油糖用量的范围分类

根据《中华人民共和国轻工行业标准——饼干通用技术条件》的规定，饼干按其加工工

艺的不同，可分为12类：酥性饼干、韧性饼干、发酵（苏打）饼干、薄脆饼干、曲奇饼干、夹心饼干、威化饼干、蛋圆饼干、蛋卷、黏花饼干、水泡饼干、其他（除上述11类之外的饼干）。

任务二　饼干加工工艺流程

韧性饼干的生产工艺流程：

原辅料预处理→面团的调制→辊轧→成型→焙烤→冷却→包装→成品

发酵饼干的生产工艺流程：

剩余面粉、乳粉过滤、水调温、食盐溶解、油脂、淀粉糖浆
↓
面粉过筛、酵母活化、水调温→第一次调粉→第一次发酵→第二次调粉→第二次发酵→辊压→冲印成型→烘烤→冷却输送→整理→包装→成品
↑
制酥油

面团调制是将生产饼干的各种原辅料混合成具有某种特性面团的过程。饼干生产中，面团调制是最关键的一道工序，它不仅决定了成品饼干的风味、口感、外观、形态，而且还直接关系到以后的工序能否顺利进行。

一、酥性面团的调制

酥性面团是用来生产酥性饼干和甜酥饼干的面团，要求面团有较大的可塑性和有限的黏弹性，面团不粘轧辊和模具，饼干坯应有较好的花纹，焙烤时有一定的胀发率而又不收缩变形。要达到以上要求，必须严格控制面团调制时面筋蛋白的吸水率，控制面筋的形成，主要注意以下几点：

1.配料次序

辅料预混，是指在调粉操作前将除面粉以外的原辅料混合成糨糊状的混合物。对于乳粉、面粉等易结块的原料要预先过筛。

2.面团调制时间和面团成熟度判断

面团调制时间的控制，是酥性面团调制的又一关键技术。延长调粉时间，会促进面筋蛋白的进一步水化，因而面团调制时间是控制面筋形成程度和限制面团黏性的最直接因素。

在实际生产中,应根据糖、油、水的量和面粉质量,以及调制面团时的面团温度和操作经验,来具体确定面团的调制时间。一般来说,油、糖少,用水多的面团,调制时间短(12～15 min),而油、糖大,用水少的面团,调制时间长(15～20 min)。在酥性面团调制过程中,要不断用手感来鉴别面团的成熟度。即从调粉机中取出一小块面团,观察有无水分及油脂外露。如果用手搓捏面团,不粘手,软硬适中,面团上有清晰的手纹痕迹,当用手拉断面团时,感觉稍有连接力而拉断的面头没有收缩现象,则说明面团的可塑性已达到最佳程度。

3. 糖、油的搅拌

在糖、油较多时,面团的性质比较容易控制,但有些糖、油比较少的面团调制时极易起筋,要特别注意操作,避免搅拌过度。

4. 加淀粉与头子量

加淀粉是为了抑制面筋形成,降低面团的强度和弹性,而加头子量则是加工机械操作的需要。因为在冲印法进行成型操作时,切下饼坯必然要余下一部分头子,另外生产线上也会出现一些无法加工成成品的面团也称作头子。为了将这些头子再利用,常常需要把它再掺到下次制作的面团中去。头子由于已经过辊轧和长时间的胀润,所以面筋形成程度要比新调粉的面团要高得多。为了不使面团面筋形成过度,头子掺入面团中的量要严格控制,一般只能加入 1/10～1/8。如果面团筋力十分脆弱,面筋形成十分缓慢时,加入头子可以增强面团强度,使操作情况改善。

5. 面团温度

温度是影响面团调制的重要因素。温度低,蛋白质吸水少,面筋强度低,形成面团黏度大,操作困难;温度高,则蛋白质吸水量大,面筋强度大,形成面团弹性大,不利于饼干的成型和保形,成品饼干酥松感差。另外温度高、用油量大的面团可能出现走油现象,对饼干质量和工艺都有不利影响。因此在生产中,应严格控制面团温度,一般用水温来控制调粉温度。酥性面团的调粉温度一般控制在 22～28℃,而甜酥饼干面团温度在 20～25℃。夏季气温高,可用冷水调制面团。

6. 静置时间

面团调制好后,适当静置几分钟到十几分钟,使面筋蛋白水化作用继续进行,以降低面团黏性,适当增加其结合力和弹性。若调粉时间较长,面团的黏弹性较适中,则不进行静置,立即进行成型工序。面团是否需静置和静置多少时间,视面团调制程度而定。

二、韧性面团的调制

韧性面团是用来生产韧性饼干的面团。这种面团要求具有较强的延伸性和韧性、适度的弹性和可塑性、面团柔软光润,强度和弹性不能太大。与酥性面团相比韧性面团的面筋形成比较充分,但面筋蛋白仍未完全水合,面团硬度大于面包面团。

1.面团的充分搅拌

要达到韧性面团的上述要求,调粉的最主要措施是加大搅拌强度,即提高机器的搅拌速度或延长搅拌的操作时间。

2.投料顺序

韧性面团在调粉时可一次性将面粉、水和辅料投入机器搅拌。但也有按酥性面团的方法,将油、糖、蛋、奶等辅料加热水或热糖浆在和面机中搅匀,再加入面粉。如果使用改良剂,则应在面团韧性形成时(约 10 min 后)加入。由于韧性面团调制温度较高,疏松剂、香精、香料一般在面团调制的后期加入,以减少分解和挥发。

3.淀粉的添加

调制韧性面团,通常均需添加一定量的淀粉。其原因除了淀粉是一种有效的面筋浓度稀释剂,有助于缩短调粉时间,增加可塑性外,还有一个目的就是使面团光滑,降低黏性。

4.加水量的掌握

韧性面团通常要求面团比较柔软。加水量要根据辅料及面粉的量和性质来适当确定,一般加水量为面粉的 22%~28%。

5.面团温度

面团温度直接影响面团的流变学性质,根据经验,韧性面团温度一般在 38~40℃。面团的温度常用加入的水或糖浆的温度来调整,冬季用水或糖浆的温度为 50~60℃,夏季为 40~45℃。

6.面团调制时间和成熟度的判断

韧性面团的调制,不但要使面粉和各种辅料充分混匀,还要通过搅拌,使面筋蛋白与水分子充分接触,形成大量面筋,降低面团黏性,增加面团的抗拉强度,有利于压片操作。此外,通过过度搅拌,将一部分面筋在搅拌桨片剪切作用下不断撕裂,使面筋逐渐处于松弛状态,一定程度上增强面团的塑性,使冲印成型的饼干坯有利于保持形状。韧性面团的调制时间一般在 30~35 min。对面团调制时间不能生搬硬套,应根据经验,通过判断面团的成熟度来确定。韧性面团调制到一定程度后,取出一小块面团搓捏成粗条,用手感觉面团柔软适中,表面干燥,当用手拉断粗面条时,感觉有较强的延伸力,拉断面团两断头有明显的回缩现象,此时面团调制已达到了最佳状态。

7.面团静置

为了得到理想的面团,韧性面团调制好后,一般需静置 10 min 以上(10~30 min),以松弛形成的面筋,降低面团的黏弹性,适当增加其可塑性。另外,静置期间各种酶的作用也可使面筋柔软。

三、苏打饼干面团调制和发酵

苏打饼干是采用生物发酵剂和化学疏松剂相结合的发酵性饼干,具有酵母发酵食品的特有香味，多采用二次搅拌、二次发酵的面团调制工艺。

1.面团的第一次搅拌与发酵

将配方中面粉的40%～50%与活化的酵母溶液混合，再加入调节面团温度的生产配方用水，搅拌4～5 min。然后在相对湿度75%～80%、温度26～28℃下发酵4～8 h，发酵时间的长短依面粉筋力、饼干风味和性状的不同而异。通过第一次较长时间的发酵，使酵母在面团内充分繁殖，以增加第二次面团发酵潜力，同时酵母的代谢产物酒精会使面筋溶解和变性，产生的大量CO_2使面团体膨胀至最大后，继续发酵，气体压力超过了面筋的抗拉强度而塌陷，最终使面团的弹性达到理想程度。

2.第二次搅拌与发酵

将第一次发酵成熟的面团与剩余的面粉、油脂和除化学疏松剂以外的其他辅料加入搅拌机中进行第二次搅拌。搅拌开始后，缓慢撒入化学疏松剂，使面粉的pH达7.1或稍高为止。第二次搅拌所用面粉，主要是使产品口感酥松，外形美观，因而需选用低筋粉。第二次搅拌是影响产品质量的关键，它要求面团柔软，以便辊轧操作，搅拌时间一般4～5 min，使面团弹性适中，用手较易拉断为止。第二次发酵又称后续发酵，主要是利用第一次发酵产生的大量酵母，进一步降低面筋的弹性，并尽可能地使面团结构疏松。一般在28～30℃温度下发酵3～4 h即可。

四、饼干成型

对于不同类型的饼干，成型方式是有差别的，成型前的面团处理也不相同。如生产韧性饼干和苏打饼干一般需辊轧或压片，生产酥性饼干和甜酥饼干一般直接成型，而威化饼干、曲奇饼干则需挤浆成型。

1.冲印成型

冲印成型是一种古老而且目前仍广泛使用的饼干成型方法。它的优点是能够适应多种大众产品的生产，如粗饼干、韧性饼干、苏打饼干等。凡是面团具有一定韧性的饼干品种都可用冲印成型。冲印成型机有旧式的间歇式冲印成型机和较新式的摆动冲印成型机。

2.辊印成型

辊印成型机的上方为料斗，料斗的底部有一对直径相同的辊筒。一个叫作喂料辊，另一个叫作模具辊。喂料辊表面是与轴线相平行的沟槽，以增加对面团的携带能力。模具辊上装有使面团成型的模具。两辊相对转动，面团在重力和两辊相对运动的摩擦力作用下不断填充到模具辊的模具中。在两辊中间有一紧贴模具辊的刮刀，可将饼干坯上超出模具厚度的部分刮下来，即形成完整的饼干坯。当嵌在模具辊上的饼干坯随辊转动到正下方时，接触帆布传送带和脱模辊，在饼干坯自身重力和帆布摩擦力的作用下，饼坯脱模。脱了模的饼坯由帆布传送带输送到烤炉的钢丝网带上进入烤炉。这种设备只适用于配方中油脂较多的酥性饼干，对有一定韧性的面团不易操作。

3.辊切成型

辊切成型是结合冲印成型及辊印成型两者优点、克服两者缺点而设计出来的新的饼干成型工艺。它的前部分用的是冲印成型的多道压延辊，成型部分由印花辊、切割辊及橡胶辊组成。面带经前几道辊压延成理想的厚度后，先经花纹辊压出花纹，再在前进中经刀口辊切出饼坯，然后由斜帆布传送带送走边料。这种成型方法由于它是先压成面片而后辊切成型，所以具有广泛的适应性，能生产韧性、酥性、甜酥性、苏打等多种类型的饼干，是目前较为理想的一种饼干成型工艺。

4.挤出成型

挤出成型有钢丝切割成型、挤条成型、挤浆成型等。钢丝切割成型是利用挤压装置将面团从模孔中挤出。模孔有花瓣形和圆形多种。每挤出一定厚度，用钢丝切割成饼坯。挤条成型与钢丝切割成型原理相同，只是挤出模孔的形状不同。挤浆成型是用液体泵将糊状面团间歇挤出，挤出的面糊直接落在烤盘上，如曲奇饼干的成型。

五、饼干的烘焙、冷却、包装

1.焙烤

饼干焙烤的主要作用是降低产品水分，使其熟化，并赋予产品特殊的色、香、味和组织结构。在焙烤过程中，化学疏松剂分解产生的大量 CO_2，使饼干的体积增大，并形成多孔结构，淀粉胶凝、蛋白质变性凝固，使饼干定型。

对于配料不同、大小不同、厚薄不同的饼干，焙烤温度、焙烤时间都不相同。韧性饼干的饼干坯中面筋含量相对较多，焙烤时水分蒸发缓慢，一般采用低温长时焙烤。酥性饼干由于含油糖多，含水量少，入炉后易发生“油摊”现象，因此常采用高温短时焙烤。苏打饼干入炉初期底火应旺，面火略低，使饼干坯表面处于柔软状态从而有利于饼干坯体积膨胀和 CO_2 气体的逸散。如果炉温过低，时间过长，饼干易成僵片。进入烤炉中区后，要求面火逐渐增加而底火逐渐减弱，这样可使饼干膨胀到最大限度并将其体积固定下来，以获得良好的产品。

2.冷却、包装

刚出炉的饼干表面温度在 160℃以上，中心温度也在 110℃左右，必须冷却后才能进行包装。一方面，刚出炉的饼干水分含量较高，且分布不均匀，口感较软，在冷却过程中，水分进一步蒸发，同时使水分分布均匀，口感酥脆；另一方面，冷却后包装还可防止油脂的氧化酸败和饼干变形。冷却通常是在输送带上自然冷却，也可在输送带上方用风扇进行吹风冷却，但不宜用强烈的冷风吹，否则饼干会发生裂缝。饼干冷却至 30～40℃即可进行包装、贮藏和上市出售。

任务三 饼干加工中常见问题及处理措施

一、饼干不光泽、表面粗糙

产生的原因可能有:①饼干喷油量太小,或喷油温度太低以致产生油雾困难,喷不匀,油不易进入饼干表面,影响饼干光泽。此时可增大喷油量,油温控制在85~90℃,并在油中加入适量增光剂和辣椒红。②配方中没有淀粉或淀粉量太少。此时可加入适量淀粉,必要时在炉内前部附设蒸汽设备,加大炉内湿度使饼干坯表面能吸收更多的水分来促进淀粉糊化,以增加表面光泽。③调粉时间不足或过头,应注意掌握好调粉时间。④面带表面撒粉太多,应尽量不撒或少撒面粉。

二、饼干口感粗糙

产生的原因可能有:①调粉时间不足或过头。此时应正确及时判断调粉成熟度。②配方中膨松剂用量太少或太多,应调整适量加入膨松剂。③配方中油、糖用量偏少,应适当增加油、糖用量并加入适量磷脂。

三、饼干粘底

饼干粘底的原因可能有:①饼干过于疏松,内部结合力差,此时应减少膨胀剂用量。②饼干在烤炉后区降温时间太长,饼干坯变硬。此时应注意烤炉后区与中区温差不应太大,后区降温时间不能太长。

四、饼干凹底

导致饼干凹底的原因主要有:饼干胀发程度、饼干上针孔太少或面团弹性太大。如果出现此类问题应该根据具体情况来增加膨松剂,尤其是小苏打用量,使用有较多针的饼干模具或适当增加面团改良剂用量或增加调粉时间,并添加适量淀粉(面粉的5%~10%)来稀释面筋量。

五、饼干收缩变形

产生的原因可能有:①在面带压延和运送过程中面带绷得太紧。此时应调整面带,在经第二和第三对轧辊时要有一定下垂度,帆布带在运送面带时应保持面带呈松弛状态。②面团弹性过大,可适当增加面团改良剂用量或增加调粉时间,并添加适量淀粉(面粉的5%~

10%)来稀释面筋量。③面带始终沿同一方向压延,引起面带张力不匀。此时应将面带在辊轧折叠时不断转换90°方向。

六、饼干起泡

产生的原因可能有:①烤炉前区温度太高,尤其面火温度太高,此时应控制烤炉温度不可一开始就很高,面火温度应逐渐增高。②面团弹性太大,烘烤时面筋挡住气体通道不易散出,使表面起泡,此时应降低面团弹性,并用有较多针的模具。③膨松剂结块未被打开。此时应注意对结块的膨松剂粉碎后再用。④辊轧时面带上撒面粉太多,应尽量避免撒粉或少撒粉。

七、饼干不上色

产生的原因可能是配方中含糖量太少,此时需增加转化糖或饴糖用量。

八、饼干冷却后仍发软、不松脆

产生的原因可能有:①饼干厚而炉温太高,烘烤时间短,造成皮焦里生,内部残留水分太多。此时应控制饼干厚度,适当调低炉温,增加烘烤时间,使成品饼干含水量<6%。②烤炉中后段排烟管堵塞,排气不畅,造成炉内温度太高,此时应保持排汽畅通,排烟管保温,使出口温度不低于100℃,以免冷凝水倒流入炉内。

九、饼干易碎

产生的原因可能有:①饼干胀发过度,过于疏松,此时应减少膨松剂用量。②配料中淀粉和饼干屑用量太多,此时应适当减少其用量。

十、饼干产生裂缝

产生的原因可能有:①饼干出炉后由于冷却过快,强烈的热交换和水分挥发,使饼干内部产生附加应力而发生裂缝。一般情况下,冬天温度低且干燥,饼干易发生裂缝,尤其是含糖量低的饼干更为多见。此时应避免冷却过快,必要时在冷却输送带上加罩,有条件可采用调温调湿设备。②与面筋形成量、加水量、配方中某些原辅料的比例、烘烤温度、饼干造型、花纹走向、粗细、曲线的交叉和图案的布局等有关。这时针对发生裂缝的具体原因,采取改进配方、选择炉温、设计饼干模具等措施。

项目三 蛋糕加工

任务一 蛋糕基本知识

蛋糕是用鸡蛋、白糖、小麦粉为主要原料，以牛奶、果汁、奶粉、香粉、色拉油、水、起酥油、泡打粉为辅料，经过搅拌、调制、烘烤后制成的一种海绵状的焙烤食品。

蛋糕根据其配料的不同可分为以下几类：

海绵蛋糕：又称清蛋糕，有丰富的、细密的气泡结构，质地松软，富有弹性。

油脂蛋糕：质地酥散，滋润，带有油脂尤其是奶油的特有香味。

水果蛋糕：在油脂蛋糕中加入一种或几种水果制成的果味蛋糕。根据果料加入的多少又分为重型、中型和轻型三种水果蛋糕。

装饰大蛋糕：以海绵蛋糕或油脂蛋糕为糕坯，经过适当装饰制成的具有一定艺术品位的喜庆蛋糕。糕体装饰华贵高雅，精美别致。

任务二 蛋糕加工工艺流程

蛋糕加工流程：

白糖、饴糖（↓ 打蛋浆）　过筛←面粉（↓ 调糊）

鸡蛋→去壳→蛋液→打蛋浆→调糊→浇模→烘焙→涂面油→成品

面粉过筛、酵母活化、水调温→第一次调粉→第一次发酵→第二次调粉→第二次发酵→辊压→冲印成型→烘烤→冷却输送→整理→包装→成品

一、原料准备

原料准备主要包括原料清理、计量，鸡蛋的清洗、去壳，面粉和淀粉的疏松、碎团、过筛(60 目以上)等，不过筛可能有块状粉团进入蛋糊中，而使面粉或淀粉分散不均匀，导致成品蛋糕中有硬心。

二、打糊

对于以鸡蛋为主的清蛋糕来说，打糊主要是将鸡蛋与糖放在一起充分搅打，使鸡蛋胀发，尽量使之溶有大量空气泡，同时使糖溶解。打好的鸡蛋糊成稳定的泡沫，呈乳白色，体积为原来的 3 倍左右。打糊是蛋糕生产的关键，蛋糊打得好坏将直接影响成品蛋糕的质量，特别是蛋糕的体积质量(蛋糕质量与体积之比)。若蛋糊打得不充分，则焙烤后的蛋糕胀发不够，蛋糕的体积质量小，蛋糕松软度差。若蛋糊打过头，则因蛋糊的“筋力”被破坏，持泡能力下降，蛋糊下塌，焙烤后的蛋糕虽能胀发，但因其持泡能力下降而表面“凹陷”。

蛋糊的起泡性与持泡能力还与打蛋时的温度有关。打蛋时蛋糊温度升高，则黏稠度下降，起泡性增加，易于起泡胀发，但持泡能力下降，一般在 21℃时，起泡能力和持泡能力平衡。因此，冬季打蛋时应采取保暖措施，以保证蛋糊质量。在工厂生产蛋糕时，有时用蛋量比较少，蛋糊比较稠，则可在打蛋时加入适量的水。因水无起泡性，一般在蛋糊快打好时再加入，否则虽有利于打蛋时起泡，但蛋糊持泡能力太差会影响蛋糕质量。

油脂是消泡剂，当容器周围残留有油脂时，鸡蛋起泡性很差。因此，打蛋时容器一定要清洁。

对于油蛋糕来说，打糊主要是将糖与人造奶油混在一起先搅打，使糖均匀分散于油脂中，再将鸡蛋慢慢加入一起搅打至呈乳白色，即打糊完毕。

与鸡蛋不同，人造奶油起泡性很差，其打糊后的胀发性并不大，不过，油蛋糕的体积质量一部分是靠膨松剂来达到的。

三、拌粉

拌粉是将过筛后的面粉与淀粉混合物加入蛋糊中搅匀的过程。对清蛋糕来说，若蛋糊经强烈的冲击和搅动，泡就会被破坏，不利于焙烤时蛋糕胀发。因此，加粉时只能慢慢将面粉倒入蛋糊中，同时轻轻搅动蛋糊，以最轻、最少翻动次数，拌至见不到生粉即可。

对油蛋糕来说，则可将过筛后的面粉、淀粉和膨松剂慢慢加入打好的人造奶油与糖混合物中，用打蛋机的慢档或人工搅动来拌匀面粉，不宜用力过猛。

四、装模、焙烤

为防止面粉下沉，拌糊后的蛋糊应立即装模焙烤。蛋糕模的形状各异，对焙烤蛋糕来说

要在模内涂上一层植物油或猪油以防止黏模，然后轻轻将蛋糊均匀加于其中，并送至烤炉中焙烤，整个过程中不能用力撞击蛋糊。

蛋糕焙烤的炉温一般在200℃左右。清蛋糕180℃，20 min；油蛋糕220℃，40 min。焙烤过程中，首先烤炉中水蒸气在蛋糕糊表面冷凝积露，待蛋糕糊表面温度上升至100℃后，水分开始汽化，蛋糕糊内部水分向表面扩散，由表面逐渐蒸发。与此同时，蛋糕糊内部气泡逐渐受热膨胀，使蛋糕体积膨胀，当温度达到一定程度后，蛋白质凝固和淀粉吸水膨胀胶凝，使蛋糕定型。由于淀粉胶凝需吸收大量水分，故成品蛋糕比较柔软。

当水分蒸发到一定程度后再加上蛋糕表面温度的上升，在表面形成了由焦糖化反应和美拉德反应引起的金黄色，产生了特殊的蛋糕香味。

蛋糕烤熟程度可以蛋糕表面颜色深浅或蛋糕中心的蛋糊是否粘手为标准。成熟的蛋糊表面一般为均匀的金黄色，若有像蛋糊一样的乳白色，说明并未烤透。蛋糕中的蛋糊仍粘手，说明未烤熟；不粘手，则焙烤即可停止（表4-2）。

烤炉可以是间歇式的，也可以是连续式的。

表4-2　蛋糕大小、焙烤温度、时间的关系

蛋糕重量/g	炉温/℃	焙烤时间/min	上下火控制
＜100	200	12～18	上下火相同
100～450	180	18～40	下火较上火大
450～1000	170	40～60	下火大，上火小

五、冷却、脱膜、包装

刚出炉的蛋糕很柔软，需稍冷却后再脱膜，脱膜后的蛋糕冷透后再行包装、出售。

蛋糕出炉后可在表面刷上一层食用植物油使之光滑油亮，同时也具有一定的保湿和防止微生物生长的作用。

六、装饰

装饰蛋糕在包装前需要进行色调装饰、裱花装饰、馅料装饰、表面装饰和模型装饰等。装饰需扎实的基本功，熟练精湛的技术，同时还涉及审美情调和艺术想象力。

七、蛋糕品质不良的原因及解决办法

评判蛋糕制品的品质，不仅要看其外观形态、体积大小和色泽，还要对其内部组织结构、口感和风味等进行综合评价。蛋糕制品中的某一缺陷，往往不是由单一因素造成的，须将各种相关因素综合考虑。如蛋糕的体积小，就有原料使用量不当、原料品质不良、操作失误等问题。

近年来，由于技术的进步、生产设备的改善和新的食品添加剂蛋糕乳化发泡剂的应用，使蛋糕的制作工艺越来越简单，蛋糕的品质也有很大提高，但难免还是会遇到一些问题。

1.蛋糕凝结程度不良

多由鸡蛋不新鲜所致，新鲜的鸡蛋蛋液浓稠，发泡力强；不新鲜的鸡蛋蛋液则较稀薄，蛋黄黏壳或散黄，发泡力低，烘烤后凝结程度不及新鲜鸡蛋牢固。解决方法：加工蛋糕时须选用新鲜鸡蛋。

2.蛋糕膨松性较差

出现此类问题首先应从膨松剂上找原因。市售的发酵粉又称泡打粉，它是一种复合膨松剂，其品牌甚多，宜选用膨胀性好的品种，且在贮藏过程中应防止吸潮分解，以免降低效用。

3.蛋糕香气不正常

此类问题通常是由香料调配不当引起。应选用香味良好的香精香料，并依照规定量使用，避免用量过多或不足。

4.蛋糕制品外形欠佳

未使用蛋糕发泡乳化剂的蛋糕面糊，由于稳定性差，空气泡容易发生合并和破裂，使蛋糕面糊中的空气泡量减少。另一方面，面糊浇注入烤模后在炉外停留时间太长，使蛋糕面糊的表层水蒸气蒸发干燥，结成一层皮膜，在进入烤炉中烘烤时，该层皮膜也会妨碍蛋糕制品体积膨发。解决方法：前后工序配合好，做好面糊，入模后及时入炉烘烤，如因故在炉外停留无法返工时，可将面糊顶表层稍予搅动后入炉烘烤。

5.蛋糕膨松不够体积过小或过于膨大

由蛋糕面糊搅打不当引起。调制海绵蛋糕面糊时，对鸡蛋和砂糖的搅打，无论是搅打不足还是搅打过度，都会导致蛋糕体积小，膨松不够；调制奶油蛋糕面糊时，脂肪与砂糖粉或与面粉搅打发松的程度不足，包含空气泡量小，会使蛋糕体积减小；而搅打发松过度，由于面糊中含空气量太多，使蛋糕的体积过于膨大，到烘烤后期和冷却过程中会形成蛋糕顶面向下凹陷，内部组织结构变差，气孔粗大，有损成品品质。在实践过程中，当搅打发松的程度接近“最适点”之前，改用中速搅打，以利及时观察、测定。宁可在接近“最适点”之前停止搅打，也不可搅打过度。

6.蛋糕中心凝聚，而顶面向下凹陷

多因烘烤操作不当引发。在蛋糕烘烤过程中，从外表看似乎已烤熟，而内部尚未凝固熟透之时，如果移动烤模位置受到震动，或是打开炉门或取出观察，受到冷空气的侵袭，突然受冷，都会引起蛋糕中心凝聚，结成团块而塌落，造成顶面向下凹陷。解决方法：在蛋糕尚未熟透之前，切不可移动烤模和打开炉门，以免受到震动或冷空气侵袭。

【师徒共研】

1.制作面包时,原料投放为什么要按照顺序进行?

首先,有些原料是需要加水溶解的,如果加晚了,就会造成物料溶解不均匀,影响面团形成的质量;其次,有的面包根据工艺要求需要添加油脂,如果加早了,会影响面筋的形成。

2.在加工面包时,面团搅拌时间长短与面包质量有何关系?

面团搅拌时间长短直接关系面团形成的质量,时间短了面筋不能充分形成;时间长了,已形成的面筋又被打断。一般情况下,面团搅拌时间在15～20 min,具体时间要根据当时的条件而定,比如环境的温度、面筋的大小、增筋剂的添加等。

3.鉴别面团发酵成熟的方法有哪些?

最常用的方法也是最简单的方法有四种:

(1)回落法　面团发酵一定时间后,在面团中央部位开始向下回落,即为发酵成熟。但要掌握在面团刚开始回落时,如果回落幅度太大则发酵过度。

(2)手触法　用手指轻轻按下面团,手指离开后,面团既不弹回,也不继续下落,表示发酵成熟;如果很快恢复原状,表示发酵不足,如果面团很快凹下去,表示发酵过度。

(3)温度法　面团发酵成熟后一般温度上升4～6℃。

(4)pH法　面团发酵前pH为6.0左右,发酵成熟后pH 5.0,如果低于5.0,则说明发酵过度。

4.简述面包发酵原理。

简单说就是面团形成后,面筋之间互相形成网状结构,而面包酵母在面筋网格中间进行新陈代谢产生CO_2气体,从而达到面团疏松的目的。

5.面团搅拌过度会有何影响?

面团搅拌过度,因面筋已经打断,导致面包在发酵产气时很难包住气体,使面包体积扁小。在搅拌时形成了过于湿黏的性质,造成在整形操作上极为困难,面团滚圆后也无法挺立,向四周扩展。如用此面团烤出来的面包,同样因无法保存膨大的空气而使面包体积小,内部空洞大,组织粗糙而多颗粒,品质极差。

6.何谓面团发酵成熟?

面团发酵时,经过一系列复杂的变化,达到制作面包的最佳状态,称作成熟,这一过程叫熟成,也就是调制好的面团。

7.面包体积过小的原因及解决方法是什么?

主要是发酵未完全造成的,具体原因及解决方法如下:

(1)酵母添加量不足或者是酵母活性受到抵制。

(2)普通面粉的品质不适合做面包，一般是由于面粉筋力不足，可以改用高筋粉或者添加0.3%～0.5%的改良剂来增加筋力，改善面团的保气性。

(3)搅拌不足或者搅拌过度。当搅拌不足时面团发酵未完全，搅拌过度会破坏面团的网络结构使持气力降低。因此应该严格控制面团的搅拌时间。

8.在饼干加工工艺中为什么加淀粉与头子量？

加淀粉是为了抑制面筋形成，降低面团的强度和弹性，增加塑性的措施。而加头子量则是加工机械操作的需要，因为在冲印法进行成型操作时，切下饼坯必然要余下一部分头子，另外生产线上也会出现一些无法加工成成品的面团也称作头子。为了将这些头子再利用，常常需要把它再掺到下次制作的面团中去。

9.蛋糕的体积小，是哪些原因造成的？

原料使用量不当、原料品质不良、操作失误等问题。

10.蛋糕脱模困难，易黏烤模造成破损，是什么原因？

烤模不合格或烤模内蛋糕残屑未清除干净造成。如烤模表面粗糙或烤模造型不好，烤模内黏附的蛋糕残屑未清除干净，模内油脂未涂均匀等，都可造成蛋糕脱模困难，易黏烤模造成破损。解决方法：选用光洁的金属材料，改进烤模结构造型；残屑清除干净，油脂涂抹均匀或用衬纸垫衬，最好是在烤模内涂上防黏涂料。

11.蛋糕顶面为什么出现白色斑点？

多因砂糖颗粒太粗未完全溶化而造成。制作海绵蛋糕宜选用颗粒较细的砂糖，制作奶油蛋糕使用的砂糖，必须磨成细的糖粉。如果蛋糕面糊中有未溶化的糖粒存在，则蛋糕顶面会出现白色的斑点，蛋糕瓤组织也会很粗糙。

12.蛋糕外表层为什么出现较大的斑点或条纹？

由搅拌混合不均匀所引起。如膨松剂事先未与面粉混合均匀，在搅拌缸内有死角，使搅拌器不能全部搅拌到，特别是在缸的底部与黏附在缸的上部边缘部分的物料，未能与蛋糕面糊充分混合均匀，会在蛋糕的外表层出现较大的斑点或条纹。解决方法：膨松剂与面粉先行混合，过筛两次，可使其混合均匀。若因搅拌缸结构问题，可在搅拌过程中适时停机，用人工将黏附的物料刮下或将未搅拌到的物料翻出再搅拌，使全部物料混合均匀。

13.蛋糕表面为什么出现细小浅色斑点？

搅拌操作失误所致。海绵蛋糕在使用蛋糕发泡乳化剂的情况下，搅打发泡只需3～5 min即可完成。由于搅打时间太短，砂糖尚未完全溶化，这时加入面粉，就使砂糖更加难以溶化，在蛋糕表面将会出现细小浅色斑点。解决方法：将鸡蛋与砂糖先行搅打数分钟，待糖溶化后再加入发泡乳化剂。

14.如何防止蛋糕收缩变小？

较大的海绵蛋糕在出炉后应立即翻转倒出烤模，让顶面向下，这样可防止在冷却过程中蛋糕过度收缩变小。

15. 蛋糕发干欠松软的原因及解决办法？

蛋糕出炉后如存放在干燥通风的地方时间太久，会使蛋糕水分蒸发过多而变得干燥。解决方法：蛋糕出炉冷却后应贮藏在温度较低的容器中，及时销售，避免存放过久。

16. 蛋糕脱模困难，易黏烤模造成破损的原因及解决办法？

烤模不合格或烤模内蛋糕残屑未清除干净造成。如烤模表面粗糙或烤模造型不好，烤模内黏附的蛋糕残屑未清除干净，模内油脂未涂均匀等，都可造成蛋糕脱模困难，易黏烤模造成破损。解决方法：选用光洁的金属材料，改进烤模结构造型；残屑清除干净，油脂涂抹均匀或用衬纸垫衬，最好是在烤模内涂上防黏涂料。

17. 水果蛋糕中的果粒多数在使用前应如何经过预处理？

干果类如杏干、桃干、苹果干等，应放在水中浸软或用甜酒煮软，然后沥干；蜜饯类应先用水将糖渍洗去沥干；块形大的果料应切成方粒；果皮蜜饯则切成细丝，其余如葡萄干等体形较小的果料则可直接应用。

【饮食文化】

“节饮食以养胃，多读书以养胆”——俗谚

规律饮食才能健康，多读书才可以培养智慧增加胆识。

【案例：一次发酵面包制作】

一、实训目的

了解和掌握一次发酵法生产面包的工艺流程及技术要点。

二、设备及材料

(一)设备

立式搅拌机或卧式搅拌机；压面机；醒发箱；面团分割机(选用)；远红外线电烤炉；不锈钢操作工作台；刮板；擀面杖；电子秤；烤模；烤盘；模具；面团温度计；纸袋或塑料袋。

(二)材料

面包配料见表4-3。

表 4-3　面包配料　%

材料名称	配方 1	配方 2	配方 3
标准粉	100	100	100
水	46	58	48～55
白砂糖	18	18	20
鲜鸡蛋	4	12	8
活性酵母	夏天 1.2,冬天 2.0	1.4	1
乳粉	1	5	4
食盐	1	0.8	0.8
改良剂	0.3	0.5	0.3
黄油或奶油	3	—	10
豆油	2	—	—
香精	0.15	—	—
香兰素	0.07	—	—

三、操作方法

(一)一次发酵工艺流程

配料→搅拌→发酵→切块→揉团→整形→醒发→焙烤→冷却包装→成品。

(二)操作技术要点

1.原辅料处理

按实际用量称量各原辅料,并进行一定处理。用 10 倍量的温水对酵母进行活化处理,面粉需过筛,盐和面包改良剂与面粉混匀,固体油脂需水浴熔化,冷却后备用。

2.搅拌

将配方内的糖、盐和改良剂等干性物料先放入调粉机内,倒入配方中适温的水、蛋液和香精搅匀,再将面粉和酵母加入调粉机中,先低速搅拌约 3min,再中速搅拌至面团表面呈光滑状,停止搅拌,加入融化冷却的黄油,再中速搅拌至面团成熟,调好后的面团温度控制在 26℃左右。

3.面团的发酵

调好的面团装入不锈钢盆,在发酵箱内进行发酵,发酵温度 28℃左右,相对湿度 70%～80%,基本发酵 2 h,经翻面后再延续发酵 1 h 左右,发至成熟。

4.成型

(1)分块　发酵结束后取出全部面团,按要求分割成重量相等的小块面坯,每块面坯都必须用台秤称，以保证重量一致，面坯的重量按下式计算：

面坯重量＝成品重量×110％

(2)搓圆　手工搓圆的要点是手心向下，用五指握住面团，向下轻压，在面板上顺一个方向迅速旋转，将面团搓成球状，面坯搓圆后置于烤盘中，烤盘须事先涂上油。

(3)静置　将搓圆后的面坯用保鲜膜或防油纸盖住，在面案上放置12～18 min，使面筋松弛，利于做型。

(4)做型　按照不同的品种及设计的形状采用相应方法做型。

5.醒发

将成型装盘后的面坯送入醒发箱内，醒发条件为温度38～40℃，相对湿度80％～90％，醒发时间55～60 min。

6.烘烤

将醒发好的面团放入烤炉中，烘烤初期，烤炉的面火温度140℃，底火温度170℃，时间约10 min；烘烤中期，烤炉的面火和底火温度均为210～220℃，时间2～3 min；烘烤末期，烤炉的面火温度160℃，底火温度170℃，时间约5 min。

7.冷却、包装

将烤熟的面包从烤炉中取出，自然冷却后包装。

四、思考与讨论

1.面团发酵中“翻面”能起到什么样的作用？

2.根据所制作的面包质量，总结实验成败的原因。

【案例：海绵蛋糕制作】

一、实训目的

通过实训，使学生了解蛋糕的生产工艺，熟悉并掌握各环节的操作要点。

二、设备及材料

1.设备

打蛋机、搅拌盆、蛋扦、搅拌桶、筛子、垫纸、蛋糕圈、蛋糕板、烤盘、烤箱等。

2.材料

面粉、蛋糕乳化油、鸡蛋、白糖、发酵粉、花生酱、奶油、脱脂淡奶等。

三、方法与步骤

1.工艺流程

原料选择与处理→打蛋→调糊→入模→烘烤→冷却→脱模→成品

2.配料标准

低筋面粉 250 g、鸡蛋 500 g、白糖 250 g、花生酱 100 g、奶油 45 g、蛋糕乳化油 20 g、发酵粉 5 g、脱脂淡奶适量。

3.操作要点

(1)原料预处理　鸡蛋去壳取蛋液,将砂糖、糖浆、泡打粉混匀。将蛋糕乳化油和温水一起放在搅拌盆内,用蛋扦搅打均匀备用。

(2)打蛋　将鸡蛋、白糖、乳化油倒入打蛋机中,高速搅拌约 15 min,使蛋液充入空气至完全蓬松,体积约为原来的 2 倍。

(3)调糊　将筛过的面粉和发酵粉慢慢地倒入搅拌桶,低速搅拌均匀,再加入花生酱和融化的奶油以及脱脂淡奶,缓慢搅拌均匀。

(4)入模　在烤盘内铺上垫纸,再放好蛋糕圈将拌匀的物料装入备用的蛋糕圈内,并顺势抹平表面。

(5)烘烤　预热烤箱至 170℃(或上火 170℃、下火 160℃)。将烤盘送入烤箱,约 40 min,至完全熟透取出,趁热覆在蛋糕板上,冷却至室温包装。

四、思考与讨论

1.打蛋液为什么要高速搅打?打蛋结束的标志是什么?

2.为什么要低速调糊?

【案例:戚风蛋糕制作】

一、实训目的

掌握戚风蛋糕生产的主要原料及工艺流程。

二、设备及材料

1.设备

打蛋机、搅拌盆、蛋扦、搅拌桶、筛子、垫纸、蛋糕圈、蛋糕板、烤盘、烤箱等。

2.材料

鸡蛋 5 个(约 50 g/个),低筋面粉 85 g,玉米油 40 g,鲜牛奶 40 g,细砂糖 60 g(加入蛋白中),细砂糖 30 g(加入蛋黄中)。

三、制作步骤

(1)准备材料。面粉需要过筛,蛋白蛋黄分离,盛蛋白的盆要保证无油无水。

(2)用打蛋器把蛋白打到呈鱼眼泡状的时候,加入 1/3 的细砂糖(20 g),继续搅打到蛋白开始变浓稠,呈较粗泡沫时,再加入 1/3 糖。再继续搅打,到蛋白比较浓稠,表面出现纹路的时候,加入剩下的 1/3 糖。

(3)再继续打一会儿,当提起打蛋器,蛋白能拉出弯曲的尖角的时候,表示已经到了湿性发泡的程度,还需要继续搅打。当提起打蛋器的时候,蛋白能拉出一个短小直立的尖角,表明达到了干性发泡的状态,就可以停止搅打了。如果搅打过头,蛋白开始呈块状,会造成戚风制作的失败。把打好的蛋白放入冰箱冷藏,开始制作蛋黄糊。

(4)把 5 个蛋黄加入 30 g 细砂糖,用打蛋器轻轻打散,注意不要把蛋黄打发。

(5)依次加入 40 g 色拉油和 40 g 牛奶,搅拌均匀。再加入过筛后的面粉,用橡皮刮刀轻轻翻拌均匀。不要过度搅拌,以免面粉起筋(面粉如果起筋,可能会使蛋糕的口感过韧,影响蛋糕口感的松软)。

(6)盛 1/3 蛋白到蛋黄糊中。用橡皮刮刀轻轻翻拌均匀(从底部往上翻拌,不要划圈搅拌,以免蛋白消泡)。翻拌均匀后,把蛋黄糊全部倒入盛蛋白的盆中,用同样的手法翻拌均匀,直到蛋白和蛋黄糊充分混合。

(7)将混合好的蛋糕糊倒入模具,抹平,用手端住模具在桌上用力震两下,把内部的大气泡震出来,放进预热好的烤箱,170℃,约 50 min 即可。

四、产品的质量标准

1.形态

外形完整;块形整齐,大小一致;表面略鼓,底面平整;无破损,无黏连,无塌陷,无收缩。

2.色泽

外表金黄至棕红色,无焦斑,剖面淡黄,色泽均匀。

3.组织

松软有弹性;剖面蜂窝状小气孔分布较均匀;无糖粒,无粉块,无杂质。

4.滋味气味

爽口,甜度适中;有蛋香味及该品种应有的风味;无异味。

5.杂质

外表和内部均无肉眼可见的杂质。

第五单元 5

米制方便食品加工

知识目标

掌握方便米饭的种类，了解各种米饭的工艺流程，了解各种方便米饭的保藏原理。

技能目标

能借用简易装置做出各种方便米饭。

德育目标

培养学生的团队精神，养成严以律己，宽以待人、吃苦耐劳的良好品格。

项目一
米制方便食品介绍

大米是食品工业的一种大宗原料，用其不仅可以制作年糕、汤圆、糕点，还可以生产面包、面条、饼干、饮料等。

随着国民经济的发展，人民生活节奏的加快，形形色色的方便食品应运而生。但以大米为主料的方便食品，无论在种类还是数量上，市场上均不多见。为了进一步丰富人们的饮食生活，合理地利用稻谷这一粮食资源，有必要对大米方便食品进行研究开发。

任务一 方便米饭的种类

一、罐头米饭

将一定量大米与水置于金属罐中，蒸煮后进行抽气、卷边、加热杀菌后，即制成罐头米饭。罐头米饭是方便米饭中最早问世的产品。第二次世界大战期间，国外已将其作为军用食品，20 世纪 70 年代开始在市场上试销。我国于 20 世纪 60 年代前后已有生产厂家对罐头米饭进行研究试制，并作为特需进行小批量生产。罐头米饭产品含水分约 60%，常温下可贮存 5 年，于开水中加热或汽蒸 5～15 min 即可食用，但携带不便。

二、α-化米饭

为克服罐头米饭需要加热的缺点，第二次世界大战期间又研究出 α-化米饭以供军需。目前该产品除用作军用食品、旅游食品以外，也逐渐民用。α-化米饭又称速煮米饭、脱水米饭、即食米饭。它是将大米淘洗、浸泡，经汽蒸或炊煮，再用热空气干燥而成。α-化米饭生产工艺比较简单，成本相对较低，复原后口感较好。不足之处是复原时间稍长，米饭易氧化酸败。产品水分含量为 5%～10%，常温下可贮存 2～3 个月，加开水浸泡 5～20 min 即可食用。

生产工艺：

大米→淘洗→浸泡→汽蒸→离散→干燥→筛选→包装→α-化米饭成品

三、软罐头米饭

日本于1971年研制出软罐头米饭，它是将一定量的水和大米或半生半熟米饭，装入一种能耐高温的特殊塑料包装容器（蒸煮袋）内，经高温、高压蒸煮而成。目前，国内已有部分厂家生产软罐头米饭，品种有五香牛肉饭、香菇饭、肉丝蛋炒饭、咖喱鸡饭等。

软罐头米饭不必经过干燥、杀菌等特殊处理，既可保留米饭原有的营养成分与风味，又可长期保存。食用时，将蒸煮袋直接置于开水中加热5～10 min或用微波炉加热2 min即可。

四、速冻米饭

将用普通方法蒸煮的米饭装入袋中，迅速冷冻，于－18℃低温下保存即成速冻米饭。炒饭类米饭采用个体速冻方法，饭团类米饭采用块状速冻方法。个体速冻方法有的是将米饭置于气流中边离散边冷冻，有的是将米饭置于液态氨中边搅拌边冷冻。采用个体速冻工艺生产的速冻米饭容易解冻，但必须注意流通过程中的温度管理。速冻米饭因不使用任何添加剂，不采用高温杀菌，故能保持米饭原有的风味与营养。在所有方便米饭中，速冻米饭的食味、食感最接近于普通米饭，所以备受消费者青睐。速冻米饭在流通、销售过程中必须处于－18℃温度下，故物流费用较高。速冻米饭产品水分含量约60%，－18℃下可贮存1年，汽蒸5～10 min或微波炉加热5 min便可食用。

五、冷冻干燥米饭

将大米炊煮成米饭后，先冻结至冰点以下，使米饭中水分变成固态冰，然后在较高真空度下，将冰直接转化为蒸汽而除去，即制成冷冻干燥米饭。冷冻干燥米饭虽呈多孔状，但注入开水后米粒表面的淀粉便糊化，形成薄膜，阻碍水分的渗入，因此米粒中心仍有白心。实际上冷水浸泡复原比开水浸泡复原效果好，米粒吸水速度快。为提高冷冻干燥米饭的品质，大米经汽蒸或炊煮之后，可浸泡在冷水或温水中进行缓慢冷冻，使米粒内部产生较大的冰晶。此外，也可水洗除去米饭表层的淀粉。冷冻干燥米饭便于贮藏、携带和运输，但由于操作是在高真空和低温下进行，故投资与操作费用大、成本高。此产品水分含量为2%～5%，常温下可贮存3年，开水浸泡后食用。

六、膨化米饭

膨化米饭可分为将大米直接膨化而成的R型膨化米饭与大米预糊化后再膨化而成的G型膨化米饭，后者居多。G型膨化米饭的生产过程一般如下：大米先经淘洗、浸泡、汽蒸或炊煮后使淀粉α-化，然后经干燥调整其水分含量，最后利用高温空气或微波或加热油脂等使其膨化。其中，α-化条件对米粒膨化度、复原性、食感等有很大影响。α-化不充分，膨化度较低，注入开水复原时，未α-化的米粒不能复原。膨化前的水分调整因膨化方法而异，一般为10%～20%。此外，调整水分后的米粒如放置2～3 h，可提高膨化度。使用微波膨化，设备运转费用高，且难于均匀膨化。采用加热油脂膨化，产品脂肪含量高(20%左右)，且油脂在高温(170～200℃)下易劣变。目前实际生产中已极少运用这两种方法。膨化米饭的复原性优于α-化米饭、冷冻干燥米饭，食用简便，但复原后的米饭缺少黏性。此产品水分含量为5%～10%，常温下可贮存3年，开水浸泡3～5 min后食用。

七、无菌包装米饭

大米被炊煮成米饭后，于无菌室内进行包装、密封即成无菌包装米饭。

生产过程中，为了抑制肉毒杆菌等能使人食物中毒的细菌生长，有时将包装前的米饭的pH调整为5左右。包装时封入脱氧剂尤为重要，这不仅可以抑制残存的好气性芽孢杆菌的生长，而且也可以抑制包装过程中混入的霉菌及其他好气性细菌的生长，从而防止因微生物繁殖而引起的成品变质。耐热性细菌对无菌包装米饭质量的影响也很大，为此可选用耐热性细菌少的糙米进行碾白。碾白时最好采用三机以上的多机碾白，糙出白率掌握在87%～89%。无菌包装米饭复原后口感比罐头米饭好，但包装时若不封入脱氧剂，成品易变质，为此不得不使用耐热性、气密性俱佳的包装材料，这就导致成本上升。目前，日本方便米饭业中无菌包装米饭的生产厂家最少，产量也最低。此产品水分含量约60%，常温下可贮存6个月，食用时置于开水中直接加热15 min或在微波炉中加热2 min即可。

八、冷藏米饭

将炊煮熟的米饭包装后于冷藏状态下保存即制成冷藏米饭。此产品包装后需经高温短时杀菌，流通过程中需冷藏条件。日本的冷藏米饭产量略比无菌包装米饭产量稍高点，有下降趋势。此产品水分含量约60%，冷藏条件下可贮存2个月，食用时汽蒸10 min或用微波炉加热2 min即可。

任务二　米粉及方便米粉

一、米粉生产工艺

米粉(线)是以大米为原料制成的面条，是我国自古就有的传统大米制品，著名的有福建的“兴化粉”、广东的“沙河粉”、云南的“过桥米线”、四川的“岳池米线”等。其制作过程如下：

大米→浸泡→粉碎→整形→糊化→压延→糊化→冷却→干燥→成品

大米预先用冷水浸泡彻底，加水用石磨或砂轮磨磨成细浆，除去多余水分，取出破成块状，加入沸水中略煮，使其外面的淀粉糊化，但勿使其中心部分糊化，后取出拌匀，挤丝，并在沸水中煮熟，捞出在冷水中稍微放置，使米粉之间不至于互相黏结，便于整理。冷水中捞出，置于竹架上摊开，风吹日晒，干燥即可。风吹较日晒更为重要，因为风吹较日晒干燥均匀、迅速，且成品品质较佳。

二、方便米粉生产工艺

方便米粉又叫即食米粉，生产过程如下：

大米→洗米、浸泡→碾浆→蒸粉→压片、挤丝→复蒸→降温→干燥→即食米粉

(一)洗米、浸泡

制作米粉的原料，一般以晚籼米为好，再配上一定量的粳米。由于大米淀粉组织较硬，制作即食米粉应采用湿法较好，因此磨浆前必须进行洗米、浸泡。浸泡可使大米组织软化，不仅节省磨浆的动力消耗，同时米浆粒度较细。浸泡时间以 2～4 h 为宜，此时大米水分含量为 30%左右。目前常采用射流式洗米机完成洗米、浸泡作业，并将浸泡后的大米输往钢磨进行磨浆。

(二)磨浆

米浆浓度取决于磨浆时的加水量，不同类型、等级的大米的加水量是不同的。加水量大，利于进一步软化大米组织，但不易磨细。加水量过小，又会使后续脱水机的转鼓上浆不匀，造成吸干后的湿粉料水分含量偏高，且在成品干燥时消耗热能多，产品质量较差。加水量以 25%～30%为宜，这样磨出的米浆含水量为 58%～62%。磨浆设备使用两台串联的钢磨，头道粗磨，二道精磨。磨出的米浆经 34 目筛过滤，流入吸干机脱水后便为湿粉料。为使湿粉料便于成形，其水分含量在 38%～45%范围内较适宜。吸干机由真空泵、转鼓及螺旋辊刀三部分组成。吸干机工作原理是：当被抽真空的转鼓以 0.9 r/min 转速在浆池内连续转动时，借助内外压力差，米浆便被吸附在转鼓表面并迅速脱水。脱水后的湿粉经过螺旋辊刀时被刮落。

(三)蒸粉

将脱水后的湿粉料送往蒸粉机，经过蒸汽加热使粉料逐步糊化。蒸料时要掌握好时间与蒸汽量。蒸料时间太短，淀粉不能充分糊化，不利于挤丝成形。蒸料时间太长，淀粉过度膨胀后，大量吸进水分，且糊化过度，将影响产品成形及成品质量。蒸粉合理参数为：蒸汽压力 2×10^5～2.5×10^5 Pa，蒸料时间 1.5 min。蒸粉机工作过程如下：从吸干机刮落的湿粉料直接落入蒸粉机上，该机以 2 m/min 速度通过蒸汽室，蒸汽室长 3 m。蒸汽通过汽管喷入蒸汽室内对粉料直接加热，使粉料初步糊化。加热温度可通过改变蒸汽压力进行调节，一般蒸

粉料的温度为96℃左右。蒸制后的粉料由刮刀刮落至压片机。

(四)压片、挤丝

压片有两个作用:一是使初步糊化的粉料组织得到改良;二是使压榨成形后的粉片在输送带上运行时自然挥发出部分水分,并降低粉片的温度,有利于提高挤丝成形质量。初步糊化的粉料在压片机内螺旋的挤压作用下,挤压成粉片。粉片再由挤丝机挤出粉丝。

挤丝机丝孔直径为0.5～0.8 mm。由于挤出的丝条直径小,食用时复水软化较快,并具有一定韧性。

(五)复蒸

所谓复蒸就是将挤压成形的粉丝,通过复蒸机蒸制一定时间,使粉丝达到完全糊化。复蒸机的工作过程是:将落到输送带上的米粉丝以0.4 m/min速度通过长6 m的复蒸室,经过复蒸室的时间为15 min。复蒸室同样用蒸汽加热,改变蒸汽压力可以调节加热温度,蒸汽压力应控制在0.8×10^5～1×10^5 Pa。复蒸后的米粉丝离开复蒸室时,被转速为1.89 r/min的滚动切刀切成120 mm的小段,其水分含量应低于46%。有的即食米粉生产线是在复蒸后再单独设置一台切断机。

(六)降温

为了避免将大量水蒸气带入烘干房,应先将复蒸后的米粉丝经风冷降温,以排除水蒸气并同时完成从可塑体到弹性体的转变,将丝状组织固定,避免在烘干房热风干燥时产生裂痕。切断后的米粉丝在长8 m的风冷降温机的输送带上,以0.4 m/min速度缓慢移动,输送带上方加2台轴流风机,进行风冷降温,降温时间20 min,水分含量降低1.2%～2.5%,米粉丝温度接近室温。

(七)干燥

热风干燥的目的是排除水分,固定组织和形状,便于保存。即食米粉的干燥通过缓慢脱水来实现。烘干机和风冷降温机的输送带首尾相连,米粉丝落入烘干室后随输送带移动,烘干室侧面装有列管式换热器和轴流风机。干燥的热空气不断吹入烘干室内,米粉在热空气的对流与辐射作用下不断干燥直至达到要求。

任务三　其他米制食品

在我国南方还有米粉加工产品以及全国各地一些点心式产品如糯米年糕、打糕、发糕、糍粑块等。近年来,市场上出现了一些米面包、大米蛋糕、米饼干、夹馅米馒头类新产品。但总的说来，除作为主食外，市场上大米加工的食品都很少。因此开发大米系列食品的市场潜力很大。

一、米面包工艺流程

原材料有米粉、砂糖、脱脂奶粉、水、食盐、酵母、鸡蛋、起油酥等。

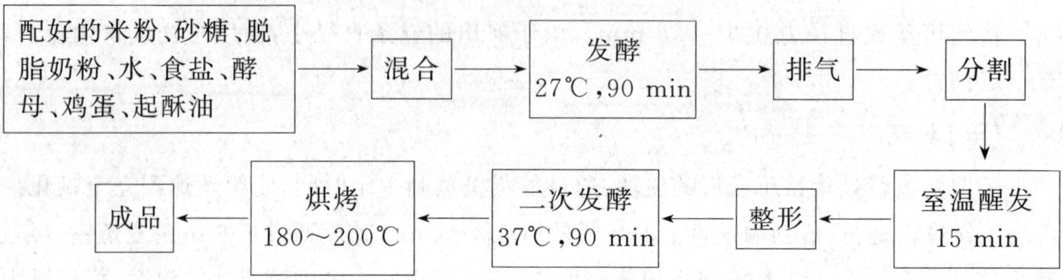

二、海绵米粉蛋糕工艺流程

原材料有新鲜鸡蛋、砂糖、大米粉等。

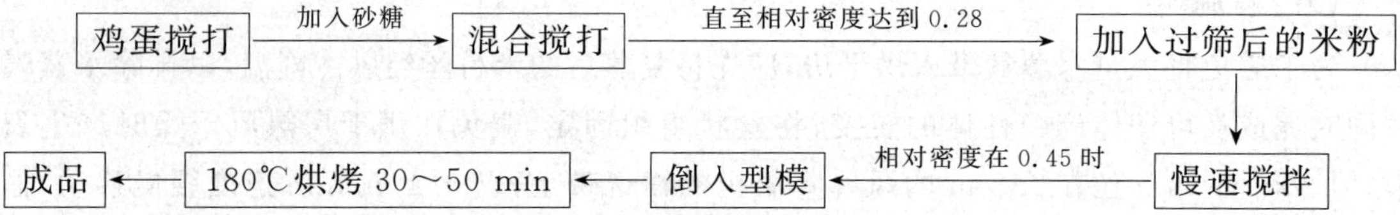

三、米饼干

米饼干是以大米为原料的一种流行于日本的小吃食品，可加入海藻、芝麻、红辣椒、糖、香辛料等制成营养丰富、风味独特的保健休闲食品，市场销售一直较好。一般配方（%）为：粳米 95、白砂糖 5、酱油适量。生产设备有：淘米器具、蒸煮机、烘干机、烘箱、压片机、成型机、封口机。

四、年糕

年糕，又称米糕或黏糕，是一种传统小吃食品，加工制作方便，耐贮藏，食用方法多样，所以很受人们欢迎。

制作工艺要点如下：

（1）除杂清洗　选择精白糯米除去砂石等杂质，并用清水反复冲洗干净。

（2）浸泡　清水浸泡 12～24 h，待米粒发胀，含水量为 35%～40%即可。

（3）磨粉　可将浸泡好的米倒入粉碎机料斗，开机把湿米磨成湿米粉。

（4）揉粉　使米粉强度均匀，同时筛理除去团块，以保证成型的产品质地均匀。

(5)配料　在压模成形之前将辅料加入米粉中拌匀，配方还可根据当地口味作适当调整。甜米糕要求制品有色时，可以使用红糖作甜味剂。

(6)汽蒸　发酵米糕的加工是在汽蒸前发酵 30 min。将压模成形的米糕放入蒸笼上猛火蒸 25 min 即可起锅。

(7)包装　食品零售商都是采用散装堆积的形式，销售时用纸包。水分含量较低的米糕可以存放较长的时间，也可真空密封包装，在 121℃下灭菌 15 min 即可长期保存。

五、糙米食品

由于糙米相对丰富的必需营养成分和生理活性，欧、美、日等国非常推崇食用糙米。值得一提的是近年日本开发出的发芽粒米，即胚芽米，很受市场的青睐，目前已产业化与商品化。

发芽糙米实质上是糙米的活性化，其突出的特点是富含 γ-氨基丁酸(GABA)，米胚中含有 25～50 mg/100 g 的 GABA，糙米中的含量约是大米的 5 倍。而发芽糙米的含量又是糙米的 2 倍。经分析，发芽糙米的必需成分、生理活性成分等与糙米相比，种类更多，含量更高。据资料，发芽 3 d 后，可溶性糖增加 3 倍。可溶性蛋白增加 13.8%；维生素 C 由发芽前未检出提高到 1.78 mg/100 g；维生素 B_2 由 0.056 提高到 0.19 mg/100 g；维生素 E 由 13.2 提高到 33.49 mg/100 g；GSH(谷胱甘肽)由 3.64 提高到 9.48 mg/100 g。据日本大量临床试验表明，长期食用发芽糙米，对人体机能和代谢的平衡、疏导、调节十分有益。其生产工艺流程如下：

优质糙米→精选→浸泡→催芽→水洗→检验→包装→鲜芽品。

另外如水洗后干燥也可制成干制品。

高蛋白米粉的蛋白质含量为 27.2%～28.8%，淀粉含量为 33.8%～35.7%，糖为 23.8%～24.4%，脂肪为 6.1%～6.4%，纤维素为 1.0%～1.5%，灰分为 2.7%～2.8%。而大米粉则依次为 8.6%、89.3%、0.3%、1.6%、0.8%和 0.7%。而且，高蛋白米粉中，8 种必需氨基酸的含量大部分都超过联合国粮农组织暂行规定的氨基酸含量标准。从生物学意义看，用高蛋白米粉制成的食品，更容易被婴幼儿所吸收利用，也符合世界卫生组织的要求。碎米经 α-淀粉酶进行局部酶解生产高蛋白米粉的工艺如下：

大米→淘洗→浸泡→磨浆→蒸粉→压片(挤丝)→复蒸→冷却→干燥→包装→成品

项目二
米制速冻食品加工

任务一 速冻汤圆

汤圆是我国传统的点心食品，深受广大消费者的喜欢。它以糯米粉为原料制作外皮，内包各种馅心，制成方便食品。由于心在常温下难以保存、外皮易老化，保存时间短，故不能进行规模化生产，速冻汤圆是利用传统制作与现代技术相结合而制成的工业化产品，经过精细加工后，再速冻、冷藏，既保留了产品的原有风味，又能较长时间保质。特别是随着加工汤圆机厂家研发出了全自动汤圆机、无馅汤圆机，包馅汤圆机后，积极推进了速冻汤圆的发展。

一、原料

(1)糯米市售　色泽正常，无霉变、异味、杂质。

(2)粳米市售　色泽正常，无霉变、异味、杂质。

(3)赤豆市售　要求籽粒饱满，无瘪陷，无虫眼，当年产。

(4)桂花酱市售　符合食品卫生标准。

(5)单甘酯　食用级。

(6)褐藻胶　食用级。

二、豆沙的制作

(一)制作流程

赤豆→泡洗→煮熟→去皮取沙→加糖、加油→炒制→豆沙馅调制、备用

(二)操作要点

(1)泡洗　用洁净的水洗净赤豆，除去杂质。

(2)煮熟　加水煮豆,先旺火后文火,每千克赤豆加水 1.5～3 kg。

(3)去皮取沙　将煮熟的赤豆放入铜筛中,开动机器,湿豆沙沉入桶底,再经过铜筛,入笼挤干水分得干沙块。可采用手工去皮取沙,将煮熟的赤豆放在铜筛中,加水搓擦去皮,豆沙流入桶底,滤去清水,将豆沙放入袋中,沥干即成。

(4)加糖、加油　将锅内的猪油烧熟,倒入白糖炒化熬开,糖、沙的质量比一般为 1∶(1～1.5)。

(5)炒制　当糖发稠表面起小泡时,即放入豆沙搅匀,炒至豆沙中的水分基本蒸发变干,成稠浓不沾手,趁热倒桂花酱拌匀即成豆沙馅。在炒制中应注意,炒制豆沙宜用文火,使水分充分挥发,豆沙充分吸收糖、油,色泽由红变黑,硬度和面团接近;炒沙时要不停地擦锅底搅炒,以免炒焦而产生苦味。

(6)豆沙馅调制　在豆沙馅中添加适量的单甘酯和褐藻胶,使馅心呈融溶状,制得的豆沙馅色泽紫黑油亮,软硬口感细腻、爽口,无焦苦味。

三、面团制作

(一)制作流程

制米粉→水磨粉→调制面团

(二)操作要点

制米粉:制作汤圆一般采用水磨粉。水磨粉以糯米为主(占 80%～90%),10%～20%粳米,经淘洗,冷水浸透,连水带米一起磨成粉浆,然后装入布袋,挤出水分即成水磨粉。

调制面团:常用的面团调制方法有 2 种,煮芡法和热烫法。

1.煮芡法

取水粉总用量的 1/3,用近量的冷水拌成粉团,塌成饼状,投入适量的沸水中煮成熟芡,再将其制成的粉料一起揉搓到细洁、光滑、不粘手为止。

2.热烫法

将米粉置于盆中,加适量沸水,搅拌,揉搓至面团表面光洁。

四、速冻汤圆制作

(一)工艺流程

面团、豆沙馅→成形(捏皮,捏窝)→检验→装盘→速冻→包装→检验→成品→冷藏

(二)操作要点

成形:将米粉面团下剂子,搓圆。先捏成半圆球形的空心壳(中间稍厚,边口稍薄,形似小锅)称为“捏皮”,装豆沙,把口收拢、收小,封口包死,去剂头,然后两手托起,捏成圆形,称

捏窝。要求:心包在中间,皮厚薄均匀。

检验:要求包口紧而无缝,大小均匀一致。

装盘:将同级的汤圆装入冷冻盘中。

速冻:温度控制在－35～－32℃,时间 20 min。

包装:分 250 g 及 500 g 食品塑料袋或盒装。

检验:要求封口紧密,无异物,包装表面洁净。

冷藏:温度控制在－18℃。

(三)产品质量标准

1.感官指标

(1)色泽　清白如玉,具有汤圆应有的色泽。

(2)气味和滋味　具有汤圆应有的米香味和滋味,柔和爽口,无异味。

2.理化指标

砷(以 As 计)≥0.5 mg/kg;铜(以 Cu 计)≤5.0 mg/kg;铅(以 Pb 计)≤10 mg/kg。

3.微生物指标

细菌总数≤100 个/kg;大肠杆菌 6 个/kg;致病菌不得检出。

【知识链接】

(1)豆沙馅中添加一定量的单甘酯(1.0%)和褐藻胶(0.3%),其作用主要是:单甘酯具有乳化、分散、稳定、抗淀粉化作用,使汤圆馅心内的游离水分变成结合水分,不易生成冰晶体而呈融溶状态;褐藻胶为亲水性的分子,强的水合性、黏结性,使馅心水分难以生成冰结晶。

(2)在豆沙馅制作,煮焖豆时,必须凉水下锅,先旺火烧开,后小火焖煮,否则易把豆烧僵,影响出沙。炒沙有意控制炉火,炉火过旺,易使豆沙炒焦而生苦味。

(3)由于糯米粉质较松,粉粒坚实而少韧性,含有较多的支链淀粉,采用煮芡法制得的面团组织紧密、柔和、不易破裂,光滑有黏性,比热汤法制得的面团效果好。

(4)在速冻汤圆的生产过程,现代工艺水平已经拥有更多的机械设备,如和面机、压面机、搅拌机、汤圆机,可大大提升生产效率,节减成本,利于管理。

任务二　速冻粽子工艺

白糯米：

采用优质的粳糯米（圆糯米），不得使用籼糯米；当年产的优质糯米，不得使用多年的陈米；不得有发黄、发绿、黑斑、沙粒、木屑等其他杂质；夹杂的大米不得超出3%，碎米不得超出5%；水分及农药残留都必须符合国家标准；所有的糯米厂商都必须是经过SC认证；不得有长虫、虫蛀、发霉等情况发生；包装袋必须牢固、完好，以免漏糯或次污染；150 g粽子所用糯米必须为香糯米。

牛肉：

牛肉中间不得夹有生毛、骨头、筋等其他杂质；每车次牛肉必须有合格证及检疫报告；牛肉的理化指标必须达到国家标准，肉的来源必须来自非疫区；牛肉的包装要求牢固、完好，不得发生二次污染。

粽叶：

每张粽叶的规格150 g粽子粽叶长最少为35 cm，宽为8 cm，每两片粽叶包一个粽子；50 g粽子粽叶长最少为32 cm，宽为7 cm；粽叶要求每张都是完好无损、无破、无断叶、无虫眼的保鲜箬叶（是一种粽叶）；粽叶每张的颜色应是保鲜的绿色，不可以有干黄的颜色或其他颜色的大片斑点；粽叶必须是簿嫩的箬叶，不能是厚老的箬叶，不得夹有毒烂、坏死的箬叶；粽叶在保鲜过程中不得使用有毒或对人体有害的物品和化学试剂；粽叶的包装必须用真空包装，无漏气现象，真空外也必须有外包（当地生产的可以用简装包装）。

白棉线：

缝纫用白棉线，采用棉质线，不得用腈纶等遇热收缩的线；要求不缩水、有弹力、不易拉断、粗细均匀；不得有发霉、虫蛀等质量问题的发生；白棉线的包装要求牢固、完好，不发生二次污染。

红豆、黑豆：

豆子必须饱满、颗粒完整，有小红豆、黑豆固有的香味；不得有沙粒、土块、豆壳、茅草等杂质；不饱满颗粒不得超出2%，其他杂质不得超出1%；不得有发霉、长虫、虫蛀等现象发生；红豆、黑豆的包装要求牢固、完好，不发生二次污染；水分及农药残留都必须符合国家要求。

色拉油：

色拉油是一种加工去腥的油脂，颜色为透明浅黄色；色拉油中不得含有水分、沉淀、悬浮物等杂质；色拉油不得有异味、有色物质氧化等变质现象；色拉油的理化指标都必须达到国家标准；色拉油的包装采用铁桶灌装，不得发生泄漏及二次污染。

玉米：

玉米采用速冻甜玉米，个体必须饱满、颗粒完整，有玉米固有的清香味；颗粒是小粒玉米，色泽金黄色；不得有沙粒、石子、咬不动的玉米粒和其他杂质；不得有变味、变质、干耗、虫蛀等问题；包装要求牢固、完好，不发生二次污染，在冷库中储藏。

蜜枣：

枣必须个体饱满、颗粒完整，有固有的清香味，甜味适中；不得有沙粒、石子、树枝、茅草、枣核等杂质；蜜枣是用去核青枣用糖腌制而成。

花生：

花生必须籽粒饱满、颗粒完整，有花生固有的清香味。花生为红衣小籽花生；不得有沙粒、土块、花生壳、茅草、发芽颗粒等杂质；不饱满颗粒不得超出 29%，其他杂质不得超出 19%；不得有发霉、长虫、虫蛀等现象发生；包装要求牢固、完好，不发生二次污染；水分及农药残留都必须符合国家要求。

莲子：

莲子必须籽粒饱满、颗粒完整，有莲子固有的味道。不得有沙粒、土块、茅草、芯、发芽颗粒等杂质。不饱满颗粒不得超出 2%，其他杂质不得超出 1%。不得有发霉、长虫、虫蛀等现象发生。莲子的包装要求牢固、完好，不发生二次污染；水分及农药残留都必须符合国家要求。

调味品及添加剂：

调味品及添加剂必须有产品合格证、生产日期、产品执行标准、保质期、卫生许可证号、生产厂家等标记和证件；调味品及添加剂不得超过保质期，应在离保质期一半时间以上；产品和包装应相符，无变色、无变味、无杂质、无破袋等现象；调味品及添加剂的理化指标都必须达到国家标准。

一、原材料检验

按照《原料质量检验标准》对原材料进行验收。

二、制馅

(一)牛肉粽子

1.牛肉处理

将牛肉去除筋、皮、骨头等杂质后进行清洗，清洗干净后切成小块，每粒馅重 6～8 g。

2.香菇

将干香菇挑拣干净后，用温水浸泡 8 h 后，将根部去干净，切成 0.3 cm×0.3 cm×0.3 cm 的颗粒(香菇的添加与否应根包装上配料表中的标示而定，每个粽子中加一粒)。

3.预拌调味料

将牛肉、香菇与配方用量的小料搅拌均匀后在 0～10℃环境下腌制 4 h 左右，待用。

(二)豆沙粽子

1.炒制豆沙

炉制豆沙分为选豆、清洗、煮制、磨浆、炒制、冷却六道工序。

2.选豆

将小红豆分次倒入选豆机的漏斗中，再开动选豆机，人在选豆机的输送带上把沙粒、茅草等其他杂质挑选出来，机器把小一点的沙粒、茅草等其他杂质选出来，好的红豆流入机器后面装红豆的周转箱中。

3.清洗

把选好的小红豆称好定量的重量，放在大的周转箱中，放入凉水进行清洗，同时将另外一个周转箱也放入凉水，水要高出小红豆 20 cm 以上用不锈钢铲子上下翻动，把浮在上面的杂质用漏勺(纱网状的漏勺)除掉，再用漏勺把好的小红豆用淘洗的方法，放到另外的一个装满水的周转箱中，将剩下的沙粒等杂质倒掉，如此反复清洗两遍。

4.煮制

先在夹层锅中放入一半的凉水用淘洗的方法把小红豆倒入锅中，煮小红豆的水用量是以 1 份小红豆 3 份水，如第一次放水多了就减，少了就加；盖上盖子放入蒸汽开始煮，开始蒸汽压力为 0.3 MPa，开锅后蒸汽压力为 0.2 MPa，整个过程控制在 80 min 左右，小红豆以用手可以捏烂为准。

5.磨浆

把煮好的小红豆放入周转箱中，把胶体磨调到最小，通上冷却水，开动胶体，用周转箱接在出口上，把煮好的热小红豆倒入胶体磨的漏斗中进行磨浆；在磨浆过程中一定要注意胶体磨的出口，以防热浆飞溅把人员烫伤；磨浆时如果太干，可以加一点温水。

6.炒制

把刚才煮红豆的夹层锅清洗干净，装上搅拌器；在锅内加入 3～4 kg 油，再把磨好的红豆浆倒入锅中，加入称量好的白糖；先开动搅拌器，再把蒸汽开到 0.3 MPa 加热炒制，在炒制过程中油要分次慢慢加入，以防止豆沙粘锅，见有粘锅现象就往锅内加少许油。油是有定量的要有计划地加入，要做到不粘锅、不多油；炒制整个过程控制在 2～3 h；炒制时人一定要离锅远一点，以防红豆飞溅出来烫伤人。

7.冷却

把好的豆沙用白色的周转箱装上，放在通风处自然冷却，冷却到豆沙中心温度为 20℃左右再放入保鲜库中储藏待用。

8.制成小馅

把冷却了的豆沙用手搓成长条，切成一个一个的小馅，馅的重量是：7～9 g/50 g 粽子，馅的表面撒上少量淀粉，防止馅与馅之间粘在一起，装在盒中待用。

(三)蜜枣粽子

将蜜枣中的残核去除干净后，用刀切成配方要求大小的块状，7～9 g/50 g 粽，21～27 g/150 g 粽（注：防止蜜枣中间塞米导致米夹生，所以一定要切成小块）。

(四)红豆粽子

红豆拣干净后，用 1.5%的蛋白糖溶液在 60℃温水中浸泡 2～3 h，煮制 30 min 冷却后待用，要求内外甜度一致，或直接购置糖渍红豆，添加剂的添加量符合 GB2760 的要求，符合食品卫生要求，50 g 粽子馅重为 7～9 g。

(五)八宝粽子

红豆、黑豆、花生拣干净后，用 1.5%的蛋白糖溶液在 60℃温水中浸泡 2～3 h，煮制 30 min 冷却后待用，要求内外甜度一致，添加剂的添加量符合 GB2760—2014 的要求，符合食品卫生要求。

将莲子中杂质去除干净后，用 1.5%的蛋白糖溶液在 60℃温水中浸泡至完全浸透，吸水约 100%即可。

三、拌米

(一)泡米

把定量的白糯米先挑选一次，把黑米、石粒等杂质挑选出来，用凉水漂洗三次，用凉水浸泡，浸泡时间为 3～4 h。

(二)脱水

将泡好的米放入脱水机中，需上色入味的粽子品种启动开关后 15～20 s 后立即关闭机器停转后即可，其他品种启动开关后 10～15 s 后立即关闭机器停转后即可。

(三)拌米

将米和按配方配好的小料倒入卧式拌米机中搅拌均匀即可；如人工拌米，必须搅拌均匀，静置 20 min 后包制（注：八宝粽子拌好的米分装前搅拌均匀）。

四、洗粽叶

把真空粽叶拆开放入周转箱中（要定量），放入凉水浸泡 4 h 以上，人工用刷子来回刷洗，粽叶的正反两面都必须刷洗，从清水中摆洗 3 次，放在清水中浸泡待用。

五、包制

用清洗好的粽叶弯折成一个漏斗形；先放入拌好整个粽子的一半米（每个品种相应的米）；再在米上加入每个品种相应的馅；再盖上余下的一半米；再把粽叶叠过来包成四个角的粽子；用线把粽子捆扎好，粽子捆线要在粽子身上捆七圈，七圈要在粽子身上均匀分布，打成死结。捆扎讲究"甜松咸紧、肥松瘦紧"的包制方法。包制好的粽子单个重量为 39～41 g（含粽叶）熟制后为 54～56 g（含粽叶）。成型好的粽子应尽快熟制，时间不得超过 2 h，如来不急熟制的，应入冷库存放。注：包制时必须按配方要求进行包制，八宝粽子内要求每种馅料至少含有一颗。

六、熟制

把包制好的粽子放入杀菌锅用特制的筐子装，每筐不要装得太满，粽子必须离筐子的边有 2 cm 的距离；筐子装满后放在特制的车上排好，筐子堆高不超过五个筐子；在最上面的一个筐子的粽子上要用不锈钢盘压住，然后送入杀菌锅中，杀菌锅中只可以装三车（15 筐）；每次杀菌锅工作盖上盖之前都要在上法兰与下法兰的接触面加油，装满后盖上盖子，扣上法兰，锁上保险，打开气泵使气垫冲气；往锅内加水，水加到规定的位置；通汽过程中不断打开汽阀排出锅内冷气，但不得使进汽速度太快而导数锅内水剧烈翻腾，使粽子脱线，成次品或浪费。80℃时关掉一半出汽阀，95℃时关闭出汽阀；通汽使锅内水温达到均匀的 121℃时，关闭汽阀，进行保温，并开始保温计时，保温时间 15～20 min（50 g 粽 15 min，150 g 20 min：如糯性不好可适当延长时间）；保温过程中使两温度表始终保持在 121℃，汽压通过蒸汽或调节放汽保持在 0.15～0.2 MPa；打开排水闸门排水，排水时要打开气泵和阀门向锅内加压，排水时锅内压力在 0.1～0.15 MPa，热水排完后放入凉水，放凉水时打开上端的排汽阀排气；凉到锅内温度 80℃时，排掉气垫内的气，用凉水把法兰冲凉一下，关掉进入锅内的凉水，打开保险和锅盖；待放汽、放水结束后（即汽压表显示为"0"，水位管显示"无水"），关闭放水，打开注水和放汽进行注水冷却；关闭注水阀，打开放水阀放水，放尽水后旋推门锁柄，用特制的车子把装粽子的筐子拉出来。150 g 粽子冲洗干净后铺蒸盘上用蒸汽灭菌；1.3 MPa 压力下 10 min 冷却后包装。

七、冷却

从锅内取出粽子倒入冷水中再次冷却（10 min 左右）后捞出，放在食品车上沥水。捞出粽子放在不锈钢速冻盘中，捞出时要把粽子上面粘的饭粒清洗掉，把破的、开裂的、掉线的粽子都要挑出来。

八、速冻

粽子在不锈钢盘中要把表面的水分吹干，然后在速冻库或速冻机中速冻，粽子的速冻时间为 3～4 h，粽子中心温度要达到－15℃以下。

九、包装

速冻好的粽子先进行检测，检测好的产品应及时包装，防止因解冻而导致产品品质不良现象的发生。如不能及时包装，应送至冷库，包装前再取出。

封口必须平整，封好口的袋子必须无漏气现象，日期号码在固定的位置，150 g 粽子根据实际生产品种在包装袋名对应方框内画"√"。

包装箱的品名必须和产品相对，纸箱封口胶带必须当中是一条直线，两头胶带搭头不得超出 5 cm；纸箱外必须在明显的部位盖有产品批号，包装标准；其中落地产品及有大开裂漏米现象等严重残次品不得混入。

称量工序：①400 g 精装及混合装：包装称量范围：430～438 g(含粽叶、线绳，不含袋)，每箱装 12 袋，顺着箱底摆放 3 层，每层 4 袋(散装粽子为套环形收缩膜；精装及混合装粽子加贴棱形标贴，于扎线前道工序贴于粽体，要求加贴规范、端正，字体朝外)；另外混合装粽子包装箱箱体相应位置加盖"竹风香粽(混合装)"字样。②2 500 g 散装：速冻后的粽子套上彩条后进行塑封，要求彩条入粽体中央，塑料封紧密，包装称量范围：2 700～2 710 g(含粽叶、线绳、不含袋)每箱装 4 袋，顺着箱底摆放 2 层，每层 2 袋。③150 g 一粒装：每袋净含量 150 g(不含粽叶、包装袋)，每箱装 30 个。

十、入库

封好箱的成品应及时入库，成品在外停留时间，夏季不超过 15 min，冬季不超过 20 min，成品按要求码好或按库管要求摆放。入库的产品必须摆放整齐，产品分类，以满足出货，做到先入库产品先出库，以免产品在库中压库时间太长，使产品变质、过期等质量事故的发生。

项目三

膨化食品加工

任务一 银鱼油炸膨化食品生产工艺

银鱼主要产于淡水水域，属高级营养品。目前市场上有银鱼鲜品、干品入药制品，少见加工食品。本内容将银鱼与现代膨化食品新技术相结合，生产出适销对路新产品，既营养又香脆可口。工艺流程如下：

原料→拌料→熟化→成形→干燥→油炸膨化→脱油→调味→包装入库

1.原料

玉米淀粉 20 kg、面粉 5 kg、银鱼干粉 3 kg、白糖 1.5 kg、食盐 0.5 kg。

2.拌料

把料投入转速 400 m/min 的搅拌机，时间 3 min，加水 30%熟化成形。经双螺杆挤出熟化机熟化，排条机成条，醒发切片，大小一致，厚薄均匀。

3.醒发

醒发室要求相对湿度 60%～70%密闭不通风，放置 12 h 以上。

4.干燥

成形好的坯料在 80～90℃干燥 3 h 成为水分＜10%的干坯料。

5.油炸膨化

采用 190～200℃的色拉油，油炸时间为 8～13 s。

6.脱油

采用低速离心机脱油，转速为 1 500～2 000 r/min，时间 3 min，调味包装根据市场需要调出各种口味，采用复合膜包装。

7. 产品质量标准

感观指标：外观与色泽微黄，有光泽均匀一致；口感细腻化渣，酥脆可口；

理化指标：水分 5%，蛋白质（以干基计）2%；

微生物指标：无致癌菌及因微生物引起的霉变现象。

任务二 挤压膨化食品加工

膨化技术作为一种新型食品生产技术，尤其是在食品工业中，更是发展迅速。本书讲述的是挤压膨化技术的作用原理，挤压膨化技术的特点及在食品加工中的应用。

膨化技术是一种新型的食品加工技术，它广泛应用于膨化食品的生产，具有工艺简单、成本低、原料利用率高、占地面积小、生产能力高、可赋予食品较好的营养特性和功能特性等特点。

膨化食品是指以谷物粉、薯粉或淀粉为主料，利用挤压、油炸、砂炒、烘焙等膨化技术加工而成的一大类食品。它具有品种繁多、质地酥脆、味美可口、携带食用方便、营养物质易于消化吸收等特点。

一、挤压膨化的作用机理

挤压膨化是通过水分、热能、机械剪切和压力等综合作用形成的高温、高压的短时加工过程。挤压膨化作用机理是：含有一定水分的物料，在挤压机套筒内受到螺杆的推动作用和卸料模具或套筒内节流装置（如反向螺杆）的反向阻滞作用，同时还受到来自外部的加热或物料与螺杆和套筒的内部摩擦热的加热作用，此综合作用的结果使物料处于高达 3～8 MPa 的高压和 200℃左右高温的状态之下，如此高的压力超过了挤压温度下的饱和蒸气压，使挤压机套筒内水分不会蒸发沸腾而呈现熔融的状态。一旦物料由模具口挤出，压力骤然降为常压，水分急速蒸发，产品随之膨胀，水分从物料中的散失，带走了大量热，使物料在瞬间从挤压时的高温迅速降至 80℃左右，从而使物料固化定形，并保持膨胀时的形状。

二、挤压膨化食品生产工艺

挤压膨化食品是指将原料经粉碎、混合、调湿，送入螺旋挤压机，物料在挤压机中经高温蒸煮并通过特殊设计的模孔而制得的膨化成型的食品。在实际生产中一般还需将挤压膨化后的食品再经过烘焙或油炸使其进一步脱水和膨松，这既可降低对挤压机的要求，又能降低食品中的水分、赋予食品较好的质构和香味并起到杀菌的作用，还能降低生产成本。挤压膨化食品的工艺流程如下所示：

原料→混合→调理→挤压蒸煮、膨化、切割→烘烤或油炸→冷却→调味→称重、包装

三、挤压膨化食品的特点

（一）营养损失少，容易被人体消化吸收

由于挤压膨化过程是一个高温短时的加工过程，原料受热时间短，食品中的营养成分被破坏的程度小；挤压膨化过程使淀粉、蛋白质和脂肪等大分子物质的分子结构均不同程度发生降解，挤压膨化食品多孔的疏松结构有利于消化酶的作用，因而使产品易消化吸收。

（二）便于长期保存

通过挤压膨化的食品不易产生“回生”现象，便于长期保存。利用挤压膨化加工的谷物食品，由于在加工过程中受到高强度的挤压、剪切、摩擦和加热作用，淀粉颗粒在水分含量较低的情况下，充分溶胀、糊化和部分降解，以及物料在挤出模具后，由高温高压状态突降到常温常压状态，发生瞬间“闪蒸”，这样就使得糊化后 α-淀粉不易恢复其直链淀粉的颗粒结构，所以不易产生“回生”现象。

（三）可改善食品风味，口感好

利用挤压膨化加工的产品口感好，改善了产品的风味。谷物中含有的纤维素和木质素等，虽然不能被人体所吸收，但具有促进大肠蠕动和降低胆固醇等生理功能。通过挤压膨化加工之后，这些成分被彻底微粒化，并且产生了部分分子降解和结构变化，使水溶性增强，避免了这些成分口感粗糙、难以直接食用的缺点。挤压膨化可以对食品风味进行灵活调整，满足不同消费者的口味。

（四）生产效率高，原料利用率高

利用挤压膨化加工技术，生产效率高，原料利用率高，无“三废”污染，生产过程中不向环境排放废水、废气和废物等产品的卫生水平高，易于保存，从原料到产品，生产工艺简单，流水线短，污染机会相对减少。

四、挤压膨化技术在食品加工中的应用

（一）在开发保健混合粉中的应用

黑米、薏米和荞麦粉都具有较高的营养价值和保健功能，但由于其质地较硬，正常的蒸煮难以糊化，必须经过特殊工艺处理才能被消化吸收，挤压膨化技术是理想方法。此外，由于每种原料中各种营养成分分布是不均匀的，往往满足不了人们对各种营养物质的需要，因此需要将几种原料配合后膨化成具有保健功能的混合粉，此混合粉是预糊化淀粉，可直接食用或作为辅料应用于食品工业，如主食品馒头、饺子和面包等。

(二)在大豆蛋白加工中的应用

1.加工大豆粉

大豆经过破碎、脱皮后,经加热干燥,使脂肪氧化酶钝化,调节水分,将物料吸入挤压机进行挤压加工。加工制品经冷却、干燥,粉碎后就得到营养丰富的全大豆粉。这种产品由于在高温高压环境条件下加工制得,具有很好的杀菌作用,并可消除大豆中的抗营养因子,提高了全脂大豆粉的食用价值。

2.加工组织状大豆蛋白

组织状大豆蛋白是将脱脂大豆粕进行挤压膨化,在一定的温度和水分下,受到较高的剪切力,在模口被挤出时,蛋白质分子形成类似纤维状的结构,产品具有类似"肉类"的外观,大豆蛋白经组织化后,改变了口感和弹性,扩大了使用范围,提高了营养价值,可用于人造肉和其他仿肉制品的制作。近年美国已将这类"肉制品"加入汉堡牛排、肉糕、三明治中,在汉堡牛排中替代肉类的加入量高达30%。2000年在法国制成的高温挤压烹饪机,市场流通的机型实际产量200～600 kg/h,食品类型包括蔬菜比萨饼表面的配料、汉堡包、香肠、煎小牛肉片、肉饼和沙拉表面的碎肉等产品,具有与肉类极其相似的口感和弹性,它将具有很大的市场潜力。

3.挤压膨化技术在油脂浸出中的应用

利用挤压技术对浸出前的油料进行膨化预处理,是溶剂浸出提油的一种新技术,其基本原理是:当油料料胚在挤压膨化过程中受到高温、高压、高剪切的作用,油料被混炼、熔融,产生组织变化。当料胚从高压状态挤出到常压状态时,造成内部超沸点水分的瞬间蒸发,油料也随之膨化成型,产生许多具有细微孔的条状体("油路"),有利于油料的浸出。应用挤压膨化浸出法与传统的轧胚浸出法相比,在浸出设备的生产能力、油脂浸出速度、能耗、溶剂料胚比,以及油品质量等方而有许多优越之处。1988年,美国约有60%的大豆油厂和50%的柏籽油厂采用膨化预处理技术,目前已有90%的棉料和80%的大豆都经过挤压膨化预处理。国外已把挤压膨化机作为油脂浸出中的标准设备。

4.在酱油生产中的应用

酱油是一种重要的日常调味品。多年来,在我国酱油生产中低盐固态发酵工艺一直占有主导地位,但该工艺生产出来的酱油色、香、味均不够理想,与传统发酵酱油相比,尚有较大差距。20世纪70年代后,日本首先将挤压膨化技术应用于酱油的生产中。龟甲万酿造株式会社将原料大豆进行挤压膨化预处理后造酱油,蛋白质利用率可高达90%,提高了酱油的产量和质量,改善了酱油的风味。

目前,挤压膨化技术在酱油生产中的应用获得了巨大的成功,取得了可观的效益。实践证明,将豆粕进行挤压膨化处理,种曲孢子数和蛋白酶活力及大曲的蛋白酶活力均有明显提高,不仅对酱油品质有所改善,而且提高了酱油出品率和蛋白质利用率,从而有效地节约了酿造用粮,降低了酱油生产成本。将挤压膨化技术应用于酱油生产有着广泛的发展前景。

五、挤压膨化技术的发展前景

食品加工的一个目的是充分利用现有的食品原料资源和开拓新的原料来源，开发各种各样受人们欢迎的食品。膨化技术的出现可以说为谷物类、淀粉类等这些我们称之为粗粮的原料，在食品工业中的应用开辟了一条崭新的途径。而且，膨化食品一般都需经调味处理，因此膨化食品加工业的发展必将带动调味料工业的发展，还有薄膜等包装技术的发展。目前将大米作为原料应用于膨化食品的生产也是生产厂家的一个研究开发方向。它对于降低产品成本、改善原料的单一组成、拓宽大米的利用途径有着积极的作用。另外，现在我们在超市的货架上可以看到琳琅满目的膨化食品，据估计一种膨化食品在市场上具有两年的寿命就算非常不错了。随着食品工业的发展、新技术和新工艺的出现以及人们生活水平的提高，膨化工艺技术以及膨化设备也必然不断向前发展，生产更受人们欢迎的低油、天然产品，如低温、超低温膨化技术、超声膨化技术、化学膨化技术，都有可能在不久的将来得到实际的应用。而微波膨化技术、烘焙膨化技术作为新型化技术已经引起人们的重视并逐步在生产中得到应用。另外，许多国家还在谷物早餐和快餐中添加适量的花粉和制萝卜素、海藻粉和各种菜粉等，通过挤压膨化后，制作适合不同人群消费的强化食品。相信食品挤压膨化加工技术在不久的将来会给消费者的餐桌增加不少色、香、味和营养俱佳的食品。挤压膨化加工技术将会在“中国营养改善行动计划”“国家大豆行动计划”中起到重要作用。

【师徒共研】

1. 你是如何理解将米饭 α-化这一工序的？

它可以使淀粉彻底 α-化。以前使食品成熟的热加工技术如烘烤、蒸煮等，也可以使食品的生淀粉即 β-淀粉变成 α-淀粉，即所谓 α-化，也是淀粉熟化。但是这些制品经放置一段时间后，已经展开的 α-淀粉，又收缩恢复为 β-淀粉，也就是所谓“回生”或“老化”。这是所有含淀粉的食品普遍存在的现象。这些食品经“老化”后，体形变硬，食味变劣，消化率降低。这是由于淀粉 α-化不彻底的原因。

2. 在制作米粉之前，浸泡原料的作用是什么？

浸泡的作用就是让米粒按工艺要求吸收所需水分，软化米粒的坚固组织。经过一段时间的浸泡，米粒结构变得疏松，不但容易粉碎或磨浆、产量高，而且粗细度均匀细腻，生产出的米粉条韧性大、口感好。浸泡时间以 2～4 h 为宜，一般水分含量不超过 30%，否则，粉碎机容易堵塞筛孔。检查浸泡效果，用拇指与食指按压米粒，能搓碎且无颗粒感即达到要求。

3. 高蛋白米粉制成的食品有何意义？

从生物学意义看，用高蛋白米粉制成的食品，更容易被婴幼儿所吸收利用，也符合世界卫生组织的要求。碎米经 α-淀粉酶进行局部酶解生产高蛋白米粉的工艺。

4. 榨粉后为何要进行复蒸？

复蒸：大米淀粉再进行 1 次熟化过程，使其表面进一步糊化，然后再烘干，才能保证成品的糊汤率很低，米粉表面光滑、韧性好、咬劲足。复蒸一般都采用高压复蒸柜，柜内蒸汽的温度超过100℃，高温、高压可以缩短蒸粉时间(105℃/5 min)，这样可大大提高米粉质量。

5. 糊化程度对产品质量的影响有哪些？

油炸膨化方式是靠淀粉糊化后具有一定的凝胶性和成膜性来确保在油炸过程中形成空间网络的膨松结构，淀粉糊化时，分子间氢键断开，水分子进入淀粉微晶间隙，不可逆的充分吸水，这个过程就是淀粉α-化，在冷却过程中，淀粉老化(α)同是淀粉α-化，在冷却过程中，淀粉老化(β)时淀粉颗粒高度晶格化，包住水分为产生较高的影化率奠定基础。如果糊化(α)不完全，将导致产品的膨化率下降。为了防止糊化不完全，调粉时应调入1%的复合膨松剂。

6. 醒发处理产品对膨化质量的影响有哪些？

面条在冷却过程中淀粉β-化包入淀粉在糊化时吸收的水分，在高温油炸时，微晶粒中水分急剧汽化喷出形成硫松多孔结构达到膨化目的。若老化不充分，会导致产品膨化率下降30%左右，如果糊化时不加复合膨松剂，面条在相对湿度60%～70%的条件放置24 h才可老化。膨松剂的加入可将面条的老化时间缩短到12 h，水分含量对产品质量的影响。

面团中水分含量的影响：水分改变面团的结构特征，水分过高会形成糊，水分过低胶凝不彻底影响糊化度，一般控制在30%的含水量为最好。

坯料中水分含量的影响：干燥后的坯料水分含量过高，油炸时则很难将水分在短时间内排除，造成膨化率降低，口感发软，不酥脆，水分过低，又很难使汽化后的水分产生足够的喷射蒸汽压力以致降低产品的膨化率。生产实验表明，坯料中水分应在7%～9%较适宜于油炸，8%为最好。

7. 油温对产品质量的影响？

在油炸过程中，加热速度和油温也要适宜.不能过快过高，加热过快坯料表面瞬间失水硬化形成油水直接能量的交换方式。则制品的体积将会缩小、干硬，且易造成制品卷曲、发焦、影响感官效果，油温过低，坯料内部水分汽化速度缓慢，短时间形成的喷暴压力较低，且时间长导致产品的膨化率下降不酥脆。通过生产上实验证明油温应控制在190～200℃较适宜。

第六单元 6

豆类食品加工

知识目标

1. 了解大豆的重要营养成分组成，常见的加工方法。
2. 绿豆的传统制品加工工艺及新兴绿豆制品工艺。

技能目标

至少能熟练地说出 2 种豆制品加工工艺流程。

德育目标

通过学习，培养学生在学习专业知识能力的同时，还要具备综合能力的意识，为今后走向工作岗位打下良好基础。

项目一
大豆的加工

任务一 大豆的主要组成成分

一、常量成分

(一)蛋白质

大豆蛋白质含量高达 40%左右,位居植物类食品原料之首。根据在籽粒中所起的作用不同,大豆中的蛋白质一般可分为贮存蛋白、结构蛋白和生物活性蛋白,其中贮存蛋白是大豆蛋白的主体,作为食物,主要利用大豆中的贮存蛋白。这些蛋白颗粒周围虽有磷脂质膜,但膜易破裂,所以可用水抽提。根据溶解性不同,大豆蛋白质可分为白蛋白(清蛋白)和球蛋白,大豆中 90%以上的蛋白质为球蛋白。

大豆球蛋白是多组分蛋白。根据沉降速度法,将大豆球蛋白超离心分离,可得到 2S、7S、11S、15S 四种组分。对于生物机体,几乎所有的外来蛋白质都可以作为抗原,而且每种蛋白质都能诱导特异抗体的产生。免疫学分析表明,大豆球蛋白至少是由大豆球蛋白、β-伴大豆球蛋白、α-伴大豆球蛋白以及 γ-伴大豆球蛋白四种不同的蛋白组成。表 6-1 为不同大豆球蛋白组分的含量和相对分子质量。

由表 6-1 可看出,大豆蛋白主要由 7S 和 11S 蛋白组成。这两种蛋白质决定了大豆蛋白的胶凝性、起泡性、保水性、吸油性等加工功能特性。研究表明,大豆蛋白产品——豆腐的得率和品质不但与大豆蛋白质的含量有关,而且与其组成(如 7S 蛋白与 11S 蛋白的比例、11S 蛋白的亚基组成)有重要关系。

表 6-1 大豆球蛋白主要组分及其含量

蛋白组成		含量/%		相对分子质量（$\times 10^3$）
超离心分析法	免疫分析法	超离心分析法	免疫分析法	
2S 球蛋白	α-伴大豆球蛋白	15.0	13.8	18～33
7S 球蛋白	β-伴大豆球蛋白	34.0	27.9	180～210
	γ-伴大豆球蛋白		3.0	105～150
11S 球蛋白	大豆球蛋白	41.9	40.0	300～350
15S 球蛋白	大豆球蛋白聚合体	9.1	—	600

(二)脂质

大豆含 20%左右的油脂，大豆油脂的主要特点是不饱和脂肪酸含量高，61%为多不饱和脂肪酸，24%为单不饱和脂肪酸。大豆油脂中还含有可预防心血管病的 α-亚麻酸。除脂肪酸甘油酯外，还含有 1.3%～3.2%的磷脂。大豆磷脂的主要成分是卵磷脂、脑磷脂及磷脂酰肌醇。在食品工业中，大豆磷脂广泛用作乳化剂、抗氧化剂和营养强化剂。

(三)碳水化合物

大豆中的碳水化合物含量约为 25%，主要成分为蔗糖、棉子糖、水苏糖等低聚糖以及纤维素和多缩半乳糖等多糖。

由于棉子糖和水苏糖不能被人体直接吸收，而肠内又缺少水解棉子糖和水苏糖所必需的半乳糖苷酶。在肠内微生物菌丛的代谢下，产生二氧化碳、氢气及少量甲烷。所以食用富含大豆低聚糖的产品后往往有胀气症状，从而限制了大豆在食品工业中的应用。大豆低聚糖可使肠内的有益菌——双歧杆菌增殖，对维护肠道健康有很好的保健作用。

二、重要的微量成分

(一)大豆异黄酮

大豆异黄酮是一类生物类黄酮，主要是指以 3-苯并吡喃酮为母核的化合物，主要有 9 种异黄酮糖苷(即糖苷型大豆异黄酮：β-葡萄糖苷、乙酰基葡萄糖苷和丙二基葡萄糖苷各 3 种)和 3 种相应的糖甘配基(即苷元型大豆异黄酮)。大豆中前者的含量为 97%～98%，而后者的含量为 2%～3%。

大豆子粒中异黄酮含量为 0.05%～0.7%。虽然大豆胚轴中异黄酮浓度约为子叶的 6 倍，但由于子叶占大豆子粒重的 95%以上，因此大豆异黄酮主要分布在大豆子叶中。

这些异黄酮在大豆食品中的含量与组成受加工过程的影响，例如：热处理、脱气、酶水解和发酵。热处理使一部分丙二酰基葡萄糖苷型向乙酰基葡萄糖苷型转化。热处理过程的去除泡沫也会造成异黄酮的流失。在 β-葡萄糖苷酶的作用下，葡萄糖苷型的异黄酮会向相应苷元型转化。在大豆发酵食品(腐乳、味增、纳豆等)的加工过程中发现，葡萄糖苷型的异黄酮会向相应苷元型转化。

大豆及普通大豆食品中的异黄酮主要以糖苷型形式存在。但许多研究表明，游离型大豆异黄酮具有更强的生物活性，游离型大豆异黄酮在抗自由基、抗氧化、抗脂质过氧化、抗溶血、抗肿瘤、抗菌等生物活性方面均比糖苷型大豆异黄酮高。动物实验表明，食物中大部分以糖苷形式存在的黄酮类化合物不能通过小肠壁直接进入血液中，只有苷元能够从小肠处被直接吸收。

研究表明：大豆异黄酮对癌症、动脉硬化症、骨质疏松症以及更年期综合症具有预防甚至治愈作用。自然界中异黄酮资源十分有限，而大豆异黄酮含量丰富，从而赋予了大豆及其制品的重要性。

(二)大豆皂苷

大豆皂苷为苷类化合物的一种，具有溶血活性和起泡特性，达到一定浓度时具有苦涩味。大豆中至少含有 5 种大豆皂苷精醇，可分别与半乳糖、葡糖、鼠李糖、木糖、阿拉伯糖、葡萄糖醛酸失水缩合而成大豆皂苷。目前至少已经分离出 10 种主要的大豆皂苷。

大豆皂苷在大豆中的含量达 0.1%～0.5%，大豆子叶中含量为 0.2%～0.3%，下胚轴中高达 2%。近年的研究表明，大豆皂苷具有抗高血压和抗肿瘤等活性。

(三)蛋白酶抑制素

大豆中含有一类毒性蛋白，可抑制胰蛋白酶、胰凝乳蛋白酶、弹性硬蛋白酶及丝氨氮酸蛋白酶的活性，称为蛋白酶抑制素或胰蛋白酶抑制素，其含量为 17～27 mg/g，占大豆贮存蛋白总量的 6%。

由于食入大豆蛋白酶抑制素将影响动物的胰脏功能，因此在大豆食品加工中，需钝化其活性。100℃加热 10 min 可将其 80%的活性钝化。用实验鼠做实验表明，蛋白酶抑制素的残留率低于 40%不会引起胰脏肿大。目前，一般的大豆加工制品中，蛋白酶抑制素残留率低于 20%左右。

(四)大豆脂肪氧化酶

大豆脂肪氧化酶活性很高，当大豆子粒破碎后，只需少量水分存在，该酶就可以催化大豆中的亚油酸、亚麻酸等不饱和脂肪酸氧化，生成相应的氢过氧化物。氢过氧化物分解成各种挥发性化合物，形成大豆特有的风味。

大豆脂肪氧化酶作用下的脂肪氢过氧化物对胡萝卜素有漂白作用，对蛋白质中的巯基有氧化作用。因此在小麦面粉中加入 1%的含脂肪氧化酶活力的大豆粉，能改善面粉的颜色和质量。

(五)大豆中的矿物质和维生素

大豆中矿物质含量丰富，总含量为 4.0%～4.5%，其中的钙含量是大米的 40 倍(240 mg/100 g)，铁含量是大米的 10 倍，钾、维生素 B 类、维生素 E 含量也很丰富，维生素 A 含量较少。

(六)大豆凝集素

大豆中另一种毒性蛋白,湿热处理可将其同蛋白酶抑制素一起失活,少量残留也不会对人体造成危害。此外,生大豆中还含有一种成分不明的物质,食用该物质可使动物的甲状腺肿大,称为甲状腺肿素,加工中的一般热处理或补碘可消除其影响。

任务二 大豆制品的分类

目前,我国大豆食品加工的花色品种较多,据粗略估计,在传统大豆制品中共有 2 大类 9 个系列 108 个品种 853 个品牌。在新大豆制品中共有 5 大类 300 余个品种 650 个品牌。表 6-2 为传统大豆制品名称,表 6-3 为新兴大豆制品名称。

表 6-2 传统大豆制品名称

非发酵豆制品	1	豆腐	南豆腐、北豆腐、老豆腐、嫩豆腐、板豆腐、水豆腐、圆豆腐、冻豆腐、内酯豆腐、包装豆腐、渣豆腐、菜汁豆腐
	2	半脱水制品	白豆腐干、白豆腐丝、干豆腐、百页、千张、豆腐皮、厚页、白干、豆干、咯咋、豆筋等
	3	卤制品	香干、五香干、兰花干、包干、菜干、茶干、苏州干、豆腐油丝、把豆丝、黄豆腐、圆豆腐、豆腐片、豆腐干、蒜肠、酱干子、麻雀头、卤干子
	4	油炸制品	豆腐泡、炸豆腐、油豆腐、油丝、油炸豆腐条、炸素虾、炸咯咋、豆腐果、香椿鱼等
	5	炸卤制品	素什锦、素蟹、素鸡、素火腿、素猪排、素内粉、素肚、辣块、辣干、辣片、辣三角、素肝、虾子、豆腐、龙鸡片等
	6	熏制品	熏干,熏豆腐、熏素鸡、熏素肠、熏素肚、鱼把子等
	7	干制品	豆腐片、豆棒、豆腐衣、甜片、月片、豆腐粉、豆花等
发酵豆制品	8	腐乳品	腐乳豆腐、红腐乳、白腐乳、臭腐乳、臭豆腐、菜包腐乳、辣味腐乳、花色腐乳,甜香型乳、香辛型腐乳、鲜成型腐乳、糟方腐乳、霉香腐乳、醉方腐乳、太方腐乳、中方腐乳、丁方腐乳、棋方腐乳等
	9	其他类	霉豆腐、霉千张、臭豆腐干子、霉豆渣、臭干子、豆豉、豆酱、豆油、发酵豆乳、豆乳奶酪等

表 6-3　新兴大豆制品名称

油脂系列	色拉油、烹调油、调和油、人造奶油、起酥油、冰淇淋油、代可可脂、粉末油脂
蛋白系列	豆粕、豆饼、浓缩蛋白、组织蛋白、分离蛋白、水解蛋白、肽型蛋白、乳清蛋白、蛋白饮料、纤维蛋白、凝胶蛋白、蛋白添加食品、蛋白粉、脱脂豆粉等
大豆制品系列	豆乳粉、豆奶、调制豆乳、花色豆奶、豆浆晶、豆浆粉、豆腐粉、大豆精粉、超微细粉、速食豆腐脑粉、海绵豆腐、大豆炼乳、大豆冰淇淋等
磷脂系列	浓缩磷脂、粉末磷脂、粉状磷脂、膏状磷脂、液体磷脂、高纯度磷脂、氢化卵磷脂、改性磷脂、卵磷脂胶囊、磷脂冲剂、磷脂洗发香波、磷脂化妆品、磷脂饲料、磷脂脂肪乳等
副产品利用系列	大豆低聚糖、大豆皂苷、大豆异黄酮、大豆纤维、大豆黄浆水生产 B 族维生素产品、大豆脱膜剂、大豆干酪素、大豆脂肪酸、大豆活性炭等

任务三　传统大豆制品加工

一、传统非发酵大豆制品的加工

(一)豆腐生产

所谓豆腐凝胶，是指大豆蛋白加热变性后，在凝固剂作用下相互结合到一起，形成三维网络结构，将水、低聚糖、油脂等其他成分包容在一起的凝胶产物。

豆腐凝胶制作方法的复杂性表现在其多样性方面。在长期的豆腐生产实践中，为了满足不同的饮食习惯和不同的消费需求，在不同的地域环境中形成了不同的加工方法制作不同的豆腐产品。

1. 豆腐类制品的分类和名称

豆浆凝固成型后的产品称为鲜豆腐或豆腐。在此基础上，经进一步发酵、卤浸、油炸、冷冻、烟熏、脱水等操作而制得的产品称为豆腐加工制品。这两类可以统称为豆腐类制品。我国南北之间饮食习惯有较大差别，所以有南豆腐、北豆腐之分。南豆腐水分含量高，质地细嫩，故又称为水豆腐、嫩豆腐、软豆腐。北豆腐水分含量相对较低，坚实挺括，有一定韧劲，故又称为老豆腐、硬豆腐或普通豆腐。我国市售鲜豆腐可分为五大类，除北豆腐和南豆腐外，还有豆腐脑、干豆腐和充填豆腐。干豆腐是水分含量最低、强度最高的一类产品，根据厚薄不同可分为豆片(厚度为 10～20 mm)、百叶(厚度为 2 mm 左右)、千张(厚度为 0.5 mm 左右)。用于进一步加工制作的豆腐一般属于北豆腐或干豆腐。表 6-4 是我国市售鲜豆腐的分类、名称和特征。

表 6-4 我国市售鲜豆腐的种类和名称

豆腐名称	水分含量/%	常用凝固剂	中文别名
豆府脑	95 左右石膏、GDL①	豆花	南豆腐
南豆腐	85～90	石膏、GDL、酸浆水②	嫩豆腐、软豆腐、水豆腐老豆腐、硬豆腐、板豆腐、普通豆腐
北豆腐	80～85	卤水、盐卤、石膏	
干豆腐	60～70	卤水、盐卤	豆片(厚度为 10～20mm) 百叶(厚度为 2mm 左右) 千张(厚度为 0.5mm 左右)
充填豆腐③	90 左右 GDL	GDL	盒豆腐、内酯豆腐

注:①GDL:葡萄糖酸-内酯;②酸浆水:黄浆水发酵液;③充填豆腐:不属于传统豆腐。

2.豆腐加工方法分析比较

(1)豆浆制取方法分析比较　豆腐是大豆蛋白凝胶产品,因此无论哪一种豆腐,都必须将大豆蛋白从大豆子粒中提取出来。所谓豆浆,其实就是大豆蛋白和大豆油脂的水提液。为了有效地将蛋白质提取出来,一般先将大豆子粒在水中浸泡,使蛋白体吸水膨胀,然后将大豆加水磨碎,最后将不溶性成分豆渣分离出来,从而获得大豆蛋白水提液或豆浆,如图 6-1 所示。

大豆磨碎时,在脂肪氧化酶作用下,将产生一种特有的豆香味,但西方人对此不习惯,称为"豆腥味"。为此,有人用热水磨浆,将大豆脂肪酶尽快杀灭,这种磨浆方法称为热法磨浆。与此相对应,用常温水磨浆称为冷法磨浆。大豆磨碎后的浆渣混合物称为豆糊,其浆渣分离的方法有两种:一种是磨后直接分离,称为冷分离;另一种是将豆糊加热后再分离,称为热分离。

检验浸泡条件是否适度的办法:把浸泡后的大豆掰成两半,如豆瓣内侧已基本呈平面,中心部位略呈浅凹面,是浸泡适度;如豆瓣内侧完全呈平面,则浸泡过度;如豆瓣内侧尚有深的凹陷,为浸泡不足。

(2)豆腐制取方法的分析比较　主要鲜豆腐的基本制作流程见图 6-2、图 6-3。其中豆腐脑、绢豆腐、南豆腐、北豆腐和干豆腐都属于传统豆腐。由图 6-2、图 6-3 可见,豆腐类型不同,其制作程序也不同,但无论哪一种豆腐,其制作都有一个将凝固剂与豆浆混合使豆浆凝固的过程。这是豆腐制作的核心,对豆腐的品质和得率影响最大。加入凝固剂的操作在传统豆腐生产中俗称点浆、点脑或冲浆。此操作的难度有三点:第一,凝固剂的使用量受水质、大豆原料、凝固剂原料、豆浆浓度和温度、点浆操作本身等多种不易控制因素的影响,也因豆腐类型不同而不同;第二,既要在尽量短的时间内将凝固剂与豆浆混合均匀,又要限制凝固剂的加入速率;第三,搅拌过程中,要避免破坏已形成的凝胶结构。所以,手工点浆需要不断在实践中总结体验,才能准确掌握操作要领。

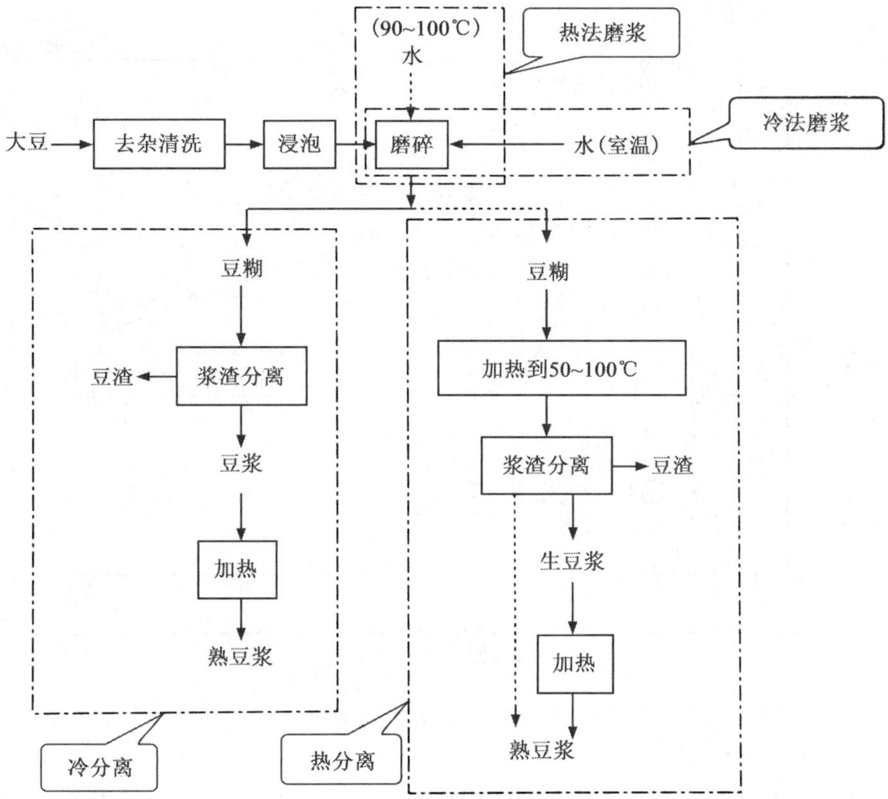

图 6-1 豆浆制取方法比较

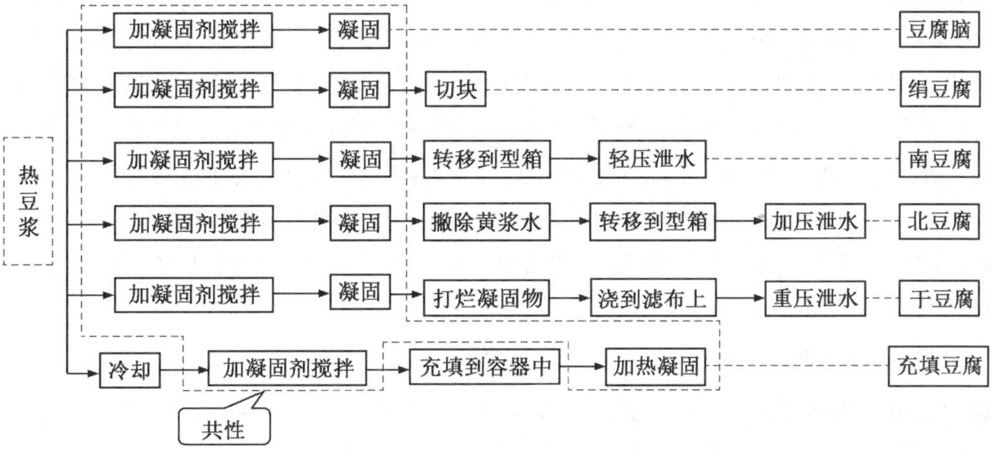

图 6-2 不同类型豆腐基本制作工序

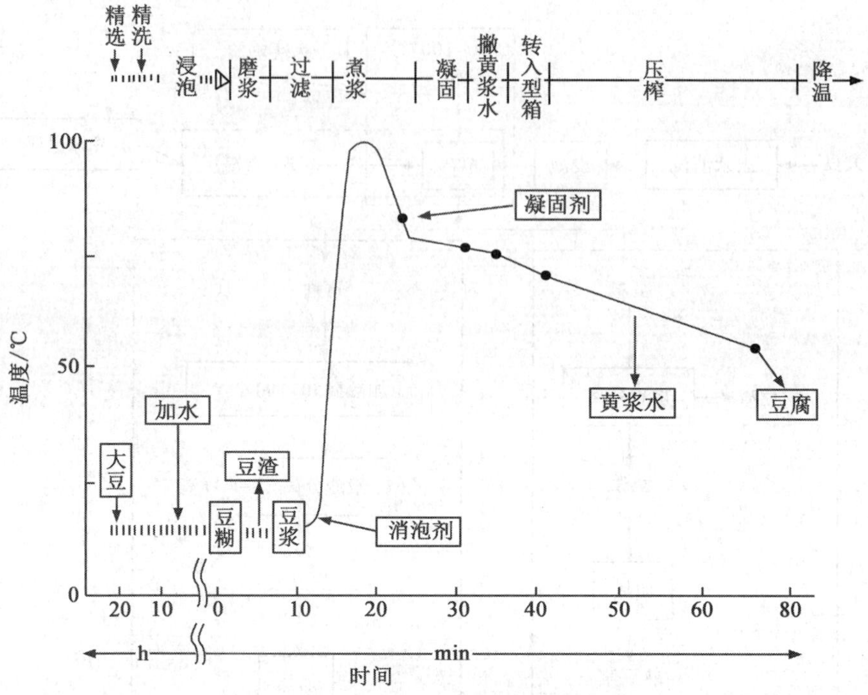

图 6-3 北豆腐制造流程

凝固剂与豆浆混合后，对于传统豆腐，需要静放一段时间，使豆浆充分凝固，俗称蹲脑、蹲缸、养脑、涨浆。这个操作不但重要，而且容易控制。

不同类型的豆腐具有不同的质构。南豆腐、北豆腐和干豆腐在豆浆凝固后需要质构重建才能到所需质构。所谓质构重建，就是将容器中的凝乳（豆脑）转移到型箱中（俗称“上箱”），施加一定的压力，离泄出部分水（俗称黄浆水），使凝胶网络致密，从而提高豆腐强度，改善质构。当施压条件一定时，凝乳的持水能力越高，豆腐产品得率越高，强度越小；相反，凝乳的持水能力越低，产品得率越低，强度越大。另一方面，豆腐产品的强度还受凝乳强度的影响。此外，凝乳的持水能力和强度影响施压泄水的难易程度。因此，对于水分含量要求较低的豆腐产品，除了向型箱转移时不可避免地破坏一部分凝胶组织结构外，还要在转移前采取适度的破坏凝乳措施，俗称“破脑”。“破脑”和“上箱”操作以及操作过程中物料的温度变化对豆腐产品品质有重要影响，但是手工操作中不易严格控制。

(二)腐竹的生产

腐竹是由煮沸后的豆浆，经一定时间保温，浆面产生软皮，揭出烘干而成的。腐竹营养价值高（蛋白质50%）、易于贮存、食用方便。腐竹制品的加工与豆腐的主要区别是腐竹制作不需要添加凝固剂点脑，只是将豆浆中的大豆蛋白结膜挑起干燥即成。

1.生产原理

现代科学技术证明，腐竹是由热变性蛋白质分子依活性反应基团借副价键凝结成的蛋白质膜,其他成分在薄膜形成过程中被包埋在蛋白质网状结构之中,不是构成薄膜的必要成分,用电子显微镜可以观察到小于 0.5 μm 的脂肪球。豆浆是一种以大豆蛋白质为主体的溶胶体,大豆蛋白质以蛋白质分子集合体—胶粒的形式分散于豆浆之中。大豆脂肪以脂肪球的形式悬浮在豆浆里。豆浆煮沸后,蛋白质受热变性,蛋白质胶粒进一步聚集,并且疏水性相对升高,因此熟豆浆中的蛋白质胶粒有向浆表面运动的倾向。

当煮熟的豆浆保持在较高的温度条件下时,一方面豆浆表面的水分不断蒸发,表面蛋白质浓度相对增高;另一方面蛋白质胶粒获得较高的内能,运动加剧,这样使得蛋白质胶粒间的接触、碰撞机会增加,副价键形成容易,聚合度加大,以至形成薄膜,随时间的推移,薄膜越结越厚,到一定程度揭起烘干即为腐竹。

2.腐竹生产的工艺流程

大豆→清选→脱皮→浸泡→磨浆→滤浆→成品→包装→烘干→揭竹→煮浆

3.工艺要点

(1)制浆　腐竹生产中的制浆过程与豆腐类生产中的制浆过程极为相似。腐竹生产用豆浆浓度应控制在 6.5～7.5°Bé(蛋白质浓度 2%～3%)的范围内。豆浆浓度过低,蛋白质含量少,蛋白质胶粒间的碰撞机会减少,不易发生聚合,薄膜形成速度慢,甚至不能形成薄膜;豆浆的浓度过高,虽结膜速度快,但会影响腐竹的质量,产品颜色深、灰暗,易出现浓浆现象,出一、二级腐竹少。

生产腐竹用大豆最好在浸泡前破瓣脱皮,这样所得产品色泽光亮明快,有利于提高产品质量。

(2)揭竹　煮沸后的豆浆,放入腐竹成型锅内成型。成型锅是一个长方形的浅槽,槽内每隔 50 cm 有一格板,格板上隔下通,槽底及四周带有夹层,用于通蒸汽或热水恒温。成型锅的深度一般为 4 cm,豆浆只放一半,即 2 cm 左右。放入成型锅的豆浆经一段时间的恒温,即可在表面形成一层淡黄色薄膜,随着时间的延长,薄膜不断加厚,达到一定厚度时用手或竹竿把膜揭起,即为湿腐竹。目前国内已研制出腐竹揭皮机,正在推广应用。

揭竹过程中,应注意三个因素即温度、时间和通风条件。温度过高腐竹易起“鱼眼”,产品颜色加深,易起锅巴,腐竹的产率低,质量差;温度低,结皮速度慢,生产周期长,温度过低则不能形成完整的皮膜。揭竹时,恒温温度应严格控制,一般以(82±2)℃为宜,并要保持稳定,不能忽高忽低。揭竹时,每支腐竹的成膜时间掌握在 10 min 左右为宜,时间太短,皮膜过薄,缺乏韧性,揭时易破断;时间太长,皮膜过厚,质量不好。

通风良好,也是提高腐竹质量和生产效率的必备条件。通风不好,成型锅上方的水蒸气浓度大,浆面水分不易蒸发,皮膜形成慢。

(3)烘干　湿腐竹揭起搭在竹竿上沥尽豆浆后,应及时烘干。烘干的方法有暖房烘干和机械烘干。普通的暖房烘干,大多采用的是一次烘干法,即将湿腐竹悬挂在温度为 35～45℃、安有通风装置的暖房内,一次连续烘干 8～10 h。这种方法要使腐竹含水量降到 7%左右(部颁标准是 10%,这在南方很难达到 3～6 个月的保存期),极易造成碎品碎支。因这种一次性连续干燥，使表面水分不断蒸发，腐竹内外水分相差较大，故而容易断裂。经改进的三次烘干法，生产的腐竹不易断裂，内外干燥均匀，枝条不扭曲。其大体方法：第一次在60℃左右的暖房内烘30 min左右，使腐竹表面不黏后即出暖房，稍凉后从杆上取下平摆在竹篷上，再进同一暖房在同一温度下继续烘干120 min左右，至水分降至15%～20%时再出暖房。经分级处理后，进另一暖房。此暖房不需通风，温度控制在45～50℃，这样再持续烘干5 h左右，水分即可降至7%～8%。

二、传统发酵大豆制品的加工

研究发现大豆制品中有许多对身体有益的成分，如腐乳中异黄酮的糖苷形大多转化成苷原形。这种转化不仅有利于人体吸收，并且异黄酮的生理活性也主要表现在苷原形。发酵大豆制品中生理活性成分的新发现使发酵大豆制品的身价倍增。这里介绍的发酵大豆，要包括：腐乳、豆豉等。

（一）腐乳

腐乳又称豆腐乳，是一种富有营养的蛋白质发酵食品。它是用大豆或豆饼先制成乳白坯，然后接入培养的菌种进行发酵、腌制、加汤料、装坛、封盖等，再经过3个月以上的后发酵而成的。

腐乳在发酵过程中，微生物使大豆蛋白质水解，水解产物中具有多种氨基酸。

这些氨基酸不仅产生鲜味，而且也是人体必需的营养成分。加的汤料中含有黄酒、红曲、面膏、面酱、香料、砂糖等辅料，它们对腐乳的色、香、味起着重要作用。

1. 腐乳的主要分类

腐乳根据外观颜色不同可分为红色、白色、青色三种。根据风味不同又可分为南味和北味。北方地区一般喜食味偏咸的红色腐乳，而南方地区一般则喜食味偏甜的米黄色的腐乳。我国腐乳的主要分类见表6-5。

表6-5　我国腐乳主要分类

<table>
<tr><td>分类依据</td><td colspan="5">工艺</td><td colspan="6">产品特征</td></tr>
<tr><td rowspan="3">主要类型</td><td rowspan="3">腌制型</td><td colspan="4">发酵型</td><td colspan="3">色泽</td><td colspan="3">风味</td></tr>
<tr><td rowspan="2">天然接种</td><td colspan="3">纯种发酵</td><td rowspan="2">红腐乳</td><td rowspan="2">白腐乳</td><td rowspan="2">青腐乳</td><td rowspan="2">醉方</td><td rowspan="2">糟方</td><td rowspan="2">别味腐乳</td></tr>
<tr><td>毛霉型</td><td>根霉型</td><td>细菌型</td></tr>
<tr><td>典型产品或生产厂家</td><td>太原市腐乳厂</td><td>小型工厂或作坊</td><td>上海“鼎丰”玫瑰腐乳</td><td>南京、上海一些厂家</td><td>克东腐乳</td><td>云南“路南”腐乳</td><td>广州白腐乳</td><td>北京“王致和”臭豆腐</td><td>青岛“青福牌”腐乳</td><td>江苏“新中”腐乳</td><td>虾子腐乳、火腿腐乳</td></tr>
</table>

2.腐乳的一般制作工艺流程

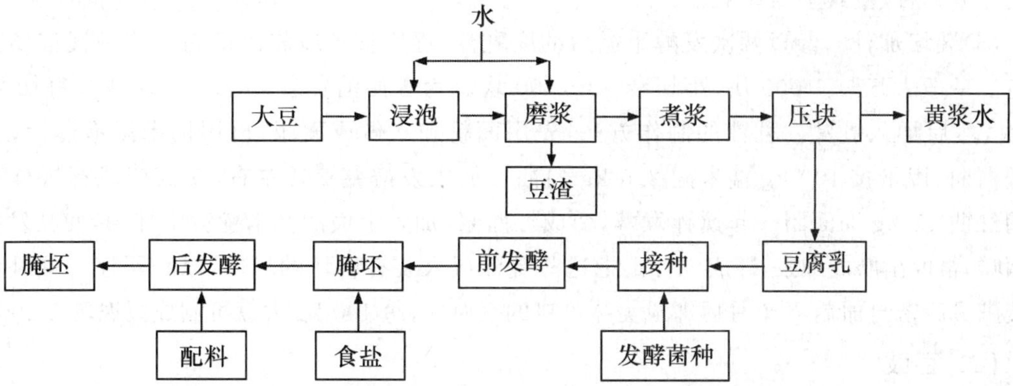

(1)原料处理　各种大豆品种都可做为制造豆腐乳的原料。颗粒饱满、无霉变、无虫蛀的为好,并清除沙土杂质,洗净浸泡。若采用冷轧豆为原料,可用稀碱液浸泡至豆饼柔软为止。要求磨得细腻柔嫩,滤出浆液。豆浆出量掌握在大豆原料质量的 8～10 倍。

(2)煮浆点卤　把豆浆倒入锅中,大火煮 30 min,使其温度上升至 95～100℃,加热时间越快越好。煮至锅内豆浆表面有一些起沸泡时,一边起浆,一边掺入冷豆浆,防止锅内沸泡成沫而流溢于锅外。把煮熟的豆浆倒入缸或木桶内,待温度下降至 85℃左右时,立即进行点卤凝固。常用的凝固剂为盐卤。盐卤浓度 20～24°Bé,用量每 100 kg 大豆加盐卤 8～10 kg。点卤时可用细流方式均匀添加,一边用铁瓢划动豆浆,一边淋洒盐卤,使缸或桶中豆浆上下翻动。照此循环数次,直至浆卤全部混合均匀后,使蛋白质渐渐凝固成豆腐花而与水分离,最后把余下的盐卤浇在面上,然后加盖,静置养浆 4～5 min,使其进一步凝固。点卤时应注意温度不宜过高或过低。过高会造成豆腐坯粗脆发红,过低则蛋白质凝固太慢,会使浆乳混浊不清。一般在 82℃左右最好。若用石膏凝固剂,可预先将石膏炒或烧一下,磨成粉点浆。

(3)压块制坯　豆浆点卤后,待浆水澄清,即可将凝固状的豆腐花倒入压榨豆腐的框布内,豆腐框为木制的,长、宽各 36 cm,筐内用白龙头布作包浆布。包浆后送入木制豆腐压榨机内进行压榨,使水分溢出,由轻逐渐加重,直至水分全部排出。然后松榨,去掉包浆布即成豆腐块,晾 10min 后,趁热用小刀划成 4 cm×4 cm×1.5 cm 的小方块,这就叫豆腐坯。

(4)发酵盐腌　把晾干后的豆腐坯放在铺有草席的竹篱上,间距 1 cm,继续晾 4 h后,送进发酵室进行发酵。发酵室四周密封,内设若干床架,便于排放竹篱,这是传统的发酵法。它利用空气中低温霉菌自然发酵,最适温度为 15℃。3～4 d后,豆腐坯表面开始发霉,并生成较多的白色菌丝,6～7 d后产生少量黄色孢子,再经 3 d长满霉菌发酵即成,此过程为前发酵。后发酵是先将上述毛坯盐腌,再加入不同配料装坛,进行压气发酵,直至制成成品。在前发酵中,待菌毛长出腐坯表面 2 cm 时,从发酵室内取出,每块分开,不让其互相粘连,然后逐块顺序排放于坛内。底部先铺一层食盐,放一层腐坯,坯上再撒盐,照此法层层装至容器口,上面盖一层 2 cm 厚的食盐。一般掌握每 100 kg 豆腐坯加盐 20 kg,经过 1 个月后,坛内自然排出水分，洗去未溶化的盐粒。此时菌毛变成一层润滑的腐乳膜，再逐块取出放在竹筛上晾 8 h 后，使其干燥收缩。

(5)装坛加汁　经过两次发酵干燥后的腐乳汁，逐块整齐地装入坛内。装量视市场需要而定。一般大坛装 1 000 块，小坛装 50～100 块。为方便消费者，可用小坛装贮，每坛 20～30 块，然后加入乳汁。乳汁的制作方法：先用面粉加水做成面团，再用糯米浸泡蒸饭，趁热拌进白曲，用量按 100 kg 糯米配 2.5 kg 白曲。放入发酵室 2 d 左右，使其变成稀饭样。然后用红曲 15 kg 同面团一起搅拌发酵，变成红曲浆，加入上面的糯米稀饭中拌匀，使其发酵产生酒味，再取出磨成细浆，即成乳汁。把这些乳汁放入装有腐坯的坛内，以一层坯一层乳汁依次装满最后密封加盖，3 个月后即成美味可口的豆腐乳，每 100 kg 大豆可制成豆腐乳 5 200 块。

(二)豆豉

豆豉是整粒大豆经蒸煮发酵而成的调味品。

1.豆豉的分类(表 6-6)

表 6-6　豆豉的分类

分类依据	豆豉名称	特征	典型产品
状态	干豆豉 水豆豉	发酵好后再晒干，含水量小	多数豆豉属此类 山东临沂豆豉
原料	黑豆豆豉 黄豆豆豉	色黑褐 色黄	江西、浏阳、临沂豆豉 上海、江苏一带豆豉
口味	淡豆豉 咸豆豉	发酵好后不加盐 发酵好后加盐	浏阳豆豉 多数属此豆豉
微生物	毛霉型豆豉 曲霉型豆豉 根霉型豆豉 丝菌型豆豉	在 5～10℃下利用空气中的毛霉制曲 在 26～35℃下利用空气中的曲霉制曲 在 28～32℃下制曲 在较低温度下制曲	水川、潼川豆豉 上海、武汉、广东豆豉 东南亚一带 云南、贵州、四川一带

2.豆豉的一般制作工艺流程

清选与浸泡→蒸(煮)豆→制曲→洗曲→发酵与干燥

(1)清选与浸泡　大豆清选的目的是去除破损粒和杂物。清选后，在 40℃以下的水中浸泡 2～7 h 至水含量达 45%，再进行蒸煮。

(2)蒸(煮)豆　蒸煮可以去除可能干扰发酵的杂菌，释放一些菌生长所需的营养。蒸煮不够，大豆蛋白不能完全变性导致不能充分被微生物利用；蒸煮太过，豆粒结构软化不能维持豆豉较好的颗粒形态，影响豆豉外观。传统方法是将浸泡后大豆在 100℃下蒸煮 5 h，为防止加热不均匀，需要间隙搅拌。工业化生产是在 0.1 MPa 下蒸煮 45 min 至 1 h。蒸煮后的水分应受到控制，使微生物易于生长且大豆不会破裂。不同类型的豆豉其最佳水分不同，曲霉型为 50%左右，毛霉型为 45%左右。

(3)制曲　即微生物在大豆上生长的过程，也称前发酵。工业上制曲如下：

曲霉型曲：蒸煮大豆冷却至35℃后按质量比接入0.3%的米曲霉或其他曲霉孢子，然后在25℃下培养。如果品温达35℃，应翻曲以降温。待大豆表面长满黄绿色孢子则表明曲已成熟，通常需72 h左右。

毛霉型曲：蒸煮大豆冷却至30℃后接入0.5%的毛霉孢子，然后在27℃培养，通过通风控制品温不超过18℃。至10～12d菌丝体的颜色变为灰色略带黑色时可以收曲。在此期间，应翻曲两次。

细菌型曲：大豆蒸煮沥水后用麻袋或其他有盖容器装好，然后置于较高的温度下(25℃以上)发酵3～4 d，当大豆表面布满黏液且有特殊风味时即为成曲。

(4)洗曲　洗曲工序是曲霉型豆豉生产的特有工序。曲用水洗，以去除霉菌孢子、菌丝体和部分酶。孢子会给最终产品带来霉味和涩味，表面酶过多会使大分子过分水解，导致可溶物增多，使表面不光滑。通常洗曲时间为10 min。洗曲后，大豆堆积在敞口容器中，并间歇向大豆洒水使水分含量达50%左右。为增加豆豉的风味，将盐、少量的糖和挑选的调味料混入曲中。混合物装入坛中，层层压实直至体积达80%，然后用塑料膜封口。

(5)发酵与干燥　曲霉型豆豉置于坛中在30～35℃发酵4～6个月，传统方法是将其置于太阳下曝晒。发酵完毕后豆豉置于太阳下曝晒，使豆豉水分含量为30%左右。毛霉型豆豉不需水洗，而是直接与盐或调味料混合。发酵需在20℃下进行10～12个月。如果用0.5%的MRC-1毛菌和x-1菌在45℃下混合发酵，发酵期只需1个月。豆豉中加盐可防止变质，同时赋予豆豉较好的风味，但发酵期较长。细菌型豆豉没有后发酵过程，拌料后的豆曲含水量达45%左右为宜，此时为水豆豉，出坛后经干燥，将含水量降至20%左右，即为干豆豉。

项目二
绿豆的加工

绿豆其籽粒中含有蛋白质2%～26%、淀粉56%左右、纤维素3%～4%、脂肪在1%以下。绿豆中所含的脂肪主要是软脂酸、豆油酸和亚麻酸。此外,绿豆还含有丰富的维生素、矿物质等营养素。特别令人关注的是绿豆中还具有清热消暑和利尿的药性成分:如香豆素、鞣质、蒽苷、酚苷、黄酮类等生理活性物质。研究发现这些成分主要集中在绿豆衣中,而绿豆仁中还含有香豆素和黄酮类物质。在炎热的盛夏,绿豆汤是众多家庭必备的传统清凉饮料。此外,还有绿豆粥、绿豆沙、绿豆糕、绿豆粉皮、绿豆粉丝等。绿豆还是酿造名酒的好原料,如四川泸州的"绿豆大曲"、安徽 的"明绿液"、山西及江苏的"绿豆烧"、河南的"绿豆大曲"等都独具风味,深受国内外消费者欢迎。绿豆芽营养丰富、美味可口,且生长期短,无论工厂还是家庭,一年四季均可生产。绿豆制品的制作与食用也正体现了中国人医食同源的特点。

任务一 传统绿豆制品

一、产品分类

(一)绿豆芽

绿豆芽清洁卫生、营养丰富,既可当做新鲜蔬菜,又可冷冻或制作罐头。它不仅畅销国内市场,近年来在亚洲及欧美等国家和地区也极为畅销。

(二)绿豆淀粉

淀粉是豆制品加工厂生产粉皮、凉粉等产品的主要原料。可利用豆制品的前半部分设备生产淀粉,既充分发挥设备的加工潜力,又增加了经济效益,降低淀粉的成本,现在许多豆制品厂都自己生产淀粉。

(三)绿豆粉皮

粉皮是利用绿豆淀粉加工而成的片状半透明的产品，是夏季极好的菜肴原料。

(四)绿豆粉丝

绿豆粉丝细滑强韧，光亮透明，为粉丝中的佳品，备受人们青睐。

(五)龙口粉丝

龙口粉丝是山东省的著名特产，以绿豆为原料，利用优质的水源和独特的气温、风力等自然条件进行生产，在国内外市场上声誉卓著。

(六)绿豆糕

绿豆糕是著名的京式四季糕点之一。它具有形状规范整齐，色泽浅黄，组织细润紧密，口味清香绵软不粘牙的特色。制作绿豆糕的原料有绿豆粉、豌豆粉、黄砂糖、桂花等，绿豆糕有很好的清热解毒、保肝益肾的作用。

绿豆糕按其口味有南、北之分。北，即为京式，制作时不加任何油脂，入口虽松软，但无油润感，又称“干豆糕”；南，包括苏式和扬式，制作时需添放油脂，口感松软、细腻。

二、绿豆芽制作工艺

绿豆→筛选→浸泡→石灰水浸泡→育芽→淋水→漂洗→成品

(一)筛选

生产绿豆芽，要选用发芽势好、发芽率高的新鲜绿豆，挑出杂质、破粒、虫蛀粒、杂豆等。

(二)清洗

将绿豆倒入木桶或淘箩内，用水淘洗6～7次，以淘清泥沙，漂去嫩豆。漂洗时，可用竹篱顺时针方向轻轻兜底搅动，让嫩豆逐渐浮到豆面最上层，再用竹篱捞去。嫩豆不能发芽且容易腐烂，影响其他绿豆发芽。

(三)浸泡

将绿豆浸泡于清水中，浸豆水的深度不要超过豆粒的1倍，大约浸泡6 h；要求每小时翻动1次，以保证绿豆上下浸透、膨胀均匀。

(四)石灰水浸豆

绿豆浸胀后放到淘箩内淋干，豆粒不要超过淘箩体积的30%～40%。待80%的芽头顶出时，将淘箩放进石灰水缸内淘7 min，至豆壳稍转黄时取出，再搁1 min，随即用水漂清。石灰必须事先化成糊状灰浆，然后用100 kg水加4 kg石灰浆配制成石灰水。

(五)育芽

当小芽长到半个豆粒长时，装缸放入豆芽机或暖房内育芽，温度控制在20～25℃，装豆前先把缸用沸水冲洗 3～4 遍，使缸预热并消毒。装缸后，每隔 3～6 h 淋清洁水 1 次，水要浸过豆芽，然后排出，水温以 22℃左右为宜（图 6-4）。

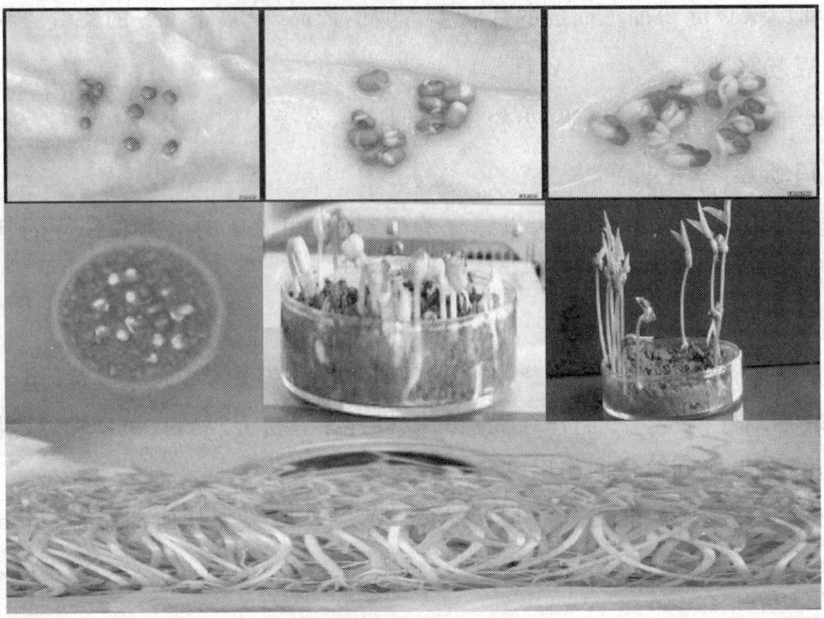

图 6-4　绿豆芽长势图

（六）漂洗

待豆芽生成后，应分层取出，以免折断。取出的豆芽放在凉水中淘洗，除去豆皮和杂质，即可上市。生豆芽所用的工具要洗净、消毒、晾干，以备再用。豆芽生成过程在夏季需 3～5 d，1 kg 绿豆可生产豆芽 8 kg 以上。

（七）质量要求

绿豆芽梗长 76～90 mm，芽身挺直、洁白，无豆壳。

三、绿豆淀粉制作工艺

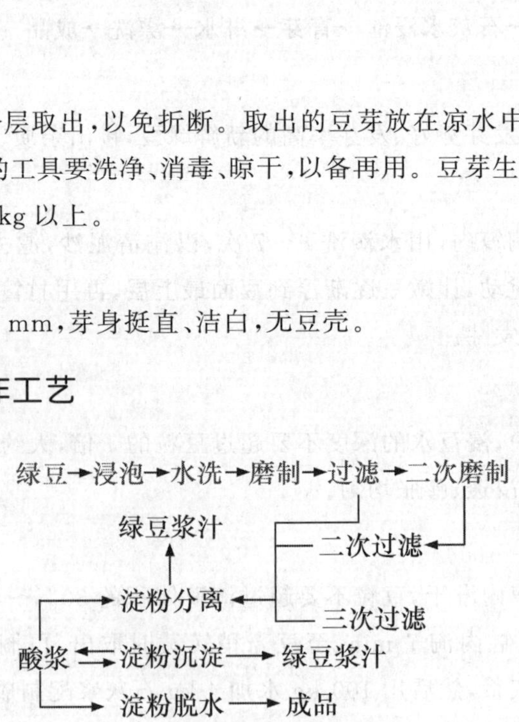

(一)浸泡

将经过挑选的绿豆洗净，去除杂质，先用沸水烫一下，再放入 35～45℃的温水浸泡 6～10 h，豆水比为 1：2。然后换水再泡，直到用手捏挤时豆皮能剥离，豆肉也易粉碎时为止。水温用添加冷、热水调节。一般绿豆热水浸泡时间需要 21～23 h，也可直接用凉水浸泡，每隔 24 h 换 1 次水，凉水浸豆需要 65～70 h。

(二)水洗

浸泡后的原料，用水冲洗，以除去没泡开的死豆及杂质。

(三)磨制

用绿豆生产淀粉时磨制的细度比豆制品生产中磨黄豆要细得多，而且磨制为双磨法，即两次磨制。第一次磨碎后进行分离，分离出的渣子再进行第二次磨碎，使绿豆中的淀粉充分提取。磨制设备为石磨、砂轮磨、钢磨等。

磨制工序要求定量进料、定量给水。一般绿豆磨制过程的第一次磨制加水量为绿豆的 14 倍，第二次磨制加水量为绿豆的 6 倍。加上泡料时绿豆吸的水，前后耗水量为原料绿豆的 22 倍。

(四)过滤

过滤是使磨好的豆糊中的淀粉乳与渣子分离开，过滤过程一般为 3 次。第一次磨制后豆糊送入第一次分离机分离，分离出的渣子加水进行第二次磨制；第二次磨制后的豆糊送入第二次分离机分离，分离出的渣子加水送入第三次分离机分离。三次分离出的淀粉乳都进入淀粉分离罐中。

(五)淀粉分离

分离淀粉采用的方法目前有机械法、流槽法和酸浆法三种。酸浆法分离淀粉是我国一直流传下来的古老工艺方法，是一种比较经济实惠的方法。一般用酸浆法分离淀粉要经过三级分离。

1.一级分离

淀粉乳过滤后，每 100 kg 加入 8～10 kg 酸浆(沉淀淀粉时的上清液，因其有酸味，故名酸浆)，搅拌均匀后，静置沉淀 9～10 min，淀粉便沉积于容器底部，这时开始放吸管去掉废液，当液面离淀粉层 20 cm 时，停止排放废液，然后再加入配好酸浆的淀粉液，搅拌均匀，静置沉淀后排掉废液，如此循环进行，直至容器充满后，准备第二级分离。在排放废液时要尽量避免吸出淀粉，因此要掌好沉淀的时间和吸水量最低限度，同时吸水操作要轻，防止把淀粉搅起。

2.二级分离

二级分离是将容器内的淀粉进一步净化，把剩余的蛋白质及其他水溶性物质分离出去。二级分离采用的方法是洗涤法，行业上称为“冲二合”。操作时在淀粉液中加入 1/8 的清水并搅拌均匀，静置 10 min 后撇除上层的豆汁，当距离淀粉层 5 cm 时停止撇豆汁，立即冲入少量清水继续搅拌，搅后进行三级分离。

3. 三级分离

将二级分离后的淀粉液，过细筛滤去杂物后输送到沉淀容器内再沉淀，12 h 后即可取出淀粉进入脱水工序。三级分离行业上称“上盆”。

(六)脱水

脱水的目的是将淀粉中多余的水分滤掉，以便于淀粉的运输、使用等。土法脱水是将较细的豆包布四角吊起，把淀粉液倒入，经过十几个小时后，使淀粉含水量降到 44%时便取出，此时淀粉成为硬块状。从容器中取出淀粉液脱水时，要先把上层的酸浆吸走，存放在酸罐浆里，然后取出中层的黑粉液，最下层才是白淀粉，淀粉沉淀后，上、中、下三层差异分明，只要取时注意，最后就可获得洁白的淀粉。

四、绿豆粉皮制作工艺

淀粉过滤→冲调→制皮→成品

(一)淀粉过滤

将含水量 45%～50%的淀粉加 2.5 倍的水，排均匀后抽到另一容器，容器上口加滤布把淀粉乳中的杂质过滤于净。淀粉乳在容器中还要继续搅拌，否则淀粉就会沉淀。

(二)冲调

把容器内的淀粉乳取出 1/5，加入 5℃的热水冲调，使其成为半熟的糊状。将半熟状的淀粉糊兑入淀粉乳中，搅拌均匀，无疙瘩。淀粉糊与淀粉乳之比为 1∶4，混合之后温度为 60℃以上。冲调过程中要严格控制加入水的比例，在兑淀粉时，要同时兑入白矾水。事先将明矾(白矾)用热水溶解，白矾的用量为每 100 kg 淀粉加 2.5 kg 白矾。

淀粉与淀粉乳经过搅拌以后，全部成为液体状，便可以制作粉皮了。

(三)制皮

开动粉皮机前应将传动铜板清洗干净，并用布浸食油擦一次铜板，以利于揭皮开机时将调好的糊状淀粉液放入料斗中、打开料斗节门让其匀速地流入传动铜板的调节槽内。调节槽出料口高度调到 0.6 cm，行走的传动铜板将液体带走，进入蒸汽加温箱，将淀粉糊蒸熟，进入加温箱后，用冷水喷淋降温，至机器终端、揭皮辊把粉皮取下来，并切成方块，人工折叠后放装箱内。

制皮工序中必须控制好粉皮的薄厚，要求均匀一致；调节好加热的温度和喷淋的冷却水，才能制出高质量的粉皮。

(四)成品

绿豆粉皮呈绿色，半透明，有光泽，柔软且具有弹性。切制尺寸为 17 cm×28 cm，每

100 kg 淀粉出粉皮 400 kg 以上。

(五)质量

要求成品中水分不得超过 88 g/100 g,淀粉不得低于 15 g/100 g。微生物指标要与制作豆腐相同。

五、绿豆粉丝的制作工艺

绿豆→浸泡一锉粉→打制→批面→描面→漏丝→拉锅→理粉→晾晒

(一)浸泡

绿豆经过挑选后,洗涤,加水浸渍,冬天浸 30～36 h,夏天浸 15 h 左右。

(二)锉粉

将含水量为 40%的绿豆用带孔的金属板锉成颗粒大小均匀的碎粉,或者用石磨磨碎。

(三)打糊

在 12 kg 的潮粉中,加入 35～40℃温水 1.5～2.0 kg 使碎粉吸水;再用光洁的木棒进行急速搅,同时从缸边徐徐加入约 70℃的热水 2～3 kg,使粉温达到 45～50℃,再加沸水 9～10 kg,使淀粉糊化,糊体透明、均匀,用手指可拉成细丝。

(四)搅面

取碎粉 20～25 kg 分几次加入面缸,用双手将面糊上掏,并把碎粉压下,一直和到不见生粉为止。

(五)揣面

揣面时双手握拳,左右上下交替地揣入面团中,使面团黏性渐增,硬性渐减。此时面团的温度应始终维持在 40℃以上。

(六)漏丝

从面缸中捧出一块面,放入潮粉中,并用手轻轻拍打面团,使其漏成粉丝。待粉丝粗细一致时,将瓢迅速移到水锅的上方,对准锅心,底与水面的距离决定了粉丝的粗细。一般以 50 cm 为宜、漏粉时锅中的水温须维持在 95～97℃。当漏瓢中的面团漏到剩 1/3 时,应及时添加面团。

(七)拉锅

用长竹筷将锅中上浮的粉丝依次拉到装有冷水的拉锅盆中、再顺手引入装有冷水的理粉缸中。

(八)理粉

将粉缸中的水粉丝清理成束、环绕成圈,然后穿上竹竿,挂在木架上,把水粉理直整平,悬挂约 2 h;待粉丝内部完全冷却以后,再从架上取下,泡入清水缸中漂洗过夜,第二天取出晾干。

(九)晾晒

水粉丝取出后在微风、弱光下晾晒2～3 d,待水分含量降至16%时,便可进行整理包装。切忌让粉丝在烈日下曝晒或严寒冰冻。

六、龙口粉丝的制作工艺

绿豆→浸泡→磨浆→调糊→压丝→漂晒

(一)浸泡

将绿豆洗净,分两次浸泡。第一次按每100 kg原料加水120 kg,夏季用60℃温水,冬季用100℃开水,浸泡时间为4 h左右。待水被豆吸干后,冲去泥沙、杂质,然后进行第二次浸泡(室温即可),浸泡时间夏天为6 h,冬天为16 h,一定要浸透。

(二)磨浆

磨浆时每100 kg原料绿豆加水400～500 kg,磨成浆后,用80目筛网过滤,除去豆渣。经12～16 h沉淀后,倒掉粉面水和微黄的清液。也可采用酸浆法沉淀,即在浆内加入酸浆水,夏天加7%酸浆水,冬天加10%左右,15 min即可沉淀,撇去粉面清水。为使粉丝洁白,可采用二次沉淀。最后把沉淀的淀粉铲出,装入袋内,经12 h沥干水分,即得湿淀粉。

(三)调糊

每100 kg湿淀粉加55℃温水100 kg,拌匀调和。再用180 kg沸水向调和的稀糊粉中急冲,并迅速用竹竿用力搅拌至糊起泡为止,即为黄粉。将黄粉按每100 kg加入400～500 g明矾,明矾先用水溶解后再拌入淀粉内,调和均匀。

(四)压丝

先在锅上安好漏粉,锅内水温保持在97～98℃。瓢底离锅水的距离,可根据粉丝粗细要求和粉团质量而定,粗粉丝距离小些,细粉丝距离大些。瓢底孔眼直径一般为1 mm。操作时,将粉团陆续放入粉瓢内,粉团通过眼压成细长的粉条,直落锅内水中,当凝固成粉丝浮于锅中水面上时,即可把粉丝捞起。

(五)漂晒

粉丝起锅后,放入冷水缸中降温,然后把清漂的粉丝排于竹竿上,放在冷水池或缸内泡1 h左右,待粉丝较为疏松、不结块时捞出晒干。晾晒前还要用冷水打湿粉丝,再轻轻搓洗,使之不黏拢,最后晒至干透,取下捆扎成把,即为粉丝产品。

(六)质量要求

色白如玉,光亮透明,丝长条匀,一泡就软,吃起来润滑爽口,有咬劲;70%的粉丝长度不少于60 cm。

七、京式绿豆糕

(一)配料比例

绿豆粉 13 kg,绵白糖或白糖粉 11.7 kg,糖桂花 0.25 kg,清水适量。

(二)制作方法

1.拌粉

将糖粉放入和面机里,加入用少许水稀释的糖桂花,搅拌;再投入绿豆粉,搅拌均匀,倒出,过 80 目筛,即成糕粉(以能捏成团为准)。

2.成型

在蒸屉上铺好纸,将糕粉平铺在蒸屉里,用平板轻轻地推平表面,约 1 cm 厚再上一层糕粉,然后用一张比蒸屉略大一点的光纸盖好糕粉,用糕镜(即铜镜)压光;取下光纸,轻轻扫去屉框边上的浮粉,用刀切成 4 cm×4 cm 的正方块。

3.蒸制

将装好糕粉的蒸屉四角垫起,依次叠起,放入特制的蒸锅内封严;把水烧开(不宜过开,以免糕色变红),蒸 15 min 后取出,在每小块制品顶面中间,用适当稀释溶化的食用红色素液打一点红;然后将每屉分别平扣在操作台上,冷却后即成。

八、苏式绿豆糕

(一)配料比例

1.豆沙绿豆糕

绿豆粉 8.25 kg,绵白糖 8 kg,麻油 5.75 kg,面粉 1 kg,豆沙 3 kg。

2.清水绿豆糕

绿豆粉 9.15 kg,绵白糖 8.65 kg,麻油 6.25 kg,面粉 1 kg。

(二)制作方法

1.拌粉

将绿豆粉、面粉置于台板上,把糖放入中间并加入麻油的一半搅拌均匀。

2.制坯

预备花形或正方形木质模型供制坯用。清水绿豆糕制坯简单,只需将糕粉过 80 目筛后填入模内(木模内壁要涂一层麻油),按平撒实,翻身敲出,放在铁皮盘上,即成糕坯。夹心即豆沙绿豆糕制坯,在糕粉放入模中少一半时放入馅心——豆沙,再用糕粉盖满压实,刮平即成。

3. 蒸糕

制成的糕坯连同铁皮盘放在多层的木架上，然后将糕坯连同木架入笼隔水蒸 10～15 min，待糕边缘发松且不粘手即好。若蒸制过久，会使粉坯松散或缩筋。

4. 成品

蒸熟冷却后在糕面刷一层麻油即成。

任务二 新兴绿豆制品

一、绿豆酸奶

绿豆酸奶是以绿豆和鲜牛奶为原料，经过乳酸菌发酵制成的饮料。它不仅营养丰富，而且具有一定的医疗保健作用。

(一)制作工艺

绿豆→选料→脱皮→浸泡→磨浆→分离→脱臭→调制→灭菌→发酵→成品

(二)操作要点

1. 选料

选用籽粒饱满、无虫蛀、无霉变的绿豆，除去泥沙等杂物。

2. 脱皮

将清选后的绿豆放入脱皮机脱皮，脱皮率应在 95%以上，否则会影响产品的口感和外观。

3. 浸泡

将脱皮的绿豆洗净，在室温下浸泡 4～5 h，当用手挤压有白浆冒出时即可。

4. 磨浆

将有色素的浸泡水倒掉，加入相当于干豆重 5～6 倍的水，调整 pH 至 8～9，再细磨一次并过 60 目筛。

5. 分离

用自分式磨浆机，经过 200 目筛子将豆渣和浆分开。

6.脱臭

向分离以后的绿豆浆通入高温蒸汽，当温度达到120℃时，喷入脱臭罐中进行真空脱臭。从真空脱臭罐中出来的绿豆浆具有一股清香味，除去了豆腥味。

7.调制

绿豆浆经过真空脱臭后，加入40%～50%的鲜牛奶，充分混合后再加入混合液总重量的6%～8%的白砂糖，并使其充分溶解。

8.灭菌

混合浆在90℃条件下保持30 min，可以杀死全部病原菌和细菌，使浆中酶的活力钝化，使抑菌物质失活，并使其中蛋白质变性，以利于乳酸菌生长。

9.发酵

杀菌后的浆液冷却到37～40℃后，加入3%的发酵剂（与大豆酸奶的发酵剂相同）在42℃条件下培养2～3h，当酸度达到90左右时，终止发酵；再放到4～5℃的冷库内置24 h完成后熟即为成品。

二、绿豆饮料

（一）绿豆饮料生产流程

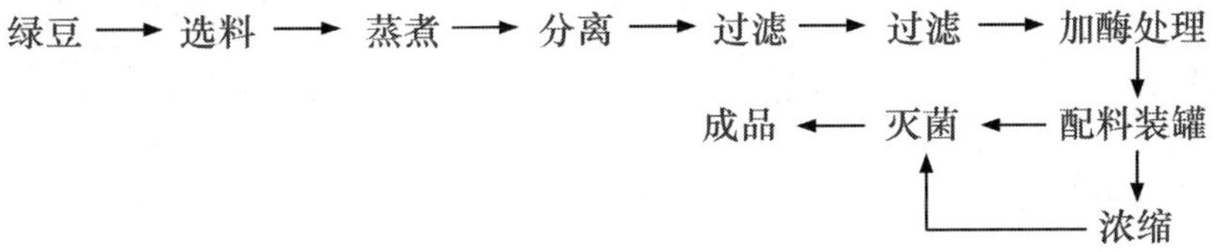

（二）操作要点

1.选料

选用优质绿豆，除去虫豆、霉粒及其他杂物，洗净备用。

2.蒸煮

在容器内加入干豆重量5～6倍的水，开锅后投入洗净的绿豆。在0.2 MPa压力条件下蒸煮至豆粒膨胀且不破皮为宜。

3.分离过滤

用泵将豆汁抽出，经绒布过滤。

4.加酶处理

在豆汁中加入适量的α-淀粉和中性蛋白，处理2 h，使豆汁中的淀粉和蛋白质分解，然后过滤并静止澄清。

5.配料装罐

绿豆原汁制成后,可根据需要配制成不同种类的产品。

(1)瓶装绿豆汁饮料　将原汁加1～2倍水稀释,加糖并调好酸度,然后装罐、密封、灭菌,检验合格后装箱。

(2)软包装绿豆汁饮料　将未经防腐处理的绿豆原汁,加入适量白糖,调味后装入塑铝复合袋(盒)中,在80℃水溶锅中灭菌1 h。

(3)绿豆浓缩原浆　将原汁投入真空浓缩罐中,在80～93 kPa、46～53℃条件下浓缩到所需要的浓度,将浓缩液放出、装罐,并进行高温灭菌。

项目三 其他豆类的加工

任务一 赤豆

赤豆民间常称作红豆或红小豆。赤豆的营养非常丰富，我国人民自古就有食用赤豆的习惯。它在食品加工和饮食中用途广泛，如赤豆沙、豆馅等都是常见产品。赤豆沙的制作介绍如下。

一、原料

赤豆 20 kg，砂糖 22 kg，食油 7.5 kg。

二、赤豆沙生产流程

赤豆 → 洗豆 → 煮豆 → 磨豆、过滤、去皮 → 炒沙 → 回沙

（炒沙：加砂糖、食油；回沙：加食油）

（一）洗豆

将赤豆用水浸泡 3～4 h，使豆粒吸水膨胀，去掉泥沙、灰土等，并淘洗干净。

（二）煮豆

50 kg 豆约用 125 kg 水放在锅中煮，先用大火，待煮开后再用文火，煮到豆皮脱开、用手捏豆成粉末状，说明已煮好，即可将灶火熄灭。

（三）磨豆

选用石磨或砂轮磨磨豆子。磨出的豆泥若不需要去皮，可用布袋将豆沙装好榨出水分，

然后进行炒沙；若需要去皮的话，可用 24 目筛子滤除细皮渣，并用布袋压出水分，然后再炒沙。

(四)炒沙

炒沙时，先在锅内下 1 kg 食用油，再将豆沙倒入，用一般火力，并不断用铁铲从锅底翻起，以防止炒焦。炒至半干后将砂糖投入，继续用文火翻炒，直至砂糖熔化；再将 5 kg 食油分 2～3 次投入，继续翻炒，炒至不黏手，说明豆沙已炒好。如果用于夹心面包和蛋糕心，此种豆沙即可用；若是用于绿豆糕和酥皮点心的馅料，则还需进行回沙。

(五)回沙

将炒好的豆沙取出，在案板上摊开冷却，然后装入容器。隔 1～2 d 后，把豆沙再次放入锅中加热。一般要重复上述操作 2～3 次。每次都需事先在锅内加一些油，用文火加热，并不断翻炒。这样，糖和油可以充分渗透到豆沙的颗粒内，使豆沙组织变得更加细腻，耐贮性增强。

任务二 豌　豆

富含人体必需的 8 种氨基酸，以豌豆为原料的加工品种较多，如豌豆黄、豌豆糕、豌豆凉粉等。

烙炸是用豌豆面摊制而成的产品，可制作多种菜肴。将烙炸经再加工炸制，还可制作出更多的花色品种。制作烙炸目前还是手工操作。

北京豌豆黄是人们喜爱的消暑小吃，已有 200 多年的历史。

一、烙炸制作工艺

(一)设备及工具

煤火炉或煤气灶，摊制铁档 2 个，柳木制作的马勺 2 个，铁制小铲 2 个，硬纸托板 2 个，油碗 1 个，油刷 1 个，调糊容器 1 个，铁勺 1 把，竹帘、支架及小糊桶各 1 个。

(二)生产流程

调糊 → 摊制 → 冷却、折叠 → 成品

(三)操作要点

1.调糊

在容器内按 1∶3 的比例放入豌豆面和水，用竹棍搅拌，直到没有面疙瘩为止。

2.摊制

打开灶火，烧热铁档后，用油刷在档上刷一些食油，然后用小糊桶舀一桶提到灶台上，用铁勺将糊舀入左右两个铁铛内；放下糊桶和铁勺，两手分别拿起马勺在两档糊中转圈晃动，把糊摊圆；待糊熟透后用小铲将周围的毛边铲下放回豌豆糊中，摊好后的底皮直径应在 40 cm 左右。出铛时先用小铲沿四周转起一圈，使烙炸底皮翘起，然后右手拿托板，左手用小铲将烙炸铲上托板，再将烙炸放到竹帘上。

3.冷却、折叠

烙炸放在竹帘上，将四周的底皮向内折叠，成为长 21～22 cm、宽 15～16 cm 的块状。当烙炸凉后将其翻过来码入包装屉内。

4.成品

烙炸成品为深黄色。要求成品薄厚一致，四角整齐，每 100 kg 原料可出成品 350 kg 以上。

5.质量要求

产品水分不超过 75 g/100 g，淀粉不低于 18 g/100 g。

二、豌豆糕制作工艺

(一)配方

豌豆 500 g，豆沙馅 200 g，白糖 100 g，糖腌桂花和黄色素少许。

(二)生产流程

豌豆→浸泡→蒸制→制泥→冷却→成型→成品

↑

灭菌

(三)操作要点

1.浸泡、蒸制

豌豆洗净，用滚开水浸泡 20 min；将皮剥去，放在盘里，加满清水，再滴上几滴碱水，上笼蒸 15 h，待豌豆酥烂后取下。

2.制泥、冷却

将冷却后的豌豆用网筛擦成泥，用白布包起后，压干水分，加一半白糖和色素搓匀，放进冰箱冰镇约 30 min。

3. 成型

将冷却后的豌豆泥放在案板上，两面用白布夹住，用手按成长 33 cm、宽 20 cm 的长薄片，拿去白布，用刀将豆泥对切成两半：一块铺上豆沙馅，要铺得均匀，用另一块豆泥盖上，再在上面铺上糖腌桂花，最后铺上另一半白糖，按平后即形成五层糕。食用时可切成菱形块，装于盘中。

4. 产品特点

五色分层，甜沙适口。

三、豌豆黄

(一)配方

老豌豆 500 g，琼脂 12.5 g，白糖 100 g，青梅、桂花少许。

(二)生产流程

豌豆→去皮→蒸制→加琼脂→冷却→切块→成品

1. 去皮、蒸制

将豌豆用磨粗磨一次，除去皮，放在碗内，揉成细泥，加白糖和水约 1 kg 调和，上笼蒸熟。

2. 加琼脂、冷却

将琼脂加少量水蒸化或煮化(煮时不要用金属锅，以免变色)，过滤后倒入豌豆泥内，放进青梅、桂花搅匀后冷却，再放入冰箱冻硬。

3. 切块

食用时，取出切成长 3 cm、宽 2.5 cm 的小方块即可。

4. 产品特点

浅黄色，细香甜，清凉爽口，为夏季的消暑佳品。

任务三 蚕豆

蚕豆又名胡豆，是一种营养价值很高的粮食，更是一种小食品。上海、绍兴一带制作的五香豆，四川的怪味胡豆、开花豆等，都是市场畅销的名品小吃。

茴香豆是绍兴的著名特产，自从鲁迅在小说里把它与孔乙己相联系后，更是身价百倍。

一、绍兴茴香豆

(一)配方

蚕豆 1 kg，香料(大茴香、桂皮)、精盐适量。

(二)操作要点

将蚕豆入锅，加水约 0.5 kg，煮沸 15～20 min，加香料和盐，边煮边搅拌，待锅内的水煮干，即成茴香豆。如在加料时再增加少量甘草、辣椒粉，即成为五香辣味豆。

(三)产品特点

香味独特，细细咀嚼，回味无穷。

二、脆香椒盐豆

(一)配方

蚕豆 500 g、花生油 50 mL、花椒盐 15 g。

(二)操作要点

(1)将无虫蛀、饱满的干蚕豆用水浸泡，在室温下浸泡 2 d，每天换水 1～2 次，泡好后捞出，沥净水分，吹晾至干。

(2)将铁锅置于旺火上烧热，加入花生油烧至七成熟，倒入蚕豆翻炒 10～15 min 后，再改文火继续翻炒，待蚕豆皮呈暗红色散发出焦香味时，即可离火。

(3)将花椒盐用旺火炒焦(无麻涩味)，碾成细末，与精盐拌匀后，再次上火翻炒 2～3 min。

(4)将花椒盐趁热撒入炒熟的蚕豆中拌匀，凉后即成。

【师徒共研】

腐竹的生产原理是什么？

腐竹是由热变性蛋白质分子依活性反应基团借副价键凝结成的蛋白质膜，其他成分在薄膜形成过程中被包埋在蛋白质网状结构之中，不是构成薄膜的必要成分，用电子显微镜可以观察到小于 0.5 μm 的脂肪球。

参考文献

[1] 高维道.挤压与膨化技术应用.轻工业学院学报,1980,5(1):88-01.

[2] 沈正荣.挤压膨化技术及其应用概况.食品与发酵工业,2000,26(5):74-78.

[3] 刘晅擎.绿豆糕加工工艺及设备研究以及发展前景.中南林业科技大学,2011.

[4] 王石瑛.挤压膨化技术及其应用.西部粮油科技,2000,25(3):31-33.

[5] 王仲礼.现代高新技术在食品中的应用.粮油食品科技,2003,11(6):43-45.

[6] 吴运生,王东,沈良菊.膨化技术与饲料工业发展.粮食与饲料工业,2003(3):21-22.

[7] 郝彦玲,叶暾昊,刘岩.挤压膨化技术开发保健混合粉.应用科技,2001,28(2):37-38.

[8] 梁朗都.米化食品的研究.食品工业科技,1993(4):13-15.

[9] 李里特,陈复生.粮油贮藏加工工艺学.2版.北京:中国农业出版社,2009.

[10] 郭达.食品挤压技术及最新研究进展.中国粮油学报,1997,12(1):48-50.

[11] 杨纪红.对提高我国油质量的探讨.中国调味品,2001(5):s1.

[12] 徐冲,王静,曹维强.挤压膨化技术在酱油生产中的应用.中国调味品,2005,5(5):46.

[13] 刘自强.食品膨化机理的理论探析.食品工业科技,1996(6):52.

[14] 张守文.挤压膨化技术的进一步研究与开发.粮食与饲料工业,2000(5):18-19.